普通高等教育"十二五"土木工程系列规划教材

土木工程概预算

第2版

主　编　张岩俊　曹立辉
副主编　崔宝霞　高红江
参　编　李前进　孟丽军　魏显峰
主　审　章泽民

机 械 工 业 出 版 社

本书根据 GB 50500—2013《建设工程工程量清单计价规范》《建筑安装工程费用项目组成》（建标[2013]44 号）等最新规范和文件，讲述了投资估算、设计概算、施工图预算、工程量清单及计价、招标标底与投标报价、工程价款结算和竣工决算的编制原理与方法。本书共 11 章，第一章介绍工程建设及工程概预算的概念、工程造价管理体制等；第二章阐述工程定额原理及应用；第三章介绍工程造价的构成；第四、五、八、九章介绍设计概算、施工图预算、施工预算的内容和编制方法，并给出土建单位工程施工图预算实例；第六、七章介绍工程量清单编制及计价；第十章介绍工程概预算的审查和竣工结算、决算；第十一章介绍计算机在编制工程概预算中的应用。

本书可作为高等学校工程管理、土木工程及相关专业的教材，也可作为广大工程造价管理从业人员的工具书和工程量清单计价实物操作指南。

本书配有电子课件，免费提供给选用本书的授课教师，需要者请登录机械工业出版社教育服务网（www.cmpedu.com）注册下载，或根据书末“信息反馈表”索取。

图书在版编目（CIP）数据

土木工程概预算/张岩俊，曹立辉主编．—2 版．—北京：机械工业出版社，2014.10（2023.1 重印）
普通高等教育“十二五”土木工程系列规划教材
ISBN 978-7-111-48075-4

Ⅰ.①土…　Ⅱ.①张…②曹…　Ⅲ.①土木工程—建筑概算定额—高等学校—教材②土木工程—建筑预算定额—高等学校—教材　Ⅳ.①TU723.3

中国版本图书馆 CIP 数据核字（2014）第 223013 号

机械工业出版社（北京市百万庄大街 22 号　邮政编码 100037）
策划编辑：刘　涛　责任编辑：刘　涛　于伟蓉
版式设计：霍永明　责任校对：张　薇
封面设计：张　静　责任印制：郜　敏
北京富资园科技发展有限公司印刷
2023 年 1 月第 2 版第 7 次印刷
184mm×260mm · 17.25 印张 · 411 千字
标准书号：ISBN 978-7-111-48075-4
定价：45.00 元

电话服务
客服电话：010-88361066
010-88379833
010-68326294

网络服务
机　工　官　网：www.cmpbook.com
机　工　官　博：weibo.com/cmp1952
金　书　网：www.golden-book.com
机工教育服务网：www.cmpedu.com

普通高等教育“十二五”土木工程系列规划教材
编审委员会

第 2 版前言

本书是在第 1 版基础上修订的。这次修订主要是将 GB 50500—2013《建设工程工程量清单计价规范》《建筑安装工程费用项目组成》（建标［2013］44 号）等最新规范、文件内容纳入本书中，主要体现在第三章建筑安装工程费用构成、建筑安装工程费用计算程序与方法，第六、七章工程量清单编制与计价的内容与格式，第十章建筑工程价款结算等。

本书的重点内容是，建筑工程定额基本原理与应用、建筑安装工程费用项目组成与计算程序、施工图预算编制、工程量清单编制与计价。本书的难点是预算定额与工程量清单计价规范的关系、施工图预算与工程量清单计价的关系。教学中应突出重点内容，讲清难点内容。

本书的编写分工如下：石家庄铁道大学张岩俊、曹立辉负责全书整体设计和总纂，并共同编写第四、五章。石家庄铁道大学章泽民教授担任全书的主审。参加编写的有：内蒙古科技大学崔宝霞和石家庄铁道大学曹立辉共同编写第一、三章，辽宁工程技术大学高红江和石家庄铁道大学张岩俊共同编写第二、六章，石家庄铁道大学李前进、张岩俊共同编写第七章，石家庄铁道大学曹立辉编写第八章，石家庄铁道大学魏显峰编写第九章，石家庄铁道大学孟丽军、李前进编写第十章，石家庄铁道大学孟丽军编写第十一章。本书编写过程中，得到了石家庄铁道大学齐永顺老师的大力帮助，在此表示衷心的感谢。

限于水平，书中内容虽经校对修改，难免仍有不当或错误之处，请批评指正。

编　者

第1版前言

为了贯彻落实 GB 50500—2008《建设工程工程量清单计价规范》《建设工程价款结算暂行办法》（财建［2004］369号）等最新、规范和文件，作者结合多年从事工程造价管理的研究成果，以工程建设全过程工程估价原理为主线，以工程量清单计价实务为重点编写了本书。本书立足基本理论、基本技能的训练，注重理论联系实际，突出重点内容，通俗易懂。本书具有以下特点：

（1）内容全面。既包含了工程造价组成、工程定额原理、概预算文件编制、工程量清单编制及计价等，也包含了工程价款结算和决算、计算机应用等内容。

（2）重点突出。本书突出了两个重点。一是以工程实例讲述了施工图预算的编制程序和方法；二是重点介绍了建设工程工程量清单及计价的编制方法。

（3）简明易懂。在预算定额的套用、换算，工程量的计算，费用的计取，工程量清单的编制等方面，通过各类例题讲解其基本原理，通俗易懂。

（4）指导实践。针对工程量清单计价规范、全国建筑工程基础定额、河北省消耗量定额、河北省取费定额等规定，就如何灵活应用规范和规定进行了分析，指导施工图预算编制和工程量清单编制。

本书由石家庄铁道大学张岩俊负责整体设计和总纂，并编写第四章、第五章，内蒙古科技大学崔宝霞编写第一章、第三章，辽宁工程技术大学高红江编写第二章、第六章，石家庄铁道大学李前进编写第七章，石家庄铁道大学曹立辉编写第八章，石家庄铁道大学魏显峰编写第九章，石家庄铁道大学孟丽军、李前进编写第十章，石家庄铁道大学孟丽军编写第十一章。本书由石家庄铁道大学章泽民教授主审。在本书编写过程中，作者参考了许多国内外同领域的科研成果与文献资料，并尽可能将它们列于书后参考文献中，在此对这些文献的作者表示衷心的感谢，如有遗漏敬请谅解。由于我国的工程造价管理理论正处于不断发展、完善的阶段，加之作者理论水平和工作实际经验有限，书中内容虽经校对修改，难免仍有不当或错误之处，诚望广大读者批评指正。

作　者

目　录

第一章

概　论

第一节　工程建设的概念

一、工程建设的含义

工程建设是指为了国民经济各部门的发展和人民物质文化生活水平的提高而进行的增加固定资产的建设工作，包括新建、扩建、改建、迁建和恢复工程及与之相联系的其他工作。它是一种涉及国民经济许多部门的综合性的经济活动，即把一定的建筑材料、机器设备等，通过购置、建造和安装等活动，转化为固定资产，形成新的生产能力或使用效益的过程，也就是实现固定资产的扩大再生产。与之相联系的土地征购、勘察设计、建设管理等，也属于工程建设工作的组成部分。

固定资产是指在社会生产和生活中长时间使用并在使用中基本保持原有实物形态的劳动资料和其他物质资料，如房屋、机器设备、矿井、铁路、公路、水库等。

工程建设是社会发展计划的重要构成，是国民经济各部门重要的物质基础。工程建设成果是国家的巨大物质财富。

二、工程建设的组成

工程建设由建筑安装工程（包括建筑工程和安装工程）、设备及工器具购置、其他建设工作三部分组成，分述如下。

（一）建筑工程

建筑工程泛指土木建筑工程，包括：

1）各类房屋建筑工程和列入房屋建筑工程的供水、供暖、供电、卫生、通风、煤气等设备及其装设与油饰工程，以及列入建筑工程的各种管道、电力、电信和电缆导线敷设工程。

2）烟囱、水塔、水池等构筑物工程以及设备基础、支柱、操作平台、地沟、栈桥、厂区道路、围墙等附属工程。

3）矿井开凿、井巷延伸、露天矿覆盖层剥离、石油和天然气钻井工程，修建铁路、公路、桥梁、水库、堤坝、灌渠及防洪、防空等工程。

4）为施工而进行的场地平整、原有建筑物和障碍物的拆除，以及临时用水、电、气、道路和完工后的场地清理、环境绿化美化等工作。

（二）安装工程

安装工程包括：

1）生产、动力、电信、起重、运输、传动和医疗、实验等各种机器设备的装配、安装，与被安装设备配套的管线敷设、金属支架、工作台、梯子、栏杆等装设工程，以及与设备有关的绝缘、防腐、保温、油漆等工程。按其专业分为机械设备安装工程，电气设备安装工程，输电线路工程，通信设备安装工程，通信线路工程，工艺管道工程，长距离输送管道工程，给水排水、采暖、煤气工程，通风空调工程等。

2）为测定安装工程质量，对单体设备、系统设备进行测试、试运转等工作。

（三）设备及工、器具购置

设备及工、器具购置包括车间、实验室、医院、学校、车站等生产、使用所必需配备的各种设备、工具、器具、生产家具及实验仪器的购置。国家有关条例规定：使用期限超过一年的机器、机械、运输工具，以及其他与生产有关的设备、工具、器具，或单位价值在2000元以上，并且使用年限超过2年的不属于生产经营主要设备的物品，为固定资产。但新建和扩建的新车间，生产设备及工、器具单件价值不够固定资产标准的，可列入建设投资内。

（四）其他建设工作

其他建设工作是指上述各项工作之外，但与它们有连带关系的工作，如征购土地、拆迁补偿、建设管理、委托勘察设计、研究试验、生产准备、技术引进、职工培训、联合试运转等工作。

三、工程建设项目分类

工程建设项目是指各类房屋建筑、土木工程、设备安装、管道线路敷设、装饰装修等固定资产投资的新建、扩建、改建以及技改等建设项目，通称为工程建设项目。为了便于审批和管理，根据工程建设项目的性质、用途、规模和资金来源不同，可作如下分类。

（一）按建设性质分类

1）新建项目。新建项目是指从无到有的新项目。对原有项目扩建，其新增加的固定资产价值超过原有固定资产价值三倍以上的，也属于新建项目。

2）扩建项目。扩建项目是指原有企业为扩大已有产品的生产能力或开发新产品而扩大固定资产以及事业单位为扩大使用效益而扩大固定资产的增建项目。

3）改建项目。改建项目是指原有企业为提高生产效益、改进产品质量或改变产品方向，对原有厂房、设备、生产工艺流程进行技术改造的项目；事业单位为改变原有功能或提高使用效益而进行的改造项目。

4）恢复项目。恢复项目是指企事业单位因地震、水灾、风灾等自然灾害或战争等人为灾害使固定资产遭受破坏，已全部或部分报废，而后又投资恢复建设的项目，包括按原来的规模恢复建设和恢复建设同时进行扩建的项目。

5）迁建项目。迁建项目是指原有企事业单位由于某种原因需由甲地迁到乙地进行建设的项目。搬迁建设时，不论是否维持原来的规模，都属于迁建项目。

（二）按投资用途分类

1）生产性建设项目。生产性建设项目是指直接为物质生产部门服务的建设项目。它包括工业、农业、建筑业、林业、商业、交通、邮电、水利、气象以及物资供应、地质资源勘探等建设项目。

2）非生产性建设项目。非生产性建设项目是指直接用于满足人民物质文化生活需要的建设项目。它包括住宅、文教卫生、科研试验、公用事业项目以及行政办公等其他建设项目。

（三）按建设规模分类

基本建设项目按照设计生产能力和投资规模分为大型、中型和小型项目。更新改造项目按照投资额分为限额以上和限额以下项目。

（四）按资金来源分类

1）国家投资项目。国家投资项目是指国家预算内直接安排的工程建设投资项目。

2）银行信用筹资项目。银行信用筹资项目是指通过银行信用方式供应工程建设投资的项目。

3）自筹资金项目。自筹资金项目是指各部门、各地区、各单位按照财政制度提留管理和自行分配用于基本建设投资的项目。

4）引进外资项目。引进外资项目是指吸收利用国外资金（包括与外商合资经营、合作经营、合作开发以及外商独资经营等形式）建设的项目。

5）利用资金市场项目。利用资金市场项目是指利用国家债券筹资和社会集资（包括股票、国内债券、国内补偿贸易等）建设的项目。

四、工程建设项目层次的划分

按照工程建设管理和合理确定建筑安装工程造价的需要，从大到小、从粗到细，工程建设项目划分为建设项目、单项工程、单位工程、分部工程、分项工程五个层次。

（一）建设项目

建设项目又称工程建设项目。它是指具有一个计划任务书，在一个或几个场地上，按照一个总体设计，由一个或若干个单项工程组成，在行政上实行统一管理，经济上实行独立核算的建设单位。一般以一个企业（或联合企业）、事业单位或独立的工程作为一个建设项目。例如一个工厂、一个矿区、一个电站、一所大学、一条铁路、一个水库等，都是一个建设项目。

（二）单项工程

单项工程是建设项目的组成部分。它是指具有独立的设计文件，竣工后可以独立发挥生产能力或使用效益的工程。如工厂项目中的各个生产车间、辅助车间、仓库等；大学项目中的教学楼、图书馆、办公楼和学生公寓等，都是单项工程。

（三）单位工程

单位工程是单项工程的组成部分。它是指具有独立的设计文件，可以独立组织施工，但竣工后不能独立发挥生产能力或使用效益的工程。如生产车间的土建工程、机械设备安装工程、工业管道安装工程、电气工程、给水排水工程、采暖通风工程等，教学楼中的土建、水卫、电照、暖通等，都是相应单项工程中包括的单位工程。

（四）分部工程

分部工程是单位工程的组成部分。它是按照单位工程的主要部位，由不同工种的工人利用不同的机械、工具和材料或制品来完成的工种工程。如土建工程中的土石方工程、桩基础工程、脚手架工程、砌筑工程、混凝土及钢筋混凝土工程、门窗及木结构工程、楼地面工程、屋面及防水工程、装饰工程等；电气工程中的变配电工程、电缆工程、配管工程、配线工程、灯具工程等。

（五）分项工程

分项工程是分部工程的组成部分。它是按照分部工程划分的原则，根据选用的施工方法、所用材料或制品规格等因素，将分部工程再进一步划分为若干较细的部分，即分项工程。如土石方工程中的人工挖沟槽、挖基坑、回填土、平整场地、土方运输等；灯具安装工程的普通灯具、荧光灯具、医院灯具、艺术花灯安装等。

分项工程是建筑安装工程的基本构成要素。为了便于计算各种资源消耗和确定单位工程造价，通常把这一基本构成要素视为“假定建筑产品”。尽管这种“假定建筑产品”没有独立存在的意义，但这一概念很重要，它在预算编制、计划统计、组织施工、成本核算等方面都是不可缺少的。

综上所述，建设项目、单项工程、单位工程、分部工程、分项工程的划分及其关系可用图1-1来表示。

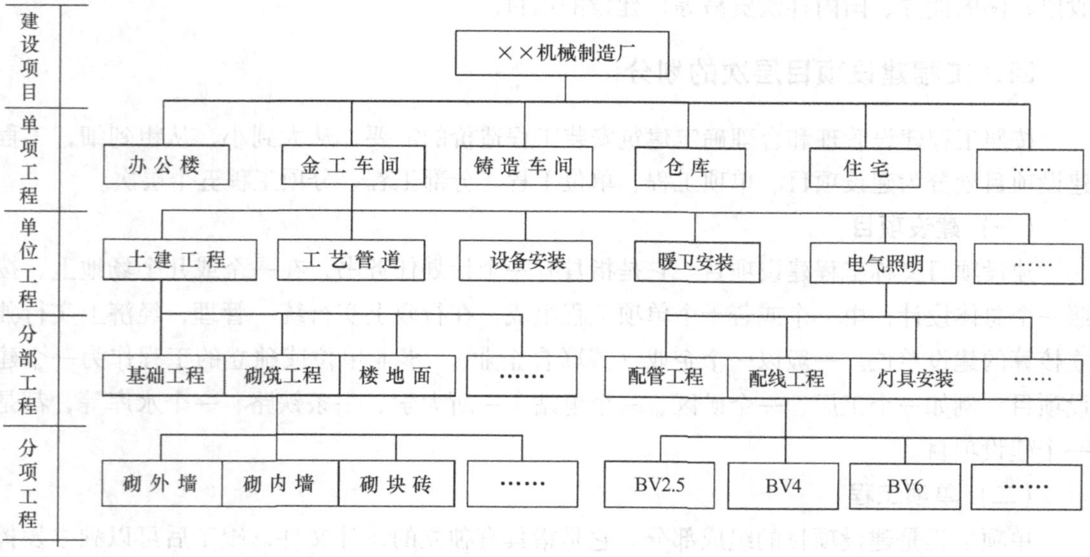

图1-1 工程建设项目划分及其关系示意图

五、工程建设程序

工程建设程序是指建设项目从计划决策到建成投产（或使用）全过程中，各项工作必须遵循的先后顺序。我国在几十年的社会主义经济建设实践中，总结出工程建设工作的顺序可分为四大阶段、十个程序，如图 1-2 所示。

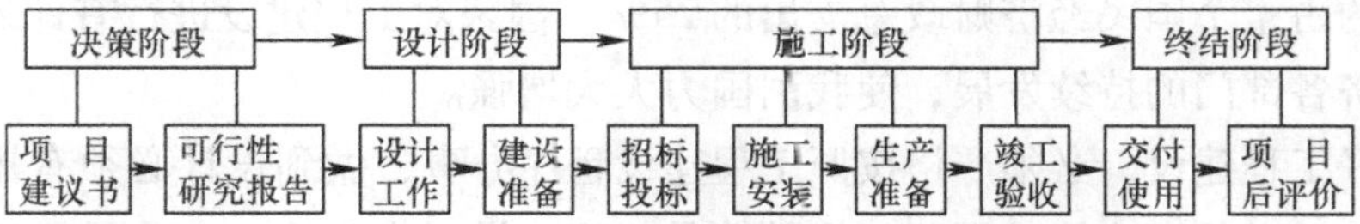

图 1-2 工程建设程序示意图

（一）决策阶段

工程建设是一种投资行为，建设项目的投资决策十分重要。这个阶段的主要工作是提出项目建议书和在可行性研究的基础上编制可行性研究报告书。项目建议书论述拟建项目的必要性和依据，经济效益、社会效益、环保和投资估算等方面的说明，是拟建项目是否取得立项资格的前提。项目建议书批准后，即可开展可行性研究。经过调查（包括厂址选择）、预测、分析，对拟建项目的技术先进性、经济合理性以及综合效益进行科学的评价，选择最优方案，并提出投资估算和设计任务书，形成可行性研究报告书。国家规定，可行性研究报告必须经过咨询机构和专家评估论证，方可报批。因此，项目建议书和可行性研究报告都是各级主管部门对投资项目正确决策的科学依据。

（二）设计阶段

建设项目可行性报告书批准后，项目业主（或建设单位）即可着手建设准备（征地、拆迁、选择监理单位等）和招标确定（或委托）设计单位进行具体规划和勘察设计工作。包括总体规划、初步设计、技术设计和施工图设计及相应的设计总概算、修正总概算和施工图预算，统称为编制设计文件。设计阶段是建设项目投资和质量控制的重要阶段。

（三）施工阶段

施工阶段工作繁多，包括报批开工报告，施工招标投标，施工准备，设备订货，施工安装，监理单位进行质量、工期和投资控制，生产准备，竣工验收与试车验收等。这个阶段是实现设计意图和固定资产产品的生产阶段。

（四）终结阶段

建设项目的终结阶段意味着项目的建成和验收合格，包括交付使用和按国家有关规定进行项目后评价两项工作。项目投产使用后，进行建设效果的评价，以考察投资效益和投资回收价值。

以上工程建设程序反映了客观经济规律和自然规律的要求，顺应了市场经济的发展，体现了项目业主责任制、工程建设监理制、工程招标投标制、项目咨询评估制的要求，并且与国际惯例基本趋于一致。

第二节 工程概预算综述

一、建设工程概预算的意义和作用

建设工程概预算就是确定建设项目所需的计划投资，即确定工程造价。

在现代化建设中，工程建设占有非常重要的地位。国家每年在工程建设和更新改造方面的投资，约占整个国民经济财政总支出的25%。国家对工程建设进行有计划的投资，促进了国民经济各部门的持续发展，使我国国力大大增强。

为了搞好工程建设，必须严格按照工程建设程序办事，做到设计必须有概算，施工必须有预算，竣工必须有决算。因此，概预算是工程建设工作中的一个重要环节。

从工程建设来讲，没有概预算的设计文件是不完整的设计，概预算是设计文件不可缺少的组成部分。

从施工管理来讲，概预算是安排生产，组织劳力、物资，进行结算和核算成本的重要依据。

建设工程概预算的作用主要有：

1）作为国家制定建设计划和控制工程建设投资的依据，是安排投资和资源的依据。

2）确定工程造价的主要依据。

3）是比较和选择设计方案的重要依据。

4）是建设项目招标投标签订合同和进行工程价款结算的依据。

5）是考核建设项目成本和评价投资效果的依据。

6）是施工企业加强经营管理和经济核算的依据。

二、建设工程概预算文件的种类

概预算是确定建设工程概算和预算造价的经济文件，按其所计算的对象不同，可分为以下几种。

（一）建设项目总概算书

建设项目总概算书是确定一个建设项目从筹建到竣工验收交付使用全过程所需全部费用的总文件。它是由组成建设项目的各个单项工程综合概算书、工程建设其他费用概算书汇总编制的。其内容主要包括编制说明、总概算表、单项工程综合概算表、单位工程概算表、其他费用概算表等。

（二）单项工程综合概（预）算书

单项工程综合概（预）算书是确定单项工程全部建设费用的文件。它是由组成单项工程的各个单位工程概（预）算书及设备、工器具概（预）算书汇编而成的。在一个建设项目中，若只有一个单项工程时，与该单项工程有关的工程建设其他费用的概（预）算，应列入该单项工程的综合（预）算书中。因为在这种情况下，这个单项工程的综合概算书就是一个建设项目的总概算书。单项工程综合概（预）算书的内容包括编制说明、综合概（预）算表、单位工程概（预）算表等部分。

（三）单位工程概（预）算书

单位工程概（预）算书是单项工程综合概（预）算书的组成部分，是确定各个单位工程建设费用的文件。单位工程概（预）算书中，包括组成单位工程的各个分部分项工程的人工费、材料费、施工机具使用费、企业管理费、利润、规费、税金等费用。它是编制建设项目总概（预）算书的基础。以工程量清单计价模式招标投标的工程，预算文件主要包括工程量清单、与工程量清单对应的综合单价及规费、税金等。

（四）其他费用概（预）算书

工程建设其他费用概（预）算书是指在建筑工程、设备购置及安装工程之外的，与整个建设项目有关的费用文件。其费用包括征地费、拆迁工程费、工程勘察设计费、研究试验费、生产职工培训费等。这些费用按规定均应在工程建设投资中支付，并以独立的费用项目列入建设项目总概算书中。

（五）分项工程预算书

分项工程预算书是确定分项工程预算价值的文件，是根据工程设计图、预算定额（或单位估价表）、材料预算价格、取费标准及有关文件进行计算和编制的。分项工程一般不单独编制预算书，其预算价值是作为单位工程预算书的组成部分。只有某些专业施工公司，如基础工程公司、机械化施工公司等，根据其承担的专业施工项目才单独编制预算书。

三、建设工程概（预）算费用的构成

建设工程概（预）算费用由建筑安装工程费用、设备及工器具购置费用、工程建设其他费用三部分构成，具体内容详见第三章。

四、工程概（预）算计价特点

建设工程概（预）算计价的主要特点是：单件计价、组合计价和多次计价。

（一）单件计价

单件计价又可叫做单独计价。每一建设工程造价必须通过单独进行概（预）算确定，不能像工业产品和其他商品那样按品种、规格和质量档次成批定价。这是因为：

(1) 用户不同　建设工程产品是为满足各个不同的使用者的需求而生产的。使用者不同，对其使用功能、建设规模、建造标准、建筑特征、设备设施等要求是千差万别的。

(2) 工程地点不同　建设工程是在各个指定的地点建造的，各地气候、地质、水文、地形、环境等自然条件及当地经济、文化、技术、风俗习惯等因素不同，必然使建设工程的实物形态千变万化。

(3) 资源供应不同　建设工程产品的形成需要大量的活劳动和物化劳动消耗量。不同地区的劳力、材料、购配件、机械及设备等供应条件是不同的，这就直接使各项工程的投资费用产生不同的影响。

所以，建设工程产品是属于特殊的商品，必须针对每项工程特殊的计价程序逐一计价。这是建设工程概（预）算计价的一个突出的特点。

（二）组合计价

在建设工程概（预）算造价三大构成中，设备及工器具购置费用、工程建设其他费用可根据提供的具体资料和有关规定进行简单计算确定。而建筑安装工程由于本身体量大，结构、构造复杂，露天作业多，其费用不仅内容繁杂，而且可变因素较多，计算麻烦。为了准确地确定此项费用，必须对建设项目进行层次分解，由粗到细分为单项工程、单位工程、分部工程和分项工程。编制工程概预算造价时，从最基本的费用构成单元即分项工程开始，逐层计算，逐层组合。首先是以建筑安装单位工程为对象，计算分部分项工程量，由各分项工程量乘以相应的分项工程单价得到直接工程费；按取费标准计算间接费、利润和税金等。将以上费用合计，得到单位工程造价。其次是将各单位工程造价进行综合并加上设备及工器具购置费等，计算出单项工程造价。最后，将各单项工程造价与工程建设其他费用汇总成建设项目总造价。

由上述可知，建设工程概（预）算造价具有组合计价的特点。

（三）多次计价

建设工程产品的生产，是一个周期长、可变因素多、资源消耗量大的生产消费过程。按照建设程序，必须分阶段进行。为适应各建设阶段对工程造价的控制和管理要求，需要在不同的阶段对建设工程进行多次计价。

1）在项目建议书阶段，按规定应编制初步投资估算，经有关部门批准，作为拟建项目列入国家中长期计划和开展前期工作的控制造价。

2）在可行性研究阶段，按规定应编制投资估算，经有关部门批准，即为该项目国家计划控制造价。

上述两个阶段形成的造价，均为该项目的指导价。

3）在初步设计和技术设计阶段，应编制初步设计总概算和修正总概算，经有关部门批准，即为控制拟建项目工程造价的最高限额。

4）在施工图设计阶段，应编制施工图预算或招标控制价，用以核实施工阶段造价是否超过批准的设计概算。施工图预算或招标控制价应控制在设计概算范围之内。

5）对以施工图预算模式或工程量清单计价模式为基础进行招标投标的工程，承包合同价也是以经济合同形式确定的建筑安装工程造价。

6）在工程施工阶段，要按照施工单位实际完成的工程量，以合同价为基础，同时考虑因物价调整所引起的造价变动，考虑到设计中难以预计的、而在实施阶段实际发生的工程费用，合理确定结算价。

7）在竣工验收阶段，以结算价为基础，汇集在工程建设过程中实际花销的全部费用，编制竣工决算，如实反映该建设工程的实际造价。

建设工程的以上计价过程可用图 1-3 来表示。

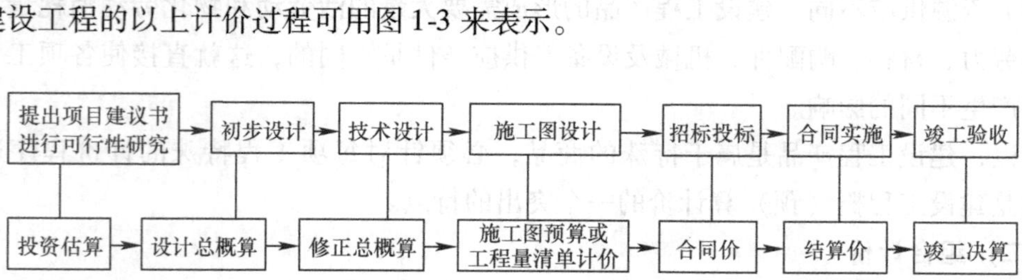

图 1-3　建设工程多次计价示意图

由上述可知，建设工程概（预）算造价具有多次计价的特点。

第三节 工程概预算造价管理体制

一、我国工程概预算造价管理的回顾

我国工程概预算制度是随着国民经济的发展而建立起来的。概预算工作经历了一个分散→集中→分散→集中，到现阶段的统一领导与分级管理相结合的过程。随着改革开放和我国市场经济体制的确立，概预算工作也随之进行了为适应市场经济发展要求的一系列改革。从新中国成立至今，大体可分为以下几个阶段。

（一）创立阶段（1949～1952 年）

新中国成立初期，党和国家对建立定额工作十分重视，进行了建立机构、培训干部和定额试点等一系列工作。1951 年，建筑部门制定了东北地区统一劳动定额。1952 年前后，华北等地也相继编制了劳动定额或工料消耗定额。这一时期是我国定额工作的创立阶段。

（二）集中管理阶段（1953～1957 年）

我国 1953 年开始实施发展国民经济的第一个五年计划，大规模的社会主义经济建设在全国展开，为加强企业管理，劳动定额和计件工资制工作得到迅速发展。“一五”末期，执行劳动定额的计件工人，已占生产工人总数的 70%。由于国家集中统一领导，全国各地建立了比较健全的定额管理机构。1955 年，原国家劳动部和原建筑工程部联合主持编制了《全国统一建筑安装工程劳动定额》，标志着工程定额集中管理的开始。1956 年，原国家建设委员会对 1955 年编制的劳动定额进行修订，并增加了材料消耗定额和机械台班消耗定额的内容，编制了我国第一本《全国统一施工定额》。该定额的实施，在科学组织施工、推行计件工资制、提高生产效率等方面，发挥了重要作用。

在制定劳动定额的同时，原国家建筑工程部于 1955 年编制了我国第一部预算定额，即《全国统一建筑工程预算定额》，原国家建设委员会制定了《基本建设预算编制方法》，其后又编制了《基本建设预算编制细则》。1957 年，原国家建设委员会对第一部预算定额进行了修订，颁布了全国《建筑工程预算定额》。以上工作标志着我国基本建设预算制度的建立，对编制国家工程建设计划，控制建设投资和确定建筑产品造价具有重要意义。

（三）分散到集中管理阶段（1958～1966 年）

1958 年，中央曾将基本建设预算编制办法、建筑安装工程预算定额的编制和管理权限下放，由各省、市、自治区负责。由于各级基建管理机构和预算管理部门被精简，1961 年，中央又收回下放的权限，改由原建筑工程部统一编制和管理劳动定额，恢复计件工资制。1962 年、1966 年原建筑工程部先后两次修订并颁发了《建筑安装工程统一劳动定额》。1963 年原建筑工程部又编制了《建筑工程统一预算定额》（草稿）。此后，工程计价恢复正常，建筑企业完成的各项经济指标显著上升。

（四）破坏阶段（1967～1976 年）

“文化大革命”期间，概预算定额管理工作遭到严重破坏。定额机构被撤销，预算人员被解散，大量基础资料被销毁，造成劳动无定额、效率无考核的混乱局面，导致设计无

概算、施工无预算、竣工无决算，建筑业走向低谷。

（五）管理逐步完善和改革阶段（1977～1992年）

这是我国工程建设迅速发展，工程概预算造价管理制度逐步完善并进行改革的时期。1977年，全国恢复重建了定额管理机构。1978年，原国家计划委员会、建设委员会和财政部联合颁发了《关于加强基本建设概、预、决算管理工作的几项规定》，强调了加强“三算”在基本建设管理中的作用和意义；同时，下发了《关于概预算定额、费用定额和材料设备预算价格分工的意见》，建立了概、预算定额、费用定额工作统一领导、分级管理的框架；颁布了《关于基本建设程序的若干规定》，明确规定了设计必须有概算，施工必须有预算。

1979年，原国家建工总局编制了新的《建筑安装工程统一劳动定额》。1981年，原国家建设委员会组织编制了全国《建筑工程预算定额》。1983年，原国家计划委员会、建设银行颁发了《关于改进工程建设概预算工作的若干规定》，明确指出，工程建设概预算是控制和确定工程造价的文件。

1985年，原国家计划委员会、建设银行印发了《关于改进工程建设概预算定额管理工作的若干规定》等三个文件，对定额的管理分工和建筑安装工程费用项目划分等作了详细规定；同年，原国家城乡建设环境保护部又编制了《全国建筑安装工程统一劳动定额》。1986年，原国家计划委员会印发了《关于建筑安装工程间接费定额制订修订工作的几点意见》，为全国制定费用定额提供了依据。

1988年，原国家建设部成立标准定额司，各省、市、自治区，各部委建立了定额管理站和后来的工程建设造价管理站。全国颁发了一系列推动概预算管理和定额管理改革的文件。在国家建设管理部门的指导下，以全国定额为基础，各地区、各部门都制定了适合本地区、本部门、本行业实际情况的定额和概预算管理规定。

1990年7月中国建设工程造价管理协会成立，标志着我国现代工程造价管理进入到快速发展的新阶段。为逐步适应社会主义市场经济体制，按照调放结合、配套改革、小步快走、逐步到位的指导思想，进行了一系列的工程造价管理改革，取得了较好的成果。

（六）深化改革阶段（1991年～今）

党的十四大明确提出我国经济体制改革的目标是建立社会主义市场经济体制。这就为概预算和定额管理工作提出了新的要求。

1992年全国工程建设标准定额工作会议后，工程造价管理体制由计划经济下的定额模式逐步向以市场机制为主导、与国际惯例接轨的新模式转变。在造价管理方面，提出了“政府宏观指导、企业自主报价、竞争形成价格、加强动态管理”的改革思路。

1995年，原国家建设部颁发了《全国统一建筑工程基础定额》（土建工程）和《全国统一建筑工程预算工程量计算规则》，为各省、市、自治区和各部门编制预算定额或单位估价表提供了科学依据，为实现“量”“价”分离做好了准备，是建设工程计价深化改革的重要标志。

1996年，原建设部颁布了《工程造价咨询单位资质管理办法（试行）》及实施细则，标志着工程造价咨询机构的产生和初步发展；同年，原国家人事部和原建设部颁发了《造价工程师执业资格制度暂行规定》，建立了适合我国国情的造价工程师执业资格制度。

2003 年，原建设部、财政部联合下发了《建筑安装工程费用项目组成》的通知（建标［2003］206 号）。在计价依据方面，从原来引进前苏联的“量”“价”合一模式开始向“量”“价”分离模式转变，提出了“控制量”“指导价”“竞争费”等改革设想。政府对工程造价实行动态管理，在宏观调控下，造价管理机构定期发布工、料、机的价格信息和各类工程的造价指数，对不同类别的工程，推行差别取费，抛弃了传统的工程造价管理模式。

二、工程概预算造价管理现状及发展趋势

2003 年，推出国家标准 GB 50500—2003《建设工程工程量清单计价规范》，这是建设工程计价依据第一次以国家标准的形式出现，开始了从传统的定额计价模式到工程量清单计价模式的转变，进一步确立了建设工程计价依据的法律地位，标志着一个崭新阶段的开始。

2008 年，住房和城乡建设部发布了 GB 50500—2008《建设工程工程量清单计价规范》。

为适应深化工程计价改革的需要，国家确定了“政府宏观调控、部门动态监管、企业自主报价、市场形成价格”的宏伟目标。为实现这一目标，2013 年，住房和城乡建设部、财政部联合下发了《建筑安装工程费用项目组成》的通知（建标［2013］44 号）；住房和城乡建设部于 2013 年发布了 GB 50500—2013《建设工程工程量清单计价规范》；与此相配套的一系列专业工程计算规范也相继发行，主要包括 GB 50854—2013《房屋建筑与装饰工程工程量计算规范》、GB 50855—2013《仿古建筑工程工程量计算规范》、GB 50856—2013《通用安装工程工程量计算规范》、GB 50857—2013《市政工程工程量计算规范》、GB 50858—2013《园林绿化工程工程量计算规范》、GB 50859—2013《矿山工程工程量计算规范》、GB 50860—2013《构筑物工程工程量计算规范》、GB 50861—2013《城市轨道交通工程工程量计算规范》、GB 50862—2013《爆破工程工程量计算规范》。

通过上述一系列改革，我国建设工程造价管理逐步走向规范化，正在逐步与国际惯例接轨。今后一段时期，我国工程造价管理改革势必进一步向纵深发展以适应经济体制不断深化改革的需要。为此，还需不断完善以下三个方面。

（一）进一步完善工程造价信息系统

在知识经济和知识创新的时代，工程造价信息极为重要。必须加强全国建设工程造价信息网络的建设及应用，必须充分利用现代通信、计算机和网络等现代科技手段，组织工程造价管理部门，咨询机构，材料、设备及制品供应商和生产厂家等建立完善、快捷的工程造价信息系统。工程造价管理的信息化伴随着互联网走进千家万户，是最终形成价格的载体。在国家宏观调控下，工程造价信息系统及时发布准确可靠的造价信息，包括工程建设政策、法规信息、生产消耗的各种资源价格信息、设备价格信息及造价指数等，为参与工程建设的各用户提供服务。

依据 2012 年 2 月 1 日起施行的《中华人民共和国招标投标法实施条例》中关于“国家鼓励利用信息网络进行电子招标投标”的规定，2013 年 5 月，国家发展和改革委员会

会同相关部委共同编制印发了《电子招标投标办法》，建设工程已开始实现网上招标和投标。

（二）进一步完善工程造价咨询业

我国目前的工程造价咨询单位，是指经建设行政主管部门批准成立的并取得“工程造价咨询单位资格证书”的企业单位，其中一部分是兼营咨询业务的单位。咨询业务范围是面向社会接受委托，承担建设项目的可行性研究、投资估算、项目经济评价、工程概预算、工程结算、竣工决算、工程招标控制价、投标报价的编制和审核，对工程造价进行监控等。充分发挥工程造价咨询业的咨询、顾问作用，并逐渐代替政府行使造价监控的职能，也同时接受政府工程造价管理部门的管理和监督。工程造价咨询业的发展，将加强自己在工程建设中的社会服务功能，成为一个独立的行业，保持“客观、公正、公平、独立”的地位，使造价咨询机构成为真正的投资咨询顾问，公正、负责地开展咨询业务，实施工程建设全过程的服务。同时，须提高咨询服务单位人员的技术水平和专业技术资质等级，要积极开展人才培训，加强造价咨询中介机构的培育和发展。

（三）进一步完善工程量清单计价模式

为适应我国经济体制改革以市场为取向的趋势，必须进一步推行和完善以工程量清单报价为主要模式的无标底合理低价中标方式。工程量清单报价是建立在充分完善市场和工程担保制度基础之上的国际通用计价方法。为遵循市场经济的客观规律，建筑工程造价的管理必须以市场为取向，从而真正实现市场化。推行工程量清单计价模式的同时，还必须完善工程造价的计价依据，建立规范的、有章可循的计价依据，推行切实可行和公平、公正的计价办法。这些都是工程造价管理改革的关键。

工程造价改革并非易事，要逐步树立起国际化的意识以适应加入世界贸易组织（WTO）后引发的新形势、新变化、新问题和新要求，构建起既有中国特色又符合国际惯例要求的工程造价管理体系。

第四节　我国注册造价工程师和工程造价咨询制度

一、造价工程师注册考核制度

为了加强对建设工程造价的管理，提高工程造价专业人员的业务素质，原人事部和建设部于1998年1月下发了《关于实施造价工程师执业资格考试有关问题的通知》（人发[1998] 8号）；原建设部于2000年3月1日颁发了《造价工程师注册管理办法》，该办法已被2007年3月1日起实施的《注册造价工程师管理办法》（建设部令第150号）取代。

（一）造价工程师申请报考条件

按照通知规定，凡中华人民共和国公民，遵纪守法并具备以下条件之一者，均可申请参加造价工程师执业资格考试：

1）工程造价专业大专毕业后，从事工程造价业务满五年；工程或工程经济类大专毕业后，从事工程造价业务工作满六年。

2）工程造价专业本科毕业后，从事工程造价业务满四年；工程或工程经济类本科毕业后，从事工程造价业务工作满五年。

3）获上述专业第二学士学位或研究生毕业并获硕士学位后，从事工程造价业务工作满三年。

4）获上述专业博士学位后，从事工程造价业务工作满两年。

（二）造价工程师考试内容

1）工程造价的相关知识。如投资经济理论、经济法、合同管理、项目管理等知识。

2）工程造价确定与控制。除掌握工程造价的基本概念外，还要理解工程建设全过程造价确定与控制的思想，掌握全过程造价确定与控制的主要方法。

3）工程技术与工程计量。这部分分两个专业考试，即建筑工程与安装工程，主要掌握两专业基本技术知识与计量方法。

4）案例分析。主要考察考生实际操作的能力，包括计算与审查专业单位工程量，编制与审查专业工程投资估算、设计概算、预算、结算与决算，投标报价评价与分析等。

（三）造价工程师注册

按照《注册造价工程师管理办法》规定，造价工程师执业资格实行注册登记制度。国务院建设行政主管部门负责全国造价工程师的注册管理工作，造价工程师注册的具体工作可以委托有关协会办理。省、自治区、直辖市人民政府建设行政主管部门负责本行政区域内造价工程师的注册管理工作，特殊行业的主管部门经国务院建设行政主管部门认可，负责本行业造价工程师的注册管理工作。

通过全国造价工程师执业资格统一考试并取得资格证书的人员，可自资格证书签发之日起1年内申请初始注册。逾期未申请者，须符合继续教育的要求后方可申请初始注册。初始注册的有效期为4年。

（1）初始注册提交材料　申请造价工程师初始注册应当提交下列材料：

1）造价工程师注册申请表。

2）执业资格证件和身份证件复印件。

3）与聘用单位签订的劳动合同复印件。

4）工程造价岗位工作证明。

5）受聘于具有工程造价咨询资质的中介机构的，应当提供聘用单位为其交纳的社会基本养老保险凭证、人事代理合同复印件，或者劳动、人事部门颁发的离退休证复印件。

6）取得资格证书的人员，自资格证书签发之日起1年后申请初始注册的，应当提供继续教育合格证明。

（2）不予注册情形　有下列情形之一的，不予注册：

1）不具有完全民事行为能力的。

2）申请在两个或者两个以上单位注册的。

3）未达到造价工程师继续教育合格标准的。

4）前一个注册期内工作业绩达不到规定标准或未办理暂停执业手续而脱离工程造价业务岗位的。

5）被吊销注册证书，自被处罚决定之日起至申请注册之日止不满3年的。

6）以欺骗、贿赂等不正当手段获准注册被撤销，自被撤销注册之日起至申请注册之日止不满3年的。

（3）延续注册与变更注册　注册有效期满要求继续执业的，造价工程师应当在注册有效期满30日前向省级注册机构或者部门注册机构申请延续注册。在注册有效期内，注册造价工程师变更执业单位的，应当与原聘用单位解除劳动合同，并按照相应的程序办理变更注册手续。变更注册后延续原注册有效期。

（4）执业范围　造价工程师执业范围包括：

1）建设项目建议书、可行性研究投资估算的编制和审核，项目经济评价，工程概、预、结算，竣工结（决）算的编制和审核。

2）工程量清单、标底（或者控制价）、投标报价的编制和审核，工程合同价款的签订及变更、调整、工程款支付与工程索赔费用的计算。

3）建设项目管理过程中设计方案的优化、限额设计等工程造价分析与控制，工程保险理赔的核查。

4）工程经济纠纷的鉴定。

（四）造价工程师的权利和义务

1）造价工程师享有的权利主要有：使用注册造价工程师名称、依法独立执行工程造价业务、在本人执业活动中形成的工程造价成果文件上签字并加盖执业印章、发起设立工程造价咨询单位、保管和使用本人的注册证书和执业印章、参加继续教育。

2）造价工程师履行的义务主要有：遵守法律、法规、有关管理规定，恪守职业道德；接受继续教育，提高业务技术水平；在执业中保守技术和经济秘密；执行工程造价计价标准和计价方法；与当事人有利害关系的，应当主动回避；保证执业活动成果的质量等。

二、我国工程造价咨询服务

工程造价咨询是指面向社会接受委托，承担建设项目的可行性研究，投资估算，项目经济评价，工程概算、预算、工程结算、竣工决算、工程招标标底、投标报价的编制和审核，对工程造价进行监控以及提供有关工程造价信息资料等业务工作。工程造价咨询单位是指接受委托，对建设项目工程造价的确定与控制提供专业服务，出具工程造价成果文件的中介组织或咨询服务机构。为了加强对工程造价咨询单位的管理，保障工程造价咨询工作健康发展，维护建设市场秩序，2000年1月25日，原建设部发布了《工程造价咨询单位管理办法》（建设部令第74号），该办法已被原建设部2006年3月22日重新发布的《工程造价咨询企业管理办法》（建设部令第149号）代替。

该办法规定，工程造价咨询企业应当取得《工程造价咨询企业资质证书》，并在资质证书核定的范围内从事工程造价咨询业务。国务院建设行政主管部门负责全国工程造价咨询单位的管理工作，省、自治区、直辖市人民政府建设行政主管部门负责本行政区域内工程造价咨询单位的管理工作。有关专业部门负责对本专业工程造价咨询企业实施监督管理。

工程造价咨询企业资质等级分为甲级、乙级。申请工程造价咨询企业资质等级应当提交下列材料：

1）工程造价咨询企业资质等级申请书。

2）专职专业人员（含技术负责人）的造价工程师注册证书、造价员资格证书、专业技术职称证书和身份证。

3）专职专业人员（含技术负责人）的人事代理合同和企业为其交纳的本年度社会基本养老保险费用的凭证。

4）企业章程、股东出资协议并附工商部门出具的股东出资情况证明。

5）企业缴纳营业收入的营业税发票，或税务部门出具的缴纳工程造价咨询营业收入的营业税完税证明；企业营业收入含其他业务收入的，还需出具工程造价咨询营业收入的财务审计报告。

6）企业营业执照。

7）固定办公场所的租赁合同或产权证明。

8）有关企业技术档案管理、质量控制、财务管理等制度的文件。

工程造价咨询企业资质有效期为 3 年。资质有效期届满，需要继续从事工程造价咨询活动的，应当在资质有效期届满 30 日前向资质许可机关提出资质延续申请。资质许可机关应当根据申请作出是否准予延续的决定。准予延续的，资质有效期延续 3 年。

工程造价咨询企业依法从事工程造价咨询活动，不受行政区域限制。甲级工程造价咨询企业可以从事各类建设项目的工程造价咨询业务。乙级工程造价咨询企业可以从事工程造价 5000 万元人民币以下的各类建设项目的工程造价咨询业务。

工程造价咨询业务范围包括：

1）建设项目建议书及可行性研究投资估算、项目经济评价报告的编制和审核。

2）建设项目概预算的编制与审核，并配合设计方案比选、优化设计、限额设计等工作进行工程造价分析与控制。

3）建设项目合同价款的确定（包括招标工程工程量清单和标底、投标报价的编制和审核），合同价款的签订与调整（包括工程变更、工程洽商和索赔费用的计算）及工程款支付，工程结算及竣工结（决）算报告的编制与审核等。

4）工程造价经济纠纷的鉴定和仲裁的咨询。

5）提供工程造价信息服务等。

工程造价咨询企业可以对建设项目的组织实施进行全过程或者若干阶段的管理和服务。

第二章

土木工程定额原理

土木工程定额是指为计算土木工程造价而编制的定额，是指完成定额工程内容所需消耗资源的数量标准，是计算土木工程造价的重要依据之一。土木工程包括建筑工程、交通土建工程、水利工程、港口海岸工程等。本章以建筑工程定额为例阐述土木工程定额的原理。

第一节　工程建设定额的概念、分类与作用

一、工程建设定额的概念

（1）定额的含义　在土木工程施工过程中，无论完成某一分项工程，还是进行某种结构构件的生产，都必须消耗一定的资源。工程建设定额，就是指在正常的施工条件下，为完成一定计量单位的合格产品所需消耗资源的数量标准。这些消耗是随着一定时期施工管理和技术条件的变化而变化的。因此，工程建设定额是反映在一定社会生产力条件下建筑行业的劳动生产率水平。

（2）定额的产生　定额，作为现代科学管理的重要手段产生于19世纪末，与资本主义企业管理科学化和管理科学的发展紧密地联系在一起。当时高速发展的资本主义工业与落后的企业管理、低效的生产率，形成突出的矛盾。为了提高工人的劳动生产率，美国工程师泰罗（F. W. Taylar，1856—1915）首先研究制定出工时定额。

泰罗把工人的工作时间划分为准备工作时间、基本工作时间和辅助工作时间等组成部分，用秒表测定完成各组成部分所需的劳动时间，以实际测定的时间值为基础制定了工时消耗定额，作为衡量工人工作效率的尺度。同时，泰罗又把工人在生产中的操作过程分解为若干个操作和动作，去掉那些无效的动作，制定出最能节省工作时间的标准操作方法，从而把工时定额建立在合理操作的基础上。为了减少工时消耗，泰罗还进行了改进生产工具与设备的研究。

制定科学的工时定额，推广标准的操作方法，采用先进的工具设备，实行有差别的计件工资制，这就是著名的“泰罗制”的主要内容。“泰罗制”的建立，标志着定额的产生。定额为企业管理提供了精确的基本数据。“泰罗制”的推行，使资本主义企业管理发生了根本性的变革，对管理科学的产生和发展具有重要意义。

（3）定额与劳动生产率的关系　我国是社会主义国家，劳动者是国家的主人。因此，建设工程定额和其他生产定额一样，代表着国家的利益、建筑企业的利益和劳动者的利

益。执行定额的目的，是为了保证一定时期的劳动生产率水平，为国家生产更多的、质量合格的建筑产品，也为建筑企业本身带来应有的经济效益。因此，定额的制定和执行，会促进每个建筑企业和每个职工为达到定额水平而努力。

另一方面，建筑企业为了获得更多的利润，进一步提高工程质量、缩短工期、提高经济效益，将不断总结生产经验，认真分析、研究建筑安装生产规律，加强劳动组织和经营管理，选择、配备优良的机具设备，加强技术培训，提高劳动者素质，采用先进的生产工艺和施工方法等，以实现劳动生产诸因素的更合理组合，从而达到节省劳动力，减少材料和施工机械台班的消耗，降低生产成本。

随着建筑技术的发展和生产组织管理的现代化，劳动生产率水平不断提高，定额水平也要相应地及时得到反映，新的定额将代替原来的定额。

二、工程建设定额的作用和分类

(一) 定额的作用

定额是企业实行科学管理的主要依据。建筑安装工程定额具有以下作用：

(1) 定额是计划管理的基础　建筑施工企业为了组织和管理施工生产活动，必须编制施工进度计划、年度计划、月旬作业计划以及劳力计划、物资供应计划等各种计划。这些计划的编制都需要依据定额标准来计算人力、物力和资金的需用量。因此，定额是计划管理的重要基础。

(2) 定额是评价设计方案和确定工程造价的依据　对同一个工程设计，可以有多个设计方案，使用定额和各项指标进行技术经济分析，可比选出经济合理的最优设计方案。同时，工程造价是根据设计标准和工程数量，由定额规定的资源和资金消耗量标准以及各种费用标准来确定的。因此，定额是确定工程造价的依据。

(3) 定额是科学组织管理施工的工具　建筑工程施工是由多工种多部门组成的一个有机整体而进行的生产活动。在组织管理施工过程中，无论是调配劳动力，组织材料供应，配备机械设备，还是签发生产任务单，限额领料单，考核工料消耗，组织劳动竞赛，评优评奖，计算和分配劳动报酬等，都要依靠和利用各种定额。因此，定额是组织管理施工的工具。

(4) 定额是提高劳动生产率的重要手段　施工企业要提高劳动生产率，除了加强思想政治工作外，还必须贯彻执行各种定额，把提高劳动生产率的任务具体落实到每个生产班组、每个工人身上，促使他们采用新技术、新工艺，改进操作方法，优化劳动组织，减少劳动量，降低生产消耗，从而提高劳动生产率。

(5) 定额是企业实行经济核算的基础　建筑施工企业为了分析和比较各种生产消耗，进行成本核算，生产班组进行承包工程的结算，都必须以各种定额为依据。因此，定额是搞好企业内部经济核算，降低生产成本，提高企业经济效益的重要基础。

(二) 定额的分类

工程建设定额按其内容、形式和用途的不同，可作如下分类。

1. 按生产要素分类

按定额所含的生产要素内容可分为劳动定额、材料消耗定额和机械台班使用定额。

（1）劳动定额 劳动定额（也称工时定额或人工定额）是指在正常的施工技术和组织条件下，完成单位合格产品所必需的劳动消耗量标准。这个标准是国家和企业对工人在单位时间内完成的产品数量和质量的综合要求，是以工种或工序为对象编制的。

（2）材料消耗定额 材料消耗定额是指在合理使用材料的条件下，生产单位质量合格产品所需消耗的一定规格的材料、成品、半成品和水、电等资源的数量，包括直接使用在工程上的材料净用量和在施工现场内运输及操作过程中不可避免的废料和损耗。

（3）机械台班使用定额 机械台班使用定额也称机械台班定额。它反映施工机械在正常的施工条件下，合理、均衡地组织劳动和使用机械时，该机械在单位时间内的生产效率。

劳动定额、材料消耗定额、机械台班使用定额是编制各类建设工程计价定额的基础，因此也称为基础定额。

2. 按定额编制程序和用途分类

（1）施工定额 施工定额是完成一定计量单位所必需的人工、材料和施工机械台班消耗量的标准。施工定额是施工承包企业确定施工成本、编制施工预算的依据，同时也是编制施工组织设计和施工进度计划的依据。

（2）预算定额 预算定额是施工图设计阶段用以计算工程中人工、材料、机械耗用量的定额。预算定额项目划分较细，因此计算精度较高，适宜于编制施工图预算、招标标底、投标报价和竣工结算。预算定额是建设工程计价和定价的重要工具。

（3）概算定额 概算定额是扩大初步设计阶段用以计算工程中人工、材料、机械耗用量的定额。概算定额项目划分较粗，与扩大初步设计的深度相适应，适宜于编制设计概算和招标标底。概算定额是投资（工程造价）控制的重要工具。概算定额是在预算定额的基础上编制的，它是将若干个预算定额项目归并在一起编制而成的。

（4）概算指标 概算指标是初步设计阶段或可行性研究阶段用以计算工程中人工、材料、机械耗用量的指标。概算指标是以建筑面积为计量单位，项目划分非常粗，与初步设计的深度相适应，适宜于编制设计概算和投资估算。概算指标是投资（工程造价）控制的工具之一。概算指标虽然是根据历史的预、结算资料编制的，但是其编制基础仍然离不开预算定额和概算定额。

（5）估算指标 估算指标是项目建议书阶段或可行性研究阶段用以计算工程投资及其主要人工、材料、机械耗用量的指标。估算指标以独立的单项工程或完整的工程项目为计算对象，其概略程度与可行性研究阶段相适应，适宜于编制投资估算。估算指标为项目决策和投资（工程造价）控制提供依据。估算指标虽然是根据历史的决算资料和价格变动资料编制的，但是其编制基础仍然离不开预算定额、概算定额和概算指标。

3. 按投资的费用性质分类

按照投资的费用性质，工程建设定额可分为建筑工程定额、设备安装工程定额、建筑安装工程费用定额、工器具定额、工程建设其他费用定额等。

4. 按主编单位和管理权限分类

工程建设定额按编制单位及管理权限可分为五类，即全国统一定额、地区统一定额、行业统一定额、企业定额和补充定额。

1）全国统一定额是国家建设行政主管部门根据全国各专业工程的生产技术和组织管理水平而制定，在全国范围内执行的定额。如《全国统一建筑工程基础定额》《全国统一安装工程预算定额》等。

2）地区统一定额是各省、市、自治区建设行政主管部门结合本地区经济发展水平和特点，参照全国统一定额并作适当调整补充而编制，在本地区使用的定额。如《全国统一建筑工程基础定额河北省消耗量定额》。

3）行业统一定额是考虑到各行业部门专业工程技术特点及施工生产和管理水平而编制的定额，一般是只在本行业和相同专业性质的范围内使用。如原核工业部的《核岛建筑工程预算定额》、原交通部的《公路工程预算定额》等。

4）企业定额是指建筑安装施工企业根据企业生产率水平和管理水平参照国家、行业统一或地区统一定额编制的内部使用的定额。

5）补充定额是补充现行定额的缺项，根据实际情况编制，并经有关部门审批使用的定额。

工程建设定额的分类见图 2-1。

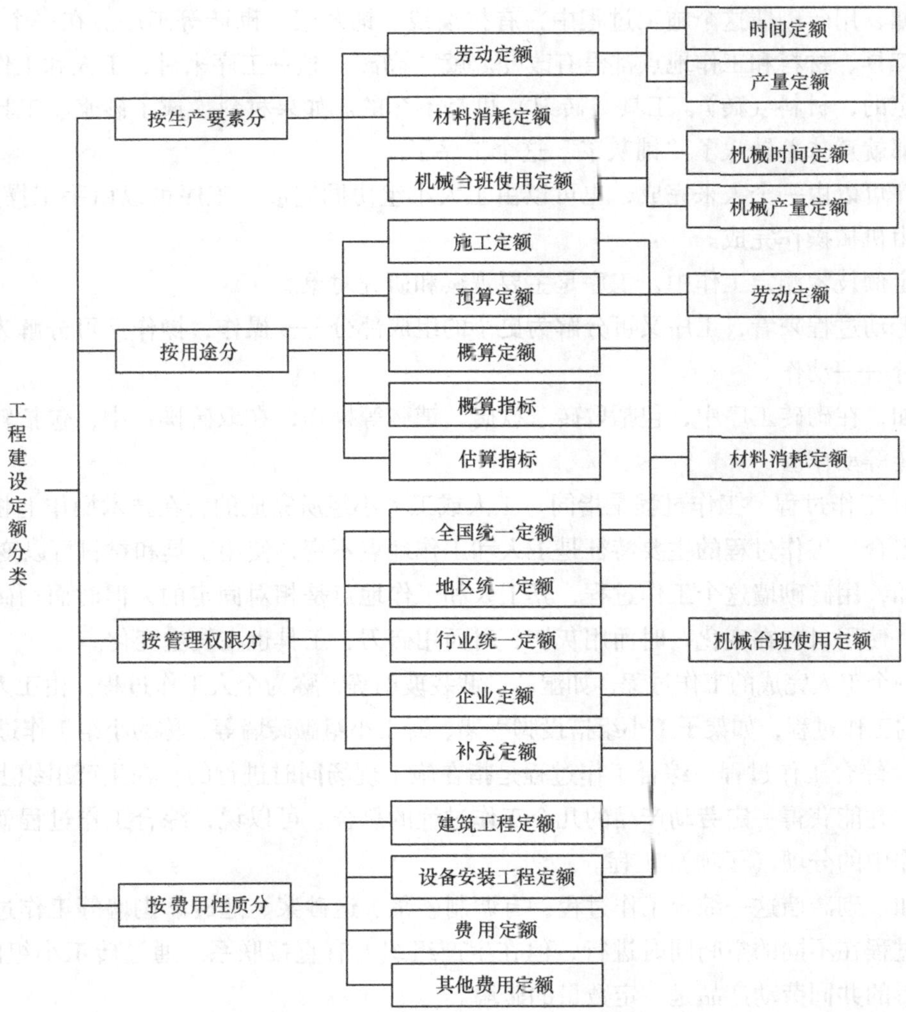

图 2-1　工程建设定额的分类

第二节 工作时间分析与定额的技术测定

一、工作时间分析

（一）施工过程的研究

施工过程是指在建筑安装工地范围内所进行的各种生产过程。例如，浇筑混凝土基础、砌砖墙、内墙抹灰等都称为施工过程。要进行工时研究，必须对施工过程进行研究。为了便于观察和研究施工过程，必须对施工过程进行分解。

施工过程按生产组织的复杂程度，一般可分为工序、工作过程和综合工作过程。

（1）工序 工序是指在劳动组织上不可分开，在技术操作上属于同一类型的施工过程。工序的主要特征是工人、工具、材料和工作地点均不发生变化。如果其中一个条件发生了变化，就意味着转入了另一个工序。

例如，用砖砌墙这个施工过程中，有拉准线、铺灰浆、砌砖等工序。在一个工序中，工人、工具、材料和工作地点都没有改变。就“砌砖”这一工序来讲，工人和工作地点是相对固定的，材料（砖）、工具（砖刀）也是不变的。如果材料换成了砂浆、工具换成了灰铲，那就意味着转入了“铺灰浆”这个工序了。

工序可以由一个人来完成，也可以由工人小组协同完成。工序可以由手工操作完成，也可以由机械操作完成。

在定额技术测定工作中，工序是主要观察和研究对象。

从劳动过程来看，工序又可分解为更小的组成部分——操作；操作又可分解为最小的组成部分——动作。

例如，在砌砖工序中，包括取砖、砍砖、铺砖等操作；在取砖操作中，包括转身、弯腰、取砖等动作。

（2）工作过程 工作过程是指同一工人或工人小组所完成的，在技术操作上相互联系的工序组合。工作过程的主要特征是工人和工作地点不变，使用工具和材料可以变换。

例如，用砖砌墙这个工作过程，其工人和工作地点是相对固定的，但时而用砖，时而用灰浆，使用材料在变化；时而用灰铲，时而用砖刀，工具也在发生变化。

由一个工人完成的工作过程，如湿砖、截装玻璃等，称为个人工作过程。由工人小组共同完成的工作过程，如架子工小组搭设脚手架、砖工小组砌砖墙等，称为小组工作过程。

（3）综合工作过程 综合工作过程是指在施工现场同时进行的，在生产组织上有直接联系的，并能获得一定劳动产品的几个工作过程的总合。可以说，综合工作过程就是建筑安装工作中的分项（子项）工程。

例如，砌砖墙这一综合工作过程，有调制砂浆、运砂浆、运砖、砌墙等工作过程。这些工作过程在不同的空间同时进行，但在生产组织上有直接联系。通过砖工小组的工作，最终获得的共同劳动产品是一定数量的砖墙。

如果施工过程以相同的内容和顺序不断循环，并且每重复一次循环可生产出同一种产品，称为循环施工过程。反之，称为非循环施工过程。

由上所述，施工过程的分解见图 2-2。

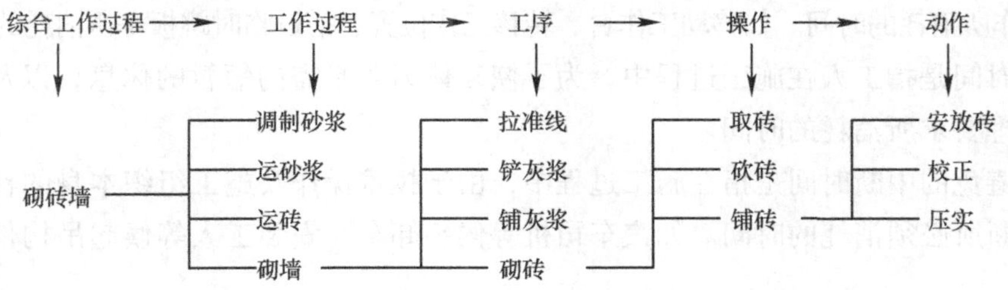

图 2-2 施工过程分解示意图

(二) 工时研究

工时研究是在一定标准测定条件下确定操作者作业活动所需时间总量的一套方法。工时研究的直接结果是制定时间定额，在建筑施工中，主要是确定施工的时间定额或产量定额。

完成任何一个施工过程，都必须消耗一定的工作时间。工作时间是指工作班的延续时间，研究各施工过程中的工时消耗，就必须对工作时间的组成和性质进行分析。在制定定额时，明确规定定额时间和非定额时间的范围，找出非定额时间损失的原因，以便拟定技术、组织措施，消除产生非定额时间的因素，减少工时消耗和工时损失，提高定额的质量。

由于施工过程分为手工施工过程和机械施工过程，所以可按工人工作时间和机械工作时间来进行分析。

1. 工人工作时间分析

工人工作时间可分成定额时间和非定额时间两部分，见图 2-3。

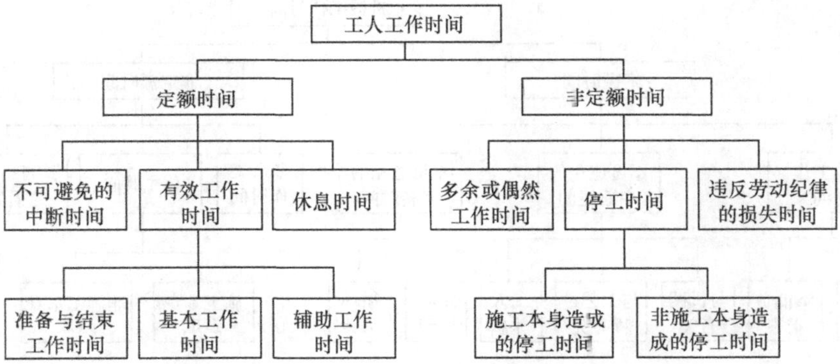

图 2-3 工人工作时间分析图

（1）定额时间 定额时间是指工人在正常施工条件下，为完成一定数量的建筑安装产品所必须消耗的工作时间，包括有效工作时间、休息时间和不可避免的中断时间三部分。

有效工作时间包括准备与结束工作时间、基本工作时间和辅助工作时间。

准备与结束工作时间是指工人在执行施工任务前的准备工作和完成任务后的结束工作所消耗的时间。如熟悉施工图、安排任务、布置工作地点、领退材料和工具、整理现场、保养机具和交接班所耗用的时间。

基本工作时间是指直接消耗在施工过程中完成产品生产的时间。如砌砖墙所需进行的拉准线、铺灰浆、砌砖等工作所消耗的时间。基本工作时间与工作任务量成正比。

辅助工作时间是指为了保证基本工作的顺利进行，与施工过程的技术操作没有直接关系的辅助性工作所消耗的时间。如移动工作台、转移工作位置、搭设临时跳板等所消耗的时间。

休息时间是指工人在施工过程中，为了恢复体力所必需的短暂的休息，以及喝水、大小便等生理要求所消耗的时间。

不可避免的中断时间是指在施工过程中，由于技术操作及施工组织本身的特点而引起的工作中断所必须消耗的时间。如汽车司机等候装卸车，安装工人等候起吊构件所消耗的时间等。

（2）非定额时间　非定额时间是指与完成建筑产品无关的时间消耗，也就是损失时间，其不应成为构成定额的时间元素。非定额时间由多余和偶然工作时间、停工时间、工人违反劳动纪律的损失时间组成。

多余和偶然工作时间是指在正常施工条件下，不应发生或由于意外情况所造成的时间消耗。如产品不符合质量要求的返工时间等。

施工本身造成的停工时间是指由于施工组织不善、施工方法不当，如施工准备工作不充分、操作程序错误、材料供应不及时等造成的停工时间。非施工本身造成的停工时间是指由于外部因素，如气候条件变化、停水、停电等造成的停工时间。

违反劳动纪律的损失时间是指工人不遵守劳动纪律，如上班迟到、早退、擅自离开工作岗位、工作时间聊天等造成的工时损失。

2. 机械工作时间分析

机械工作时间也由定额时间与非定额时间两部分组成，见图2-4。

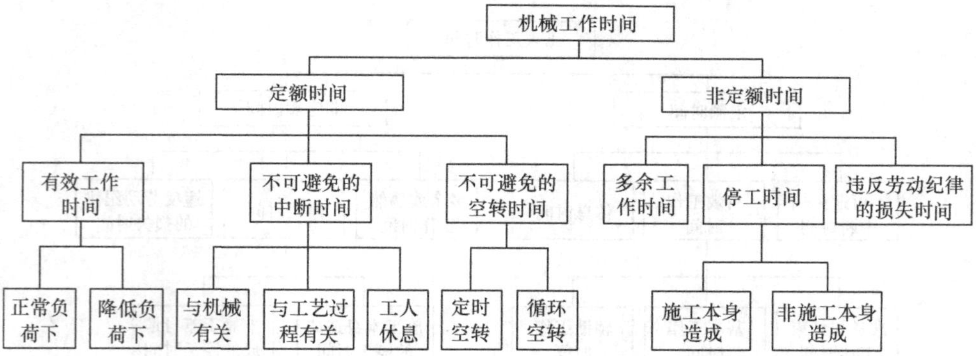

图2-4　机械工作时间分析图

（1）机械的定额时间　机械的定额时间由有效工作时间、不可避免的空转时间和不可避免的中断时间三部分组成。

有效工作时间包括正常负荷下的工作时间和降低负荷下的工作时间。前者是指机械在规定的负荷下进行工作的时间。后者是指由于技术原因，机械有可能在低于规定的负荷下进行工作的时间。如汽车运输体积大而质量轻的货物而不能达到规定的载重吨位等。

不可避免的空转时间是指由于施工过程的特性和机械的特点所造成的机械无负荷工作时间，包括循环不可避免的空转和定时不可避免的空转时间。如铲运机返回到铲运地点循环空转和运输汽车在上下班的空车行驶（定时空转）等。

不可避免的中断时间是指由于技术操作和施工组织的原因以及工人的休息引起的机械工作中断时间。分为三种情况：

一是与操作有关的不可避免的中断时间。如载重汽车装卸货物的停车时间、推土机转移工作地点的工作中断时间等。

二是与机械有关的不可避免的中断时间。如工人在准备与结束工作时使机械暂停的时间、正常维修保养机械时的工作中断时间等。

三是工人休息时间，是指使用机械的工人在必需的休息时间中使机械工作中断的时间。

（2）机械的非定额时间　机械的非定额时间也称为机械的损失时间，它由机械的多余工作时间、停工时间、违反劳动纪律的损失时间组成。

多余的工作时间是指在机械完成生产任务中不必要的工作时间。如混凝土搅拌机超过规定的搅拌时间，工人没有及时供料造成机械空转的时间等。

停工时间包括施工组织不当或外部原因造成的停工时间。如未及时给机械加水、加燃料或因停电和恶劣气候造成的停工时间等。

违反劳动纪律的损失时间是指由于工人迟到、早退等违反劳动纪律的行为而引起的机械停歇时间。

二、定额的技术测定

进行定额技术测定的最基本方法是计时观察法。计时观察法常用方法有测时法、写实记录法、工作日写实法等，见图2-5。

（一）测时法

测时法主要用于测定施工过程各循环组成部分的定额时间消耗。它仅测定产品生产的基本工作时间，不研究工人必需的休息时间、准备与结束工作时间及其他非循环的工作时间。它是精确度比较高的一种方法。测时法又分为选择法测时和接续法测时两种方法。

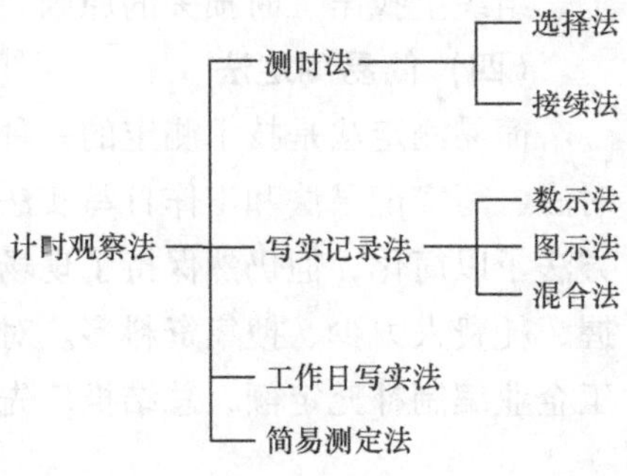

图2-5　计时观察法分类图

（1）选择法测时　选择法测时是选择施工过程中非紧连的组成部分（工序），分别测定其工时消耗。此法适用于延续时间较短的循环施工过程，是一种广泛采用的测时方法。采用选择法测时，当被观察的某一循环工作的组成部分开始时，观察者立即启动秒表；当组成部分终止时，立即停止秒表，此刻秒表显示的时间就是所测工作组成部分的持续时间。

（2）接续法测时　接续法测时是对施工过程的各循环组成部分进行不间断的观测、记录它们的时间消耗。此法可以连续测得同一循环各组成部分的延续时间，比选择法测时更为准确、完善。测时时，一直不停手中的秒表，观察、记录每一循环各组成部分的终止时间，从而计算其延续时间。

测时法记录数据的整理，是保证测时成果可靠性和科学性的重要步骤，是提高定额编制质量的前提条件。记录数据整理时，一般是在剔除明显错误的数值和误差极大的数值后，求出算术平均值。因为，这些误差极大的数据，往往是技术或组织上的原因所引起的工时拖延。

（二）写实记录法

写实记录法是测定施工过程中各种时间消耗的方法。采用这种方法可以测得准备与结束工作时间、基本工作时间、辅助工作时间、工人必需的休息时间、不可避免的中断时间以及各种损失时间等全部数据资料。写实记录法比较简单，精确度也较高，因此该法得到广泛的应用。

根据记录时间的具体方法不同，写实记录法又分为数示法、图示法和混合法。

（1）数示法　数示法是在“数示法写实记录表”内直接用数字记录所观测的时间消耗量。这种方法可以同时对1~2个工人进行计时观察。记录时间的精确度可达5s。

（2）图示法　图示法是在专用的记录表格内用线段表示施工过程各组成部分的时间消耗量。这种方法可以同时对1~3个工人进行计时观察。记录时间的精确度可达0.5min。而且记录形式简单明了，形象直观，便于分析，所以使用更为普遍。

（3）混合法　混合法综合了数示法和图示法的优点，在写实记录表格内，用水平线段表示施工过程各组成部分的延续时间，在线段上方用数字标明完成各组成部分的工人数。这种方法记录时间的精确度为1min，适用于对3个以上的工人小组工时消耗量的测定与分析。

（三）工作日写实法

工作日写实法是观察工人和工人小组在整个工作班内的工时消耗情况，分析研究各种有效工作时间、休息时间、不可避免的中断时间以及各种损失时间的一种方法。

用工作日写实法研究工人的工时消耗，可以达到两个目的：一是取得制定定额的基础数据；二是检查定额的执行情况。通过各种时间消耗的测定，分析工时利用情况，从技术上、组织上找出工时损失的原因，制定改进措施，促进劳动生产率的提高。

（四）简易测定法

简易测定法是技术测定的一种简化方法。为了获取编制定额足够的基础资料，采用测时法、写实记录法和工作日写实法需要耗费较多的人力和时间。而简易测定法是将这几种方法予以简化，但仍然保持了现场实地观察记录的基本原则。其特点是方法简单、易于掌握，耗费人力少、搜集资料多。对于大量性搜集定额水平资料，此法尤为实用。同时，施工企业编制补充定额，总结推广先进经验，分析后进班组时，也常采用此法。

第三节　施工定额

一、施工定额的概念

施工定额是以同一性质的施工过程为标定对象，规定在正常的施工条件下，完成合格的单位产品所必须消耗的人工、材料和机械台班的数量标准，是直接用于施工管理的一种定额，是施工企业的生产定额，是根据企业的劳动生产率水平和管理水平而制定的内部使用的定额。施工定额由劳动定额、材料消耗定额和机械台班使用定额构成。

施工定额主要直接用于工程的施工管理，作为编制工程施工组织设计、施工预算、施工作业计划、签发施工任务单、限额领料卡及结算计件工资或计量奖励工资等用。

二、劳动定额

劳动定额也称人工定额，它规定了在正常的施工技术和生产组织条件下，生产单位合格产品或完成一定工作任务所必需的劳动消耗量的标准。

（一）劳动定额的表现形式

劳动定额从表现形式上可分为时间定额和产量定额，见表 2-1 和表 2-2。

（1）时间定额　时间定额是指某工种某技术等级的工人班组或个人，在合理的劳动组织与合理使用材料的条件下，完成质量合格的单位产品所必须消耗的工作时间。定额时间包括准备与结束时间、基本工作时间、辅助工作时间，不可避免的中断时间和工人必需的休息时间。时间定额以“工日”为单位。按现行制度，每工日为 8h。计算方法为

$$单位产品时间定额（工日）=\frac{1}{每工产量}$$

当以小组计算时

$$单位产品时间定额（工日）=\frac{小组成员工日数的总和}{小组工班产量}$$

表 2-1　“建筑工程劳动定额”示例

砖墙　（单位：工日/m^3）

项目		双面清水			单面清水					序号
		1 砖	1.5 砖	2 砖及 2 砖以外	0.5 砖	0.75 砖	1 砖	1.5 砖	2 砖及 2 砖以外	
综合	塔式起重机	1.27	1.20	1.12	0.52	1.48	1.23	1.14	1.07	一
	卷扬机	1.48	1.41	1.33	1.73	1.69	1.44	1.35	1.28	二
砌砖		0.726	0.653	0.568	1.000	0.956	0.684	0.593	0.52	三
运输	塔式起重机	0.44	0.44	0.44	0.434	0.437	0.44	0.44	0.44	四
	卷扬机	0.652	0.652	0.652	0.642	0.645	0.652	0.652	0.652	五
调制砂浆		0.101	0.106	0.107	0.085	0.089	0.101	0.106	0.107	六
编号		4	5	6	7	8	9	10	11	

注：工作内容包括砌墙面艺术形式、墙垛、平碹及安装平碹模板，梁板头砌砖、梁板下砌砖、楼梯间砌砖，留楼梯踏步斜槽、留孔洞，砌各种凹进处、山墙泛水槽，安放木砖、铁件，安放 60kg 以内的预制混凝土门窗过梁、隔板、垫块以及调整立好后的门窗框等。

表 2-2　地基钎探　（单位：10 眼）

项目	地槽、地沟		桩基、地坑	
	钎探深度在（m）以内			
	1.5	2	1.5	2
时间定额	0.333	0.5	0.4	0.667
每工产量	3	2	2.5	1.5
编号	17	18	18	20

注：工作内容包括准备工具，根据施工技术要求定点、选点、打钎、（注水）拔钎、灌砂、记录等全部操作过程。使用工具为洛阳铲。

（2）产量定额 产量定额是指某工种某技术等级的工人班组或个人，在合理的劳动组织与合理使用材料的条件下，在单位时间（工日）内完成质量合格的产品数量。

产量定额的计算方法为

$$每工产量定额=\frac{1}{单位产品时间定额（工日）}$$

当以小组计算时

$$小组工班产量定额=\frac{小组成员工日数的总和}{单位产品时间定额（工日）}$$

产量定额的单位常用产品的单位，如 m^3、m^2、t、套、件等。

时间定额与产量定额互为倒数的关系，可以相互换算。

1995 年 1 月 1 日实施的《全国建筑安装工程统一劳动定额》，改革了劳动定额的形式和结构安排。该定额改变了传统的复式定额的表现形式，全部采用单式，即用时间定额表示。表 2-1 所示为砖墙劳动定额，表中砌 $1m^3$1 砖厚的单面清水砖墙，用塔式起重机作垂直运输时的时间定额为 1.23 工日。

（二）劳动定额的编制方法

编制劳动定额常用的方法有技术测定法、统计分析法、比较类推法和经验估计法四种。

1. 技术测定法

技术测定法是指应用第二节中所述的几种现场测定定额的方法。这种方法是在对施工过程进行科学分析的基础上，总结先进合理的生产技术和施工经验，重点研究工时消耗的影响因素。因此，用技术测定法制定的定额具有较充分的科学依据，所测定的定额水平精确度较高。但这种方法技术较为复杂，测定工作量大，需要建立较强的组织机构和相应的测定力量。

技术测定法适用于生产技术组织条件比较正常、稳定，产品批量大的施工过程的手工操作和机械作业情况。由于技术测定的工作量大，因此在定额编制工作中，常将技术测定法与统计分析法等结合使用。

2. 统计分析法

统计分析法是将过去一定时期内实际施工中所积累的同类型工程或生产同类产品的工时消耗和产量的统计资料，并考虑当前施工技术组织条件的变化，进行分析研究制定劳动定额的方法。

统计分析法简便易行，适合于施工生产条件正常，产品稳定，批量大，统计资料完整、准确的施工过程。

但在过去的统计数据中，难免包含着某些不合理的因素。这些因素会造成定额水平降低。因此，应对统计资料加以分析研究，去伪存真，计算出平均先进值，作为制定定额的依据，以保持定额的平均先进水平。

3. 比较类推法

比较类推法也称典型定额法。它是在同类型的若干项目中选择典型项目，用技术测定法先编出定额作为标准，然后进行分析比较，推算出其他相邻项目的定额。这种方法简单可行、工作量小，适用于同类产品品种多、批量小的施工过程。

例如，人工挖地槽，单位产品为1m^3，其时间消耗随土壤类别和槽的宽度、深度不同而变化，故应制定相应的定额。用比较类推法编制劳动定额的方法如下。

1）拟定需编的项目，如表2-3所示，共12个子目。

表2-3 比较类推定额计算表

项目		比例系数	地槽深度在1.5m以内		
			上檐口0.8m	上檐口1.5m	上檐口3.0m
一类土	时间定额	1.0	①0.133	②0.115	③0.106
二类土	时间定额	⑦1.43	④0.190	⑩0.164	⑬0.152
三类土	时间定额	⑧2.50	⑤0.333	⑪0.288	⑭0.265
四类土	时间定额	⑨3.76	⑥0.500	⑫0.432	⑮0.399

2）用技术测定法编出典型项目（①~⑥子目）的时间定额。

通过观察，挖地槽的用工量与地槽上口宽度变化成正比例关系。因此，可以用典型项目的定额乘上某个比例系数，计算出其他相邻项目的定额。

3）以挖一类土的用工量为准，分别计算出它与各类土的比例系数，即④÷①=⑦=1.43，⑤÷①=⑧=2.50，⑥÷①=⑨=3.76。

4）已知典型项目定额，并知它与其余相邻项目的比例关系，则可求出（类推）其余项目的定额，即⑩=②×⑦，⑪=②×⑧，⑫=②×⑨，⑬=③×⑦，⑭=③×⑧，⑮=③×⑨。

4. 经验估计法

经验估计法是根据定额员、施工技术人员、生产管理人员和老工人的实际工作经验，并参照有关技术资料，结合施工图、施工工艺、生产组织条件和操作方法等，对生产某一产品或完成某项工作所需的用工量进行分析、讨论和估算，并作反复平衡来制定定额的方法。

采用经验估计法制定劳动定额，工作量小，简便省时，但其准确程度主要取决于估工人员的经验，有一定的局限性。因此，这种方法仅适用于产品品种多、批量小，不易计算工作量的施工过程。

由于参加估工人员的经验和水平存在差异，对同一个项目往往会提出一组不同的定额。此时，应对提出的各种数值进行分析，优化处理，以确定出平均先进指标。计算公式为

$$t=\frac{a+4m+b}{6}$$

式中 t——定额优化时间（平均先进水平）；

a——先进作业时间（乐观估计）；

m——一般作业时间（最大可能）；

b——后进作业时间（保守估计）。

例如，某一施工过程单位产品的工时消耗，座谈讨论时，经总结归纳，提出了三种不同的定额，分别为0.45、0.6、0.7，确定其平均先进值t。

利用公式计算

$$t=\frac{0.45+4\times0.6+0.7}{6}=0.592$$

所求得的数值0.592，即为该项目的时间定额。

上述四种编制劳动定额的方法中，经验估计法和统计分析法都带有经验性，存在着明显的缺点，因此应尽量缩小使用范围。技术测定法是以现场观察测定资料为依据，是一种科学的方法，因而得到广泛的应用。以技术测定法为基础的比较类推法，虽然具有一定的准确程度，但在使用范围上受到很大的限制。

三、材料消耗定额

材料消耗定额是指在正常的施工技术组织和合理使用材料的条件下，生产质量合格的单位产品所必须消耗的建筑材料、成品、半成品或配件等的数量标准。材料消耗定额是编制材料需用量计划、运输计划、计算库房面积与储存场地，签发限额领料单、考核成本和经济核算等生产管理的依据，也是编制施工定额和预算定额的依据。

材料是建筑安装生产中的重要因素。在一般建筑产品的成本中，材料费用约占70%。用科学的方法正确地规定材料消耗量标准，对节约与合理使用材料，正确计算工程造价具有极为重要的意义。

（一）材料消耗定额的组成

材料消耗定额由材料消耗净用量定额和材料损耗量定额两部分组成。

直接消耗在建筑安装工程上构成建筑产品的材料用量称为材料消耗净用量定额。不可避免的施工废料及材料场内运输、加工制作与施工操作中的合理损耗量称为材料损耗量定额。它们的相互关系是

$$材料消耗定额 = 材料消耗净用量定额 + 材料损耗量定额$$

或

$$材料总消耗量 = 材料净用量 + 材料损耗量$$

材料损耗量与材料总消耗量之比，称为材料损耗率。即

$$材料损耗率 = \frac{材料损耗量}{材料总消耗量} \times 100\%$$

$$材料总消耗量 = \frac{材料净用量}{1 - 材料损耗率}$$

在实际工作中，为了简化计算过程，常常直接采用下式计算材料总消耗量

$$材料总消耗量 = 材料净用量 \times (1 + 材料损耗率)$$

（二）制定材料消耗定额的基本方法

材料消耗定额的制定方法有观测法、试验法、统计法和计算法等。

1. 观测法

观测法是在施工现场对完成合格的单位产品所消耗材料的实测方法。

观测前要充分做好各项准备工作，如选择典型的工程项目、工人的操作技术水平，检验材料的品种、规格和质量是否符合设计要求，检查量具、衡具和运输工具是否符合标准，以及采取减少材料损耗的措施等。最后，还要对完成的产品进行质量验收，必须达到合格要求。

观测中，应作好详细记录。对于观测结果必须进行认真分析，要区分哪些是不可避免的材料损耗，哪些是可以避免的材料损耗，从而确定出准确的材料消耗量标准作为定额。

2. 试验法

试验法是在材料试验室利用专门的仪器设备进行试验和测定数据而确定材料消耗定额的一种方法。这种方法测定的数据精确度高，但不能计算出在施工现场条件下，各种因素对材料消耗的损耗量。因此，最终确定材料消耗定额时，还需要作适当调整，以符合实际。试验法仅适用于制定混凝土、砂浆、沥青、油漆等材料的消耗定额。

3. 统计法

统计法是指在施工过程中，所积累的完成各分部分项工程发退材料数量为依据，进行分析计算而确定材料消耗定额的一种方法。采用统计法时，必须保证统计和测算的材料消耗量与完成相应产品的一致性。否则，统计资料将失去真实性。统计法简便易行，但不能分清材料消耗的性质，即不能分别确定材料净用量和损耗量，也无法分析不可避免的材料损耗和不应有的材料损耗。

4. 计算法

计算法是根据施工设计图和其他技术资料，用理论计算公式计算材料耗用量而确定材料消耗定额的一种方法。该法适用于块状、板状、卷状等体形规整的材料消耗量计算，如砖及砌块、钢材、玻璃、油毡等消耗定额的制定。

（1）砌体材料耗用量的计算　标准砖砌体中标准砖和砂浆耗用量计算公式为

$$每\ m^3\ 砌体标准砖净用量=\frac{2\times 砌体厚度的砖数}{砌体厚\times(砖长+灰缝)\times(砖厚+灰缝)}$$

式中　砌体厚度的砖数——砌体厚以标准砖长 240mm 为 1 砖，砌体厚 115mm 为 0.5 砖，砌体厚 365mm 为 1.5 砖；

砌体厚——标准砖砌体的砌筑厚度（m），如 1 砖厚墙为 0.24m，半砖厚墙为 0.115m，1.5 砖厚墙为 0.365m 等；

砖长——标准砖长，即 0.24m；

砖厚——标准砖厚，即 0.053m；

灰缝——砖块间砌筑砂浆的计算厚度，取 0.01m。

【例 2-1】　试计算 $1m^3$ 1.5 砖厚标准砖墙的砖和砂浆的总消耗量。

解： $砖净用量=\frac{2\times 1.5}{0.365\times(0.24+0.01)\times(0.053+0.01)}块=521.9\ 块$

可查建筑材料损耗率表得出：砌实心砖墙时，砖的损耗率为 1%，砂浆损耗率为 1%。

$砖总消耗量=\frac{521.9}{1-1\%}块=527.2\ 块$

$标准砖的体积=0.24\times 0.115\times 0.053m^3/块=0.0014628m^3/块$

$砂浆净用量=(1-0.0014628\times 521.9)m^3=0.237m^3$

$砂浆总消耗量=\frac{0.237}{1-1\%}m^3=0.239m^3$

每 m^3 砌体砂浆净用量 = 1 − 每块标准砖的体积 × 每 m^3 砌体标准砖净用量。

（2）砌块墙中砌块净用量计算公式

$$\text{每 m}^3\text{砌块砌体的砌块净用量} = \frac{1}{\text{砌块宽} \times (\text{砌块长} + \text{灰缝}) \times (\text{砌块厚} + \text{灰缝})}$$

式中，砌块长、宽、厚的单位均为 m，灰缝厚度取 0.01m，根据目前采用的砌块尺寸，砌块宽即为砌块墙的厚度。

（3）每 100m^2 块料面层的材料净用量计算公式

$$\text{块料净用量} = \frac{100}{(\text{块料长} + \text{灰缝}) \times (\text{块料宽} + \text{灰缝})}$$

$$\text{灰缝砂浆净用量} = (100 - \text{块料净用量} \times \text{块料长} \times \text{块料宽}) \times \text{块料厚}$$

$$\text{结合层砂浆净用量} = 100 \times \text{结合层厚}$$

【例 2-2】 用 1:2 水泥砂浆贴 152mm × 152mm × 15mm 缸砖地面，结合层厚 10mm，灰缝宽 2mm，计算每 100 m^2 缸砖地面的缸砖和砂浆总消耗量。（缸砖的损耗率为 1.5%、地面用水泥砂浆的损耗率为 1%）

解：

$$\text{缸砖净用量} = \frac{100}{(0.152 + 0.002) \times (0.152 + 0.002)}\text{块} = 4216.6\text{ 块}$$

$$\text{缸砖总消耗量} = \frac{4216.6}{1 - 1.5\%}\text{块} = 4280.8\text{ 块}$$

$$\text{灰缝砂浆净用量} = (100 - 0.152 \times 0.152 \times 4216.6) \times 0.015\text{m}^3 = 0.039\text{m}^3$$

$$\text{结合层砂浆净用量} = 100 \times 0.01\text{m}^3 = 1.000\text{m}^3$$

$$\text{砂浆总消耗量} = \frac{0.039 + 1.000}{1 - 1\%}\text{m}^3 = 1.049\text{m}^3$$

（三）周转性材料消耗量计算

周转性材料是指施工过程中多次周转重复使用的工具性材料。如模板、挡土板、脚手架等，不是一次性消耗，而是随着使用次数的增加不断进行整理、修补逐渐消耗的。因此，这类材料具有施工工具的性质。周转性材料在定额中是按照多次使用、分次摊销的方法计算。定额表中规定的数量是使用一次摊销的实物量。

定额中周转材料消耗量可用一次使用量和摊销量两个指标表示。一次使用量是指周转材料在不重复使用时的一次使用量，供企业组织施工用；摊销量是指周转材料退出使用，应分摊到一定计量单位的结构构件的周转材料消耗量，供施工企业成本核算或计价用。

四、施工机械台班定额

施工机械台班定额是指施工机械在正常的施工条件和合理的劳动组织条件下完成单位合格产品所必需的工作时间（台班），或在单位台班内应完成合格产品的数量标准。

（一）施工机械台班定额的表达形式

施工机械台班定额有三种表达形式，即机械时间定额、机械产量定额和人工、机械配合工作的定额。

（1）机械时间定额　机械时间定额是指在合理的劳动组织和合理使用机械的条件下，某种施工机械完成单位合格产品所必须消耗的工作时间，包括有效工作时间、不可避免的中断时间和不可避免的空转等。计算单位是“台班”，以 8h 为 1 个台班。计算公式如下

$$机械时间定额（台班）=\frac{1}{机械台班产量}$$

（2）机械产量定额　机械产量定额是指在合理的劳动组织和合理使用机械的条件下，某种施工机械在每个台班时间内应完成合格产品的数量标准。按下式计算

$$机械台班产量定额=\frac{1}{机械时间定额}$$

（3）人工、机械配合工作的定额　由于机械要由工人小组配合，所以人工配合机械工作的定额以劳动定额的形式来表达，如表2-4所示。表中，横线上方为人工时间定额，横线下方为机械产量定额。

单位产品的人工时间定额计算公式为

$$单位产品人工时间定额（工日）=\frac{小组成员工日数的总和}{台班产量}$$

表2-4　每1台班的劳动定额

项目				装车			不装车			编号
				一、二类土	三类土	四类土	一、二类土	三类土	四类土	
正铲挖土机斗容量/m^3	0.5	挖土深度/m	1.5以内	$\frac{0.466}{4.29}$	$\frac{0.539}{3.71}$	$\frac{0.623}{3.18}$	$\frac{0.442}{4.52}$	$\frac{0.490}{4.08}$	$\frac{0.578}{3.46}$	94
			1.5以外	$\frac{0.444}{4.50}$	$\frac{0.513}{3.90}$	$\frac{0.612}{3.27}$	$\frac{0.422}{4.74}$	$\frac{0.466}{4.29}$	$\frac{0.563}{3.55}$	95
	0.75		2以内	$\frac{0.400}{5.00}$	$\frac{0.454}{4.41}$	$\frac{0.545}{3.67}$	$\frac{0.370}{5.41}$	$\frac{0.420}{4.76}$	$\frac{0.512}{3.91}$	96
			2以外	$\frac{0.382}{5.24}$	$\frac{0.431}{4.64}$	$\frac{0.518}{3.86}$	$\frac{0.353}{5.67}$	$\frac{0.400}{5.00}$	$\frac{0.485}{4.12}$	97
	1.0		2以内	$\frac{0.322}{6.21}$	$\frac{0.369}{5.42}$	$\frac{0.420}{4.76}$	$\frac{0.299}{6.60}$	$\frac{0.351}{5.70}$	$\frac{0.420}{4.76}$	98
			2以外	$\frac{0.307}{6.51}$	$\frac{0.351}{5.69}$	$\frac{0.398}{5.02}$	$\frac{0.285}{7.01}$	$\frac{0.334}{5.99}$	$\frac{0.398}{5.02}$	99
序号				一	二	三	四	五	六	

机械台班产量定额计算公式为

$$机械台班产量定额=\frac{台班产量}{小组成员工日数的总和}$$

【例2-3】　斗容量$1m^3$正铲挖土机，挖四类土，深度在2m以外，小组成员2人，查表2-4，台班产量为5.02（定额单位$100m^3$），求人工、机械配合工作的定额。

解： 挖$100m^3$土的人工时间定额$=\frac{2}{5.02}$工日$=0.398$工日

挖$100m^3$土的机械时间定额$=\frac{1}{5.02}$台班$=0.199$台班

（二）施工机械台班定额的编制

施工机械台班定额是施工机械生产率的反映，是对工人班组签发施工任务书，实行计件奖励的依据，也是编制机械需用量计划和考核机械效率的依据。编制高质量的施工机械台班定额，是合理组织机械化施工，有效地利用施工机械，进一步提高机械生产率的必备条件。

编制施工机械台班定额，一般按下列步骤进行。

1. 拟定正常的施工条件

包括拟定正常的工作地点和正常的工人编制。拟定正常的工作地点是指对施工地点机械布置、材料和构件堆放位置、工人从事操作的条件等，进行合理的平面组织和空间安排，使之有利于机械运转和工人操作，有利于减轻工人的劳动强度，充分利用工时，最大限度发挥机械效能。拟定正常的工人编制是指根据不同施工机械的性能、工人的专业分工和劳动工效，合理确定操作机械的工人和直接参加机械化施工过程的工人的合理配备，确定正常的工班人数编制。

2. 确定机械纯工作1h的正常生产率

机械纯工作时间是指机械在完成产品过程中消耗的净工作时间。它包括正常负荷下和有根据的降低负荷下的工作时间以及不可避免的空转和不可避免的中断时间。机械纯工作1h的正常生产率，就是在正常的施工条件下，由具备一定技能的技术工人操作施工机械，净工作1h的劳动生产率。

施工机械分为循环动作机械和连续动作机械两类。其纯工作1h的正常生产率，按下列方法确定。

（1）循环动作机械纯工作1h的生产率 循环动作机械，如挖土机、起重机等，应首先计算机械一次循环的正常延续时间t，按下式计算

$$t=\sum t_i$$

式中 t_i——循环内组成部分的延续时间（S或min），$i=1$、2、3…。

其次，计算机械纯工作1h的循环次数n，按下式计算

$$n=\frac{60\times 60\ (s)}{t\ (s)}$$

第三，计算机械纯工作1h的正常生产率N_x，按下式计算

$$N_x=nm$$

式中 m——机械一次循环生产的产品数量。

（2）连续动作机械纯工作1h的生产率 连续动作机械，如碎石机、带式运输机等，需通过试验或实测在一定时间t内完成合格产品数量m，按下式计算纯工作1h的生产率N_L

$$N_L=\frac{m}{t}$$

3. 确定机械的正常利用系数

施工机械的正常利用系数是指机械在工作班内工作时间的利用率。机械生产过程中，其消耗的时间包含了定额时间和非定额时间。制定机械台班定额时，应通过合理的生产组织，使机械在正常的均衡的状况下进行生产，减少非定额时间，取其平均先进水平。机械的正常利用系数K_B按下式计算

$$K_B=\frac{t_s}{T}$$

式中 t_s——机械在一个工作班内的纯工作时间（h）；

T—— 机械的一个工作班延续时间，一般为 8h。

4. 计算机械台班定额

计算机械台班定额，是在确定了某种施工机械工作的正常条件，纯工作 1h 的正常生产率和机械正常利用系数之后进行。

循环动作机械的台班产量定额 N_D 按下式计算

$$N_D = N_x T K_B$$

式中，各符号的意义同前。

【例 2-4】 轮胎式起重机吊装大型屋面板，机械纯工作 1h 的正常生产率为 13.77 块，工作班 8h 内实际工作 7.2h，计算该机械台班的产量定额和时间定额。

解： 机械正常利用系数 $K_B = \frac{t_s}{T} = \frac{7.2}{8} = 0.9$

计算机械台班产量定额 $N_D = 13.77 \times 8 \times 0.9$ 块/台班 $= 99$ 块/台班

计算机械时间定额 $N_t = \frac{1}{N_D} = \frac{1}{99}$ 台班/块 $= 0.01$ 台班/块

第四节 预算定额

一、预算定额的概念

预算定额是指在正常合理的施工条件下，确定一定计量单位的分项工程或结构构件的人工、材料和施工机械台班的数量标准。它反映了国家允许施工企业和建设单位在完成施工任务时所消耗的资源和资金的数量额度，并最终决定了国家和建设单位为建设工程向施工企业提供物资和资金的限额。

预算定额是编制施工图预算、确定工程造价的主要依据，也是编制施工组织设计、企业定额、概算定额的基础。

二、预算定额与施工定额的联系与区别

（1）预算定额与施工定额的关系 预算定额是以施工定额为基础编制的，两者之间存在一个幅度差。如预算定额的人工工日消耗，是在劳动定额的基础上加上一个人工幅度差；其机械台班消耗，是在机械台班定额的基础上综合了一个机械幅度差。

（2）预算定额与施工定额的主要区别 预算定额与施工定额的主要区别表现在定额的作用、内容和使用范围等方面，见表 2-5。

表 2-5 预算定额与施工定额的主要区别

	施 工 定 额	预 算 定 额
编制水平	反映建筑施工生产的平均先进水平	反映社会生产的平均水平
主要内容	规定分项工程的人工、材料和机械台班的耗用量标准	除规定分项工程的人工、材料、机械台班耗用量外，还有费用及单价

（续）

	施工定额	预算定额
主要作用	施工企业编制施工预算的依据	编制施工图预算、标底、工程量清单计价及工程造价结算的依据
使用范围	施工企业内部	施工企业、建设单位、设计单位等各单位之间

三、预算定额的编制原则

（一）平均水平原则

预算定额应按照价值规律的要求，以生产建筑产品所需的社会必要劳动量来确定其价值。就是说，应在正常的施工条件下，采用先进的施工技术和施工方法，以社会平均的技术熟练程度和平均的劳动强度，并在平均的技术装备条件下，完成单位合格产品所需的劳动消耗量，作为定额的消耗量水平，即社会必要劳动时间的平均水平。这种定额水平，是大多数施工企业能达到和超过的水平。

（二）简明适用原则

简明、适用是对预算定额的内容和工程项目划分以及表达形式而言。预算定额的简明适用原则，主要体现在以下几个方面。

（1）项目齐全　预算定额中所列工程项目必须满足施工生产的需要，便于计算工程量。同时要注意补充得到推广的新结构、新工艺的项目，使其内容齐全。

（2）满足使用　为了满足编制预算、办理结算、成本核算和编制各种计划的需要，每个定额子目的划分要恰当，达到使用方便。例如，预制构件、金属结构、门窗等的制作、运输和安装等都要划分为三个项目，不能合在一起。因为它们的制作、运输、安装在实际施工中，往往是由几个施工单位来完成的。

（3）细算粗编　预算定额编制中，对施工定额所划分的工程项目要加以综合或合并，尽可能减少编制项目。例如，烟囱（包括水塔）脚手架工程定额项目，就综合考虑了垂直运输架、斜道、缆风绳、地锚等在内，仅按不同的直径、高度划分子目，以座为计量单位进行编制。

（4）单位恰当　编制预算定额时，分项工程和结构构件计量单位的选定，要考虑简化工程量的计算和便于人工、材料、机械台班消耗量的计算。例如，砌砖墙用$10m^3$，墙面抹灰用$100m^2$，伸缩缝用100延长米、钢筋制作用t等。

（5）简明易懂　预算定额的各种文字说明以及表达形式，要纲目清楚、严密准确、简明扼要、通俗易懂。这样就能理解、执行一致，避免产生争议。

（6）少留缺口　预算定额应尽量少留缺口。因为补充定额项目会影响定额水平的统一。

四、预算定额的编制

预算定额的编制主要包括分部分项工程定额项目的划分，定额项目的人工、材料和机械台班耗用量计算，定额项目基价的确定和编制文字说明等。

（一）定额项目各项消耗量指标的确定

1. 选择计量单位

计量单位应能准确反映定额项目最终产品的实物量。选定合适的计量单位，对保证预算定额的准确性、简化工程量计算和预算编制有重要意义。

预算定额的计量单位应按照分项工程的形体特征和变化规律确定：

1）凡物体的长、宽、高三个度量都在变化时，应采用立方米（m^3）作为计量单位。例如土方、砖石、混凝土工程中的大多数项目以立方米计。

2）当物体有固定的厚度，其长、宽两个度量变化时，应采用平方米（m^2）作为计量单位。例如楼地面、屋面、装饰抹灰、木地板等分部分项工程以平方米计。

3）如果物体截面形状大小固定，但长度变化时，应以延长米（m）作为计量单位。例如木扶手、伸缩缝、明沟、管道、导线敷设等分部分项工程以延长米计。

4）当分项工程价值较高时，应以质量计算，用千克（kg）或吨（t）作为计量单位。例如金属结构的制作、安装、运输工程等以吨计。

以上几种计量单位，称为物理计量单位。

5）当分项工程用形体特征难以表达，构造比较复杂不便计算时，则可采用自然计量单位“个”“组”“套”“座”“片”等作为计量单位。例如屋面排水工程中的水斗、弯头以“个”计，烟囱、水塔脚手架工程以“座”计，电照工程中各种灯具安装以“套”计，给水排水工程中的排水栓、洗脸盆安装以“组”计，采暖工程中暖气片安装以“片”计等。

2. 人工、材料和机械台班消耗量指标的确定

人工、材料和机械台班消耗量指标，是预算定额的重要内容，是定额水平的具体体现。因此，正确确定其消耗量指标，具有极为重要的意义。

（1）按典型设计图和资料计算工程量及含量　计算工程量的目的是为了综合组成分项工程各实物量的比重，以便采用劳动定额、材料消耗定额计算出综合后的消耗量。

工程量计算应根据已选定的有代表性的图样和已确定的定额项目计量单位，按照工程量计算规则进行计算。

所谓含量，是指预算定额项目的工程内容范围及其综合的劳动定额各个项目，在其已确定的计量单位中所占的比例。它需要经过若干份施工图样的测算和现场调查后综合取定。例如定额项目砖基础，砌1砖占50%，砌1.5砖占30%，砌2砖及2砖以上占20%等。

通过含量测算，才能保证预算定额项目综合的合理性，并使定额内各项消耗量指标达到准确性。

（2）人工消耗量指标的确定　预算定额中人工消耗量指标，是指一定计量单位的分项工程所必须消耗的各种用工。它包括基本用工、超运距用工、辅助用工和人工幅度差。超运距用工、辅助用工和人工幅度差统称其他工。

1）基本用工。基本用工是指完成某个分项工程所需的主要用工。例如，砌砖墙工程中的砌砖、调制砂浆、运砖、运砂浆用工。同时还包括由施工定额项目综合成预算定额项目中的一些基本用工，如砌砖墙工程中的砌附墙烟囱、垃圾道等。基本用工数量按下式计算

$$基本工数量=\sum(施工过程工程量\times时间定额)$$

2）超运距用工。超运距用工是指材料、半成品在场内的平均运距超过劳动定额规定的平均运距所需的用工。这种用工是由于预算定额考虑的场内运距远于劳动定额而发生的。超运距用工数量按下式计算

$$超运距用工数量=\sum(超运距材料数量\times时间定额)$$

其中，超运距=预算定额规定的运距-劳动定额规定的运距。

3）辅助用工。辅助用工是指施工现场加工材料等所需的用工。如筛砂子、淋石灰膏等的用工。辅助用工数量按下式计算

$$辅助用工数量=\sum(现场加工材料的数量\times时间定额)$$

4）人工幅度差。人工幅度差是指在正常施工条件下不可避免的，但在劳动定额中没有包括的零星用工。由于人工幅度差难以计量，目前预算定额采用人工幅度差系数（10%）取定，按下式计算

$$人工幅度差(工日)=(基本工+超运距用工+辅助用工)\times10\%$$

（3）材料消耗量指标的确定　预算定额内的材料消耗量包括主要材料、次要材料和周转性材料等。其中次要材料是指用量小、价值不大、不便计算的零星材料，一般用估算法计算，以“其他材料费”用“元”表示。

1）凡有标准规格的材料，按施工规范要求计算定额计量单位耗用量，如砖、块料面层等。

2）凡设计图标注尺寸及下料要求的按设计图尺寸计算材料净用量。

3）换算法。各种胶结、涂料等材料的配合比用料，可根据要求条件换算从而得出材料用量。

4）测定法。包括试验室试验法和现场统计法。

（4）施工机械台班消耗量指标的确定　预算定额的施工机械台班消耗指标以“台班”计量，每台班为8h。

预算定额施工机械台班消耗指标，可按全国统一劳动定额中的各种机械施工项目所规定的台班产量进行计算。如遇劳动定额缺项时，则须以现场测定的单位时间所完成的产量为基础资料来确定机械台班消耗量。

（二）预算定额项目基础单价的确定

预算定额项目基础单价（基价）由人工费、材料费和施工机械使用费构成。

1. 人工费

预算定额项目人工费按下式计算

$$人工费=\sum分项工程工日消耗量\times日工资单价$$

式中，分项工程工日消耗量按前述方法确定。关于人工日工资单价，根据国家规定，由计时工资或计件工资、奖金、津贴补贴、加班加点工资、特殊情况下支付的工资五部分组成。

2. 材料费

预算定额项目材料费包括完成该项目（子目）所需各种材料的费用，是指施工过程中耗费的原材料、辅助材料、构配件、零件、半成品或成品、工程设备的费用，工程设备是指构成或计划构成永久工程部分的机电设备、金属结构设备、仪器装置及其他类似的设备和装置。材料费的计算公式为

材料费 = ∑(材料消耗量 × 材料基价)

式中，材料消耗量按前面所述确定；材料基价包括材料原价或供应价格、材料运杂费、运输损耗费、采购及保管费。材料基价按下式求得

材料基价 = [(供应价格 + 运杂费) × (1 + 运输损耗费率)] × (1 + 采购及保管费率)

构成材料预算价格的各项费用的计算方法分述如下。

(1) 材料原价或供应价格　材料原价是指材料或工程设备出厂价、市场采购价等。同一种材料，如果来源地供应单位或生产厂家不同而有几种价格时，应根据其供应数量的比例，用加权平均方法计算该种材料的原价。

【例 2-5】　红标砖由三地供应，甲地供应量占 30%，出厂价为 117 元/千块；乙地供应量占 40%，出厂价为 115 元/千块；丙地供应量占 30%，出厂价为 116 元/千块。求红标砖的加权平均原价。

解： 红标砖的加权平均原价 = (117 × 30% + 115 × 40% + 116 × 30%) 元/千块 = 115.90 元/千块

【例 2-6】　32.5 级普通水泥，工地总用量为 32000t，由三个水泥厂供应。甲厂供应 10000t，出厂价为 254 元/t；乙厂供应 15000t，出厂价为 253 元/t；丙厂供应 7000t，出厂价为 256 元/t。求 32.5 级普通水泥的加权平均原价。

解： 32.5 级普通水泥的加权平均原价 = (254 × 10000 + 253 × 15000 + 256 × 7000) 元 ÷ 32000t = 253.97 元/t

(2) 材料运杂费　材料运杂费是指材料自来源地运至工地仓库或指定堆放地点所发生的全部费用。

(3) 运输损耗费　运输损耗费是指材料在运输装卸过程中不可避免的损耗费用。

(4) 采购及保管费　采购及保管费是指为组织采购、供应及保管材料过程中所需要的各项费用。其中包括采购费、仓储费、工地保管费、仓储损耗等费用。材料采购及保管费按下式计算

采购及保管费 = (材料供应价 + 运杂费 + 运输损耗费) × 采购及保管费率

由上所述，各种材料的预算价格可按上述公式求出。若某预算定额子目为 M2.5 水泥石灰砂浆（中砂）砌 1 砖厚内墙，每 10m^3 材料耗用量及其预算价格如表 2-6 所示，则可计算出该子目的材料费。

表 2-6　砌 10m^3 1 砖厚内墙材料费计算表

材料名称	材料用量	材料预算价格	材料费
标准砖	5.27 千块	116.00 元/千块	611.32 元
水泥 32.5	0.313 t	205.00 元/t	64.17 元
生石灰	0.252 t	89.76 元/t	22.62 元
中砂	3.607 t	21.88 元/t	78.92 元
水	2.220 m^3	3.03 元/m^3	6.73 元
合计			783.76 元

3. 施工机械使用费

施工机械使用费简称机械费。预算定额项目机械费包括完成该项目（子目）所需各种施工机械的台班使用费。计算公式为

$$机械费=\sum（定额单位分项工程机械台班耗用量\times相应的机械台班预算价格）$$

式中，机械台班耗用量按前面所述确定；机械台班预算价格是指某种机械在一个工作台班中，为使机械正常运转所分摊和支出的各项费用。其由下述七项费用组成，这些费用按其性质可划分为第一类费用和第二类费用两大类。

第一类费用又称不变费用，是属于分摊性质的费用。它包括折旧费、大修理费、经常修理费、安拆费及场外运输费等四项费用。

第二类费用又称可变费用，是属于支出性质的费用。它包括机上工作人员的工资（人工费）、燃料动力费、养路费及车船使用税和保险费等三项费用。

五、预算定额项目表

单位分项工程人工、材料、机械台班消耗量确定后，根据现行人工工资标准、材料预算价格和机械台班预算价格，就可以编制出预算定额项目表。表2-7所示是根据前面所述内容编制的建筑工程预算定额项目表示例。

表2-7　预算定额项目表　（单位：$10m^3$）

定额编号				A3—2	A3—3
项目		单位	单价/元	砖砌内外墙	
				1砖以内	1砖
基价		元		2083.57	
其中	人工费	元		738.80	
	材料费	元		1320.01	
	机械费	元		24.76	
人工	综合用工	工日	40.00	18.470	
材料	M5水泥石灰砂浆	m^3		(1.920)	
	标准砖	千块	200.00	5.661	
	水泥32.5	t	220.00	0.411	
	生石灰	t	85.00	0.157	
	中砂	t	25.16	3.078	
	水	m^3	3.03	2.180	
机械	200L砂浆搅拌机	台班	75.03	0.330	

六、“基础定额”简介

从以上预算定额的编制过程可以看出，各定额项目（分项工程项目或子目）的基价是各种资源消耗量与定额编制时所取定的某年价格（计划价）相结合的结果。这是长期以来计划经济体制的产物，已不符合市场经济体制的要求，不符合工程计价的国际惯例。为使我国工程计价走向规范化，实现资源配置消耗量与计划价分离，最终实现完全由市场确定工程价格，原国家建设部于1995年12月15日发布了《全国统一建筑工程基础定额（土建工

程)》和《全国统一建筑工程预算工程量计算规则(土建工程)》。一般简称“基础定额”。

“基础定额”分上、下两册，主要由总说明、分章(分部)说明、分项工程说明、分项工程定额表和附录组成。

(一) 总说明

在总说明中，阐明“基础定额”的概念和作用、编制原则和依据、编制方法和使用范围等。

(二) 分章(分部)说明

“基础定额”共分十五章(十四个分部和附录)，各章开始都有“说明”，阐述其定额的适用范围及有关规定和要求。各章的内容是：土、石方工程，桩基础工程，脚手架工程，砌筑工程，混凝土及钢筋混凝土工程，构件运输及安装工程，门窗及木结构工程，楼地面工程，屋面及防水工程，防腐、保温、隔热工程，装饰工程，金属结构制作工程，建筑工程垂直运输定额，建筑物超高增加人工、机械定额，附录。

(三) 分项工程说明

分项工程说明即规定各分项工程的工作内容、计量单位、施工方法及施工过程等，列于定额表上方。

(四) 分项工程定额表

定额表主要列完成分项工程所需消耗的人工、材料、施工机械台班的数量标准。材料栏内只列主要材料消耗量，零星材料则以“其他材料费占材料费的百分率”表示。有的定额表下方还列有附注，对某些定额项目作补充、调整说明。

(五) 附录

在附录中，列出了各种混凝土和砂浆配合比表。

七、预算定额的应用

(一) 预算定额的组成

预算定额一般由文字说明、分项工程项目表和附录三大部分组成，见图2-6。

(二) 预算定额的套用

当施工图的设计要求与预算定额的项目内容完全相符时，可直接套用预算定额。在编制单位工程施工图预算过程中，大多数项目可以直接套用预算定额。套用时应注意以下几点：

1) 根据施工图、设计说明和工程做法说明选择定额项目。

2) 要从工作内容、技术特征和施工方法上仔细核对，准确确定相对应的定额项目。

3) 分项工程项目名称和计量单位必须和预算定额相一致。

4) 套用定额时要遵守定额总说明和分部说明的规定。

下面用一个例子来说明预算定额的套用。

【例2-7】 已知河北省某工程设计用M5水泥砂浆砌砖基础56m^3，根据表2-8和表2-9所示，求该工程砖基础的预算价值和材料用量。

解：因为工程设计要求与预算定额项目完全相符，所以可直接套用表2-8“A3—1”，

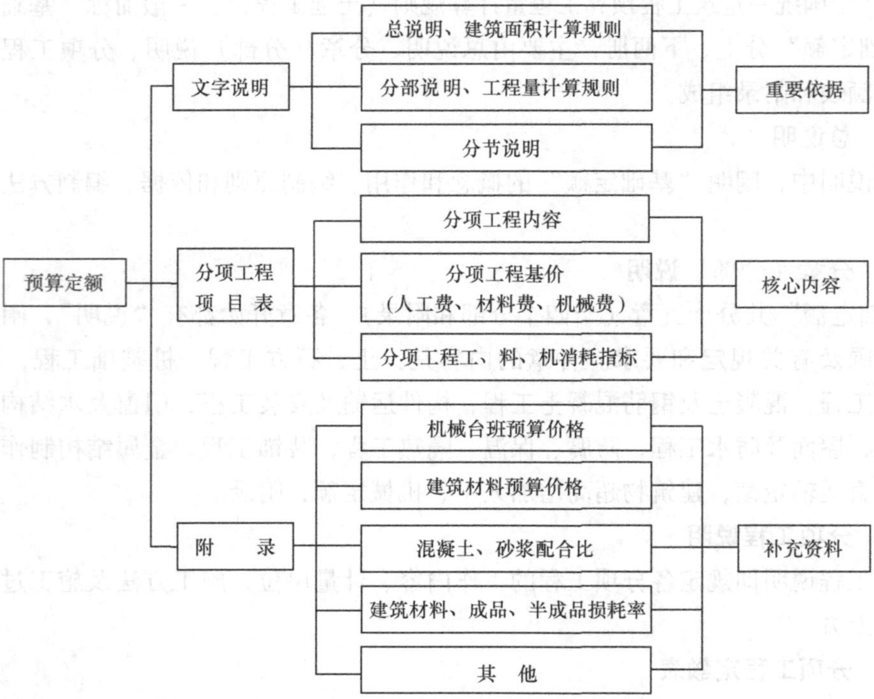

图2-6 预算定额的组成

该工程M5水泥砂浆砖基础的预算价值为5.6×1072.99元＝6008.74元。

由“A3—1”可知，该项目所用材料包括砖、水泥砂浆和水三种，其中水泥砂浆是半成品材料，每$10m^3$砌体的砂浆用量为$2.36m^3$、32.5级水泥0.505t，中砂3.783t，水$1.76m^3$。故该工程基础的材料用量：

标准砖为5.236×5.6千块＝29.322千块

水泥32.5级为(0.505×5.6)t＝2.828t

中砂为(3.783×5.6)t＝21.185t

水为$(1.760\times5.6)m^3 = 9.856m^3$

（三）预算定额的换算

当施工图的设计要求与预算定额项目的条件不完全相符时，则不能直接套用预算定额，应根据定额的规定进行换算，称为定额的换算。

1. 换算原则

为了保持定额的水平，在预算定额的文字说明中规定了有关换算原则，例如：

1）定额的砂浆、混凝土强度等级，允许按定额附录的砂浆、混凝土配合比表（见表2-9～表2-11）进行换算，但配合比表中的各种组成材料用量不得调整。

2）定额中抹灰项目已考虑了常用厚度，各抹灰层厚度一般不作调整。但设计有特殊要求时，定额中工、料、机可以按厚度比例换算。

3）必须按定额总说明和分部说明的规定进行换算。

表 2-8 建筑工程预算定额

定额编号				A3—1	A4—3	A7—23	A7—36	A7—158	A10—35
定额单位				$10m^3$	$10m^3$	$10m^3$	$100m^2$	$100m^2$	$100m^2$
项目		单位	单价/元	M5.0水泥砂浆砌砖基础	现浇C20混凝土带形基础	C15混凝土地面垫层	1:2防水砂浆墙基防潮层	C20混凝土地面面层（40mm厚）	水泥砂浆抹砖墙（5+13）mm厚
基价		元		1072.99	1707.09	1485.10	597.56	1012.43	695.53
其中	人工费	元		280.14	219.19	236.16	76.59	371.91	383.64
	材料费	元		776.29	1365.71	1202.41	507.38	611.45	300.43
	机械费	元		16.56	122.19	46.53	13.59	29.07	11.46
人工	综合用工二类	工日	23.00	12.180	9.530	13.12	3.33	16.17	16.680
材料	标准砖	千块	110.00	5.236					
	M5.0水泥砂浆	m^3	—	(2.360)					
	C15-40混凝土	m^3	—			(10.100)			
	C20-40混凝土	m^3	—		(10.100)				
	1:2水泥砂浆	m^3	171.98						
	1:2.5水泥砂浆	m^3	—						(0.578)
	1:3水泥砂浆	m^3	—						(1.581)
	C20-20混凝土	m^3	130.83					(4.040)	
	水泥32.5	t	240.00	0.505	3.283	2.626	1.394	1.422	0.919
	中砂	t	19.53	3.783	6.757	7.626	3.684	2.804	3.461
	碎石	t	6.11		13.443	13.271		5.111	
	草袋	m^2	2.00					22.000	
	防水砂浆（5%防水粉）	m^3	—				(2.53)		
	生石灰	t	75.00						
	水	m^3	2.98	1.760	10.960	6.820	4.560	5.450	4.120
	防水粉	kg	1.59				69.83		
机械	200L砂浆搅拌机	台班	42.46	0.390			0.32		0.270
	500L混凝土搅拌机	台班	97.10		0.380	0.38		0.25	
	插入式混凝土振捣器	台班	9.97		0.770				
	平板式混凝土振捣器	台班	11.70			0.74		0.41	
	1t以内机动翻斗车	台班	102.13		0.760				

表 2-9 砌筑砂浆配合比表 （单位：m^3）

配合比编码			ZF1-0377	ZF1-0379	ZF1-0381	ZF1-0383
项目名称	单位	单价/元	水泥砂浆			
			M 2.5	M 5.0	M 7.5	M 10
预算价值	元		80.68	83.56	90.76	97.96
水泥32.5级	t	240.00	0.202	0.214	0.244	0.274
中砂	t	19.53	1.603	1.603	1.603	1.603
水	m^3	2.98	0.300	0.300	0.30	0.300

表 2-10 抹灰砂浆配合比 （单位：m^3）

配合比编码			ZF1-0403	ZF1-0405	ZF1-0407	ZF1-0409
项目名称	单位	单价/元	水泥砂浆			
			1:1.5	1:2	1:2.5	1:3
预算价值	元		178.72	161.57	148.60	129.16
水泥32.5	t	240.00	0.638	0.551	0.485	0.404
中砂	t	19.53	1.265	1.456	1.603	1.603
水	m^3	2.98	0.300	0.300	0.300	0.300

表2-11 普通混凝土配合比表 （单位：m^3）

配合比编码			ZF1-0028	ZF1-0029	ZF1-0030	ZF1-0031	ZF1-0017	ZF1-0018	ZF1-0019
项目名称	单位	单价/元	粗骨料最大粒径40mm				粗骨料最大粒径20mm		
			C15	C20	C25	C30	C15	C20	C25
预算价值	元		117.57	132.01	135.50	146.74	121.48	137.02	140.88
水泥32.5	t	240.00	0.260	0.325	—	—	0.282	0.352	—
水泥42.5	t	275.00	—	—	0.293	0.336	—	—	0.318
中砂	t	19.53	0.755	0.669	0.680	0.605	0.782	0.694	0.707
碎石	t	30.36	1.314	1.331	1.354	1.383	1.250	1.265	1.286
水	m^3	2.98	0.180	0.180	0.180	0.180	0.195	0.195	0.195

2. 换算类型

预算定额的换算在实际工作中是经常用到的，一般可分为砂浆的换算、混凝土的换算、乘系数换算和其他换算四种类型。

某分项工程定额经换算后，就能满足定额项目与实际工程设计的要求相一致。显然该分项工程的定额基价将会发生相应变化。即

$$\text{换算后的定额基价} = \text{原定额基价} + \text{换入的费用} - \text{换出的费用} \tag{2-1}$$

式中，换入、换出费用按相关的定额计算。

（1）砌筑砂浆的换算 当设计图要求的砌筑砂浆强度等级在预算定额中缺项时，就需要调整砂浆强度等级，换算出新的定额基价。换算特点是：砂浆用量不变，其余材料用量不变，人工费和机械费不变，仅换算砂浆强度等级和调整相应的材料费。换算公式为

$$\text{换算后的定额基价} = \text{原定额基价} + \text{定额砌筑砂浆用量} \times (\text{换入砂浆单价} - \text{换出砂浆单价}) \tag{2-2}$$

【例2-8】 求10m^3 M7.5水泥砂浆砖基础的基价和材料用量。

解： 根据表2-8“A3—1”，查表2-9“ZF1-0379”“ZF1-0381”，按式（2-2）换算，得

$$\begin{aligned}\text{换算后的定额基价} &= [1072.99 + 2.360 \times (90.76 - 83.56)]\text{元}/10\text{m}^3 \\ &= (1072.99 + 16.99)\text{元}/10\text{m}^3 = 1089.98\text{元}/10\text{m}^3\end{aligned}$$

换算后的定额用料：标准砖为5.236千块；水泥32.5为2.36×0.244t=0.576t；中砂为2.36×1.603t=3.783t；水为1.760m^3。

（2）抹灰砂浆的换算 当设计图要求的抹灰砂浆配合比或抹灰厚度与预算定额项目不同时，就需要进行抹灰砂浆的换算。有两种情况。

第一种：抹灰厚度不变，只换算配合比。这时，人工费和机械费不变，仅换算定额砂浆的配合比和调整材料费。换算公式为

$$\text{换算后的定额基价} = \text{原定额基价} + \text{定额抹灰砂浆用量} \times (\text{换入砂浆单价} - \text{换出砂浆单价}) \tag{2-3}$$

【例2-9】 求100m^2 1∶3水泥砂浆打底13mm厚，1∶2水泥砂浆面5mm厚抹砖内墙面的定额基价和材料用量。

解： 根据表2-8中“A10—35”所求分项工程仅为面层砂浆的配合比改变。查表2-10中“ZF1-0405”“ZF1-0407”，按式（2-3）换算，得

换算后的定额基价 = [695.53 + 0.578 × (161.57 − 148.60)] 元/100m²
　　= (695.53 + 7.50) 元/100m² = 703.03 元/100m²

换算后的定额用料见表 2-12。

表 2-12　例 2-9 中换算后的定额用料

材料名称	底层 13mm 厚	面层 5mm 厚	合　计
水泥 32.5	(1.581 × 0.404) t = 0.639t	(0.578 × 0.551) t = 0.318t	(0.639 + 0.318) t = 0.957t
中 砂	(1.581 × 1.603) t = 2.534t	(0.578 × 1.456) t = 0.842t	(2.534 + 0.842) t = 3.376t

第二种：砂浆配合比不变，抹灰厚度变化。这时砂浆用量要改变，因而人工费、材料费和机械费都要调整，需根据定额说明中“抹灰砂浆厚度调整表”（见表 2-13）进行调整。换算公式为

换算后的定额基价 = 原定额基价 + 抹灰砂浆增减厚度 × ∑（每增减 1mm 厚度各消耗量调整数量 × 相应消耗量定额单价）　　(2-4)

表 2-13　抹灰砂浆厚度调整表　　（单位：100m²）

项　目	每增减 1mm 厚度消耗量调整			
	人工/工日	机械/台班	砂浆/m³	水/m³
石灰砂浆	0.35	0.014	0.11	0.01
水泥砂浆	0.38	0.015	0.12	0.01
混合砂浆	0.52	0.015	0.12	0.01
石膏砂浆	0.43	0.014	0.11	0.01

【例 2-10】　求 100m² 1∶3 水泥砂浆打底 13mm 厚，1∶2.5 水泥砂浆面层 7mm 厚抹砖墙面的定额基价和材料用量。

解：根据表 2-8 中“A10—35”，面层砂浆加 2mm 厚，查表 2-13，按式（2-4）换算，得

换算后的定额基价 = [695.53 + 2 × ∑(0.38 × 23.00 + 0.015 × 42.46 + 0.12 × 148.60 + 2.98 × 0.01)] 元/100m² = 722.77 元/100m²

换算后的定额用料见表 2-14。

表 2-14　例 2-10 中换算后的定额用料

材料名称	18mm 厚用量	增加 2mm 厚用量	合　计
水泥 32.5	0.919t	(2 × 0.12 × 0.485) t = 0.116t	(0.919 + 0.116) t = 1.035 t
中 砂	3.461t	(2 × 0.12 × 1.603) t = 0.385t	(3.461 + 0.385) t = 3.846 t
水	4.120m³	(2 × 0.12 × 0.3 + 2 × 0.01) m³ = 0.092m³	(4.120 + 0.092) m³ = 4.212m³

(3) 构件混凝土的换算　当设计构件采用的混凝土强度等级在预算定额中没有相符合的项目时，就需要进行混凝土强度等级或石子粒径的换算。换算特点是：混凝土用量不变，其余材料用量不变，人工费与机械费不变，仅换算混凝土强度等级或石子粒径。换算

公式为

$$换算后的定额基价 = 原定额基价 + 定额混凝土用量 \times (换入混凝土单价 + 换出混凝土单价) \quad (2\text{-}5)$$

【例2-11】 求10m³现浇C25混凝土基础的定额基价和材料用量。

解：根据表2-8中"A4—3"，所求定额仅为混凝土强度等级改变。查表2-11中"ZF1-0029"、"ZF1-0030"，按式（2-5）换算，得

换算后的定额基价 = [1707.09 + 10.100 × (135.50 − 132.01)]元/10m³
= 1742.34(元/10m³)

换算后的定额用料：

水泥42.5为10.10 × 0.293t = 2.959t

中砂为10.10 × 0.680t = 6.868t

碎石（粒径≤40mm）为10.10 × 1.354t = 13.675t

其余材料用量不变。

(4) 乘系数换算　乘系数换算是指在应用某些预算定额项目时，定额的一部分（如工费、料费、工料费、工机费）或全部乘以规定的系数予以换算。各系数值及其用法在分部说明或附注上规定。

【例2-12】 某预算定额项目表的附注上规定，楼地面垫层用于基础垫层时，人工费、机械费乘以系数1.2。求C15混凝土基础垫层的定额基价。

解：根据表2-8中"A7—23"和题意，将人工费、机械费乘以系数，得

换算后的定额基价 = [1485.10 + (236.16 + 46.53) × (1.2 − 1)]元/10m³
= 1541.64元/10m³

(5) 其他换算　其他换算是指不属于上述几种换算情况的定额基价换算。

【例2-13】 求1:2防水砂浆防潮层（加水泥用量8%的防水粉）的定额基价。

解：根据表2-8中"A7—36"，所求定额的防水粉用量增加，其他不变，查表2-10中"ZF1-0407"，得

防水粉用量 = 定额砂浆用量 × 配合比中的水泥用量 × 8%
= 2.53 × 551 × 8% kg = 111.52kg

换算后的定额基价 = 原定额基价 + 防水粉单价 × (防水粉掺入量 − 防水粉定额量)
= [597.56 + 1.59 × (111.52 − 69.83)]元/100m²
= 663.85元/100m²

第五节　概算定额、概算和估算指标

一、概算定额

（一）概算定额的概念

概算定额也称扩大结构定额。它规定了完成单位扩大分项工程或结构构件所必须消耗

的人工、材料和机械台班的数量标准。它是设计单位在初步设计阶段编制设计概算和在技术设计阶段编制修正概算的依据，也是编制投资估算指标的参考。

概算定额是在预算定额的基础上，按照以主带次的原则，将其中有联系的若干个分项工程项目进行综合、扩大和合并而成的。例如，砖基础工程就综合了预算定额中的人工挖地槽、基础垫层、砖基础、墙基防潮层、基槽回填、土方运输等若干个分项工程项目。又如，砖外墙工程综合了砖外墙、砌体内钢筋加固，现浇钢筋混凝土圈梁与构造柱，预制过梁运输及安装，砖墙墙面中级抹灰，砖墙面普通腰线，水泥砂浆面层，预制水磨石窗台板安装，刷内墙涂料两遍等若干个分项工程项目，以 $100m^2$ 砖外墙面积为定额单位。

我国从 1957 年开始试行统一的《建筑工程扩大结构定额》。其后，各省、市、自治区根据本地区的情况，相继编制了本地区的"建筑工程概算定额"，以满足建设工程的需要。

概算定额与预算定额一样，随着建筑技术进步与生产条件变化，以及人工、材料和机械台班价格的调整，需要适时进行修改和补充，从而反映大多数企业的设计、生产和施工管理水平。

（二）概算定额的编制依据

1）现行的工程设计规范、标准和施工验收规范。

2）现行的建筑工程预算定额、概算定额和费用定额。

3）现行的建筑工程通用图、标准图，典型工程施工设计图以及其他有关材料。

4）现行的人工工资标准、材料预算价格和建筑机械台班预算价格。

（三）概算定额的编制原则

概算定额应按照下列原则编制：

1）必须满足设计、计划和统计的要求。

2）内容和形式必须简明、适用。在保证一定准确性的前提下，以主体结构分部工程为主，综合合并相关联的项目，使概算定额项目齐全、计算简便，而且不能漏项。

3）概算定额的水平应与预算定额的水平基本一致。概算定额与预算定额之间的允许幅度差，应控制在 5% 以内。

（四）概算定额的编制方法

概算定额的编制方法有以下三个方面：

1）定额项目的划分。应以简明和便于计算为原则，在保证一定准确性的前提下，以主要结构分部工程为主，合并相关联的子项目。

2）定额的计量单位。基本上按预算定额的规定执行，但是扩大该单位中所包含的工程内容。

3）定额数据的综合取定。由于概算定额是在预算定额的基础上综合扩大而成，因此在工程的标准和施工方法的确定、工程量计算和取值上都需综合考虑，并结合概、预算定额水平的幅度差而适当扩大，还要考虑到初步设计的深度条件来编制。

（五）概算定额的主要内容

1）总说明，说明编制的目的、依据、作用、适用范围及其他有关说明。

2）建筑面积计算规范。

3）章、节说明及工程量计算规则。

4）概算定额表。

概算定额表是在预算定额分部分项工程的基础上，以主体结构为主，重新综合的工程项目。例如，河北省建设厅2006年1月颁发执行的2005年《河北省建筑工程概算定额》，分上、下册，共17章：

第一章 基础工程：包括机械挖土方、打桩工程、基础垫层、砖石及混凝土基础、地下室钢筋混凝土墙，共5节。

第二章 混凝土工程：包括现浇钢筋混凝土、预制钢筋混凝土、预应力钢筋混凝土，共3节。

第三章 墙体工程：包括砖墙及砖柱、框架间墙、毛石墙及石柱、砌块墙、现浇钢筋混凝土墙、填充保温墙、间壁墙、隔断、墙面装饰、幕墙，共10节。

第四章 脚手架工程：包括综合脚手架，共1节。

第五章 门窗及木作工程：包括普通木门、特种门、木窗、钢门窗、铝合金门窗、塑料门窗及其他、屋架、木材面油漆，共8节。

第六章 楼地面工程：包括05J1楼地面、散水、台阶、坡道做法，垫层、找平层，刚性防水，卷材防水，涂膜防水，变形缝，整体面层，块料面层，装饰楼地面，散水、坡道、台阶、明沟，共10节。

第七章 天棚工程：包括抹灰顶棚：石灰砂浆；水泥砂浆及水泥石灰砂浆；板顶棚；吊顶天棚：轻钢龙骨及铝合金龙骨；木龙骨；面层，其他；共8节。

第八章 屋面工程：包括05J1屋面做法，屋面保温，钢板屋面、屋面采光罩，隔气层，瓦屋面，共5节。

第九章 楼梯、阳台、雨篷、挑檐及其他混凝土工程：包括楼梯、阳台、雨篷、挑檐，其他混凝土工程，共2节。

第十章 耐酸、防腐、保温工程：包括块料面层，玻璃钢面层，整体面层，隔离层，池、沟槽砌块料，耐酸防腐涂料，墙体隔热，楼地面隔热，05J1工程做法，共9节。

第十一章 金属结构工程：包括钢柱、梁、屋架、墙架及天窗架，平台、钢梯、网架、钢滑模，栏杆、扶手，共3节。

第十二章 构筑物工程：包括砖烟囱、水塔、蓄水池，共3节。

第十三章 厂区附属工程：包括道路、室内外暖沟、砖砌矩形化粪池、圆形排水检查井、砖砌圆形阀门井、室外砖砌水表井、室内砖砌水表井、室外排水管道、围墙，共9节。

第十四章 商品混凝土工程：包括基础工程、混凝土工程、墙体工程，以及楼梯、阳台、雨篷、挑檐及其他混凝土工程，共4节。

第十五章 垂直运输工程：包括建筑物垂直运输、构筑物垂直运输和地下室垂直运输，共3节。

第十六章 建筑物超高费。

第十七章　大型机械一次安拆及场外运输费：包括塔式起重机基础及轨道铺拆费用，特、大型机械安装、拆卸一次费用，特、大型机械场外运输费用，共3节。

《河北省建筑工程概算定额》（2005年）第二章（混凝土工程）第1节（现浇钢筋混凝土）定额项目表（摘录）如表2-15所示。

二、概算指标

（一）概算指标的概念

概算指标是以整个建筑物或构筑物为对象，以 m^2（$100m^2$），m^3（$1000m^3$）或“座”为计量单位而规定的人工、材料和机械台班消耗的定额指标。它是作为工程建设主管部门编制投资估算和编制工程建设计划，估算人工和主要材料需用量的依据。

由于概算指标是以整个建筑物单位面积或单位体积表示的技术经济指标，所以概算指标比概算定额更进一步综合和概括。它的数据，主要采自各种预算和结算资料。

（二）概算指标的编制

1. 编制依据

1）各种类型的典型工程设计和标准设计图样。

2）现行的建筑工程预算定额、概算定额、费用定额以及定额补充资料。

3）现行的地区材料预算价格、机械台班预算价格和人工工日单价。

4）国家和地区颁发的工程造价指标以及有关文件。

5）各种类型的典型工程概预算和结算资料。

2. 编制步骤

（1）准备阶段　主要是组织编制人员研究国家有关方针、政策，汇集图样资料，拟定编制项目，拟定编制方案，制定指标的各种计算方法等。

（2）编制阶段　主要是选定图样，计算工程量和编制工程预算书，按照编制方案确定的指标项目，确定人工、机械和主要材料消耗指标，填写概算指标的表格。

（3）复核定稿阶段　各项概算指标编制完成后，必须进行复核。同时，对同类结构和用途的指标水平进行比较，并作适当调整，定稿后，送主管机关审批，颁布执行。

（三）概算指标的内容和形式

概算指标的内容和形式没有统一的格式，其内容一般包括总说明和各类工程概算指标两大部分。

总说明主要是说明指标的用途、编制依据、适用范围和使用方法等。

各类工程概算指标按其形式可分为综合概算指标和单项概算指标。

综合概算指标按民用建筑、工业建筑或按结构类型分类，其概括性比较大。示例见表2-16～表2-20。

单项概算指标以一种建筑物或构筑物为对象，对建筑构造、结构特征及设计情况作扼要说明，其针对性、准确性强于综合概算指标。示例见表2-21。

表 2-15 现浇钢筋混凝土定额项目表（摘自《河北省建筑工程概算定额》2005 版“第二章 混凝土工程”第一节）（单位：$10m^3$）

定额编号				2—9	2—10	2—11	2—12
项目		单位	单价	钢筋混凝土板			
				无梁板	平板	拱形板	半球壳板
基价		元		4881.41	6163.41	8436.15	10920.02
其中	人工费	元		958.43	1245.98	1954.45	4506.45
	材料费	元		3696.82	4612.23	6184.41	6083.05
	机械费	元		226.16	305.20	297.29	330.52
综合	T04-0031 现浇钢筋混凝土无梁板 现浇混凝土中砂碎石	$10m^3$	1726.48	1.000	0.182	—	—
	T04-0032 现浇钢筋混凝土平板 现浇混凝土中砂碎石	$10m^3$	1816.70	—	0.798	—	—
	T04-0033 现浇钢筋混凝土拱形板 现浇混凝土中砂碎石	$10m^3$	1926.62	—	—	0.994	—
	T04-0035 现浇钢筋混凝土半球壳板 现浇混凝土中砂碎石	$10m^3$	1990.88	—	—	—	1.000
	T13-0042 现浇无梁板模板	$100m^2$	2027.48	0.485	0.089	—	—
	T13-0043 现浇平板模板	$100m^2$	1769.10	—	0.591	—	—
	T13-0044 现浇拱形板模板	$100m^2$	4732.83	—	—	0.795	—
	T13-0046 现浇半球壳体模板	$100m^2$	5113.66	—	—	—	1.020
	T04-0293 成型钢筋、铁件场外运输	t	77.25	0.794	1.163	1.024	1.350
	T04-0246 钢筋制作、安装现浇构件钢筋直径 10mm 以内	t	2686.71	0.609	0.863	0.446	1.204
	T04-0247 钢筋制作、安装现浇构件钢筋直径 20mm 以内	t	2562.47	0.185	0.270	0.578	0.146
	T04-0248 钢筋制作、安装现浇构件钢筋直径 20mm 以外	t	2438.08	—	0.030	—	—
人工	综合用工二类	工日	23.00	41.671	62.612	97.165	193.057
材料	水泥 32.5	t	240.00	3.251	3.402	3.499	3.520
	中砂	t	19.53	6.692	6.760	6.898	6.940
	碎石	t	30.36	13.310	12.517	12.574	12.650
	木模板	m^3	1366.40	0.088	0.074	1.126	1.198
	二等圆木	m^3	1035.46	0.005	0.007	0.006	0.008
	支撑方木	m^3	1676.97	0.147	0.239	0.833	—
	钢筋 $\phi10$ 以内	t	2139.96	0.609	0.863	0.446	1.204
	钢筋 $\phi20$ 以内	t	2176.68	0.185	0.270	0.578	0.146
	钢筋 $\phi20$ 以外	t	2173.62	—	0.030	—	—
	铁件	kg	5.28	—	—	7.922	—

表 2-16 建筑工程每 $100m^2$ 消耗工料指标

项目	人工/工日	主要材料																
		钢材/t	水泥/t	模板/m^3	成材/m^3	砖/千块	黄砂/t	碎石/t	毛石/t	石灰/t	白铁皮/m^2	玻璃/m^2	油毡/m^2	电焊条/m^2	铁钉/kg	铁丝/kg	沥青/kg	油漆/kg
工业与民用建筑综合	315	2.04	13.57	1.69	1.44	14.76	44	46	8	1.48	4	18	110	27	18	18	240	11
1. 工业建筑	340	3.94	14.45	1.82	1.43	11.56	46	51	10	1.02	4	18	133	42	20	24	300	7
2. 民用建筑	277	1.68	12.24	1.50	1.48	19.58	42	36	6	2.63	4	17	67	5	15	9	160	13

表 2-17 单层工业建筑单位工程主要项目占直接费百分比指标(%)

工程名称	建筑面积/m^2	结构类型	土方	基础	砖石	钢筋混凝土	木结构	金属结构	楼地面	屋面	装饰	其他	占直接费百分率(%)		
													人工费	材料费	机械费
装配车间	3680	钢筋混凝土	3.02	—	8.03	43.45	—	17.18	8.94	4.95	1.50	12.93	8.02	89.86	2.12
印染车间	2927	钢筋混凝土	0.78	1.77	7.81	55.20	2.59	0.01	18.95	7.94	4.86	—	7.96	88.47	3.57
木器车间	873	钢筋混凝土	0.65	8.78	22.23	36.03	5.33	0.46	16.04	3.31	7.17	—	9.75	86.73	3.52
浆纱车间	1769	钢筋混凝土	1.59	6.15	17.66	52.97	4.45	—	2.23	9.70	5.16	—	8.06	89.55	2.39
针织车间	627	钢筋混凝土	1.41	10.43	21.33	35.18	6.32	0.64	16.84	2.53	5.32	—	10.23	88.26	1.51
电镀车间	275	钢筋混凝土	1.68	9.43	19.94	39.13	6.28	2.81	9.80	4.96	5.70	0.36	9.20	87.49	3.31
仓库	395	混合	0.52	7.57	24.32	34.29	4.68	2.04	14.57	5.92	6.09	—	8.66	88.32	3.02
食堂	465	混合	1.10	9.05	24.85	31.26	6.24	1.33	11.96	5.64	8.57	—	8.82	88.90	2.28
锅炉房	297	混合	0.50	7.78	22.16	37.20	9.28	3.82	9.23	5.06	4.97	—	8.91	88.90	2.19
变电所	90	混合	1.20	23.18	19.70	21.50	6.55	2.95	9.46	9.57	5.89	—	10.41	87.19	2.40

表 2-18 建筑工程每 $100m^2$ 平均综合材料消耗量指标

类别	结构类型	型钢/t	钢筋/t	木材/m^3	水泥/t	砖/千块	平瓦/千块	砂子/m^3	毛石/m^3	石灰/t	石子/m^3	沥青/t	油毡/m^2	白铁皮/m^2	钢管/t	电焊条/kg	铁钉/kg	玻璃/m^2	油漆/kg	电线/m	暖气片/片	8 号铁丝/kg
民用建筑	混合	0.05	1.60	4.50	14	24	—	32	13	4.50	28	0.42	151	4.8	0.41	5	5	20.5	6	126	28	5
	内浇外砌	0.06	2.10	4.50	18	14	—	56	13	4.50	50	0.42	151	4.8	0.46	10	3	20.5	6	134	28	5
	全装配	0.16	3.00	4.50	23	4.50	—	62	—	4.50	58	0.45	151	4.9	0.50	100	3	21.5	6	134	29	5
	砖木	0.015	0.15	8.30	3.10	23	2	23	34	4.20	11	—	144	3.2	—	—	31	22	6	75	—	7
工业建筑	钢混	3.50	2.10	6.50	14.80	17.6	—	48	—	0.38	36	0.71	268	5.4	0.84	100	33	23	12	200	42	21
	混合	1.00	2.10	4.50	12.50	16	—	35	15	0.70	26	0.48	268	4.7	0.46	30	7	24	5	130	64	26
	砖木	0.015	0.20	7.10	3.50	25	2	25	36	3	12	—	144	2.5	0.10	—	30	20	6	86	40	8

表 2-19 建筑工程每 100m² 平均综合人工消耗量指标

类型	一般民用建筑									
项目	建筑物用途									
	住宅	宿舍	办公楼	教学楼	食堂	商店	旅馆	医院	仓库	其他
工日	420	396	386	380	385	425	395	396	320	456
类型	一般工业建筑									
项目	厂房高度/m									
	4—5	5—7	8—10	11—12	13—15	16—18	19—20	21—25	26—28	29—30
工日	311	389	424	517	530	559	765	784	950	1115

表 2-20 民用建筑工程主要材料消耗量及单方造价参考指标

类别	工程名称	结构	每 m² 主要材料消耗量			单方造价/(元/m²)	说明
			钢材/kg	木材/m³	水泥/kg		
住宅	多层住宅	砖混	25	0.040	150	829	1. 材料消耗量及单方造价均不包括室外工程 2. 单方造价为2003年的材料价格水平 3. 钢材未包括施工用的钢模板和钢管脚手架消耗量
	多层住宅	内浇外砌	36	0.045	190	982	
	多层住宅	全装配	39	0.045	240	996	
	高层住宅	内浇外挂	45	0.035	230	896	
	高层住宅	框架	56	0.045	240	1141	
	高层住宅	滑模	83	0.045	230	1096	
	高层住宅	全装配	62	0.035	240	985	
	多层单宿	砖混	24	0.040	135	878	
文教医疗	托幼	砖混	28	0.045	155	1006	
	中小学	砖混	27	0.040	165	618	
	教学楼	砖混	25	0.040	175	623	
	教学楼	框架	58	0.045	235	912	
	图书馆	框架	59	0.045	240	968	
	实验楼	砖混	28	0.055	185	896	
	实验楼	框架	53	0.065	245	1266	
	医院	砖混	28	0.055	260	787	
	医院	框架	58	0.085	280	940	
	书店	砖混	28	0.055	230	886	
影剧院	俱乐部	混合	65	0.080	200	2612	
	礼堂	混合	42	0.095	210	1366	
	剧场	混合	50	0.130	230	1600	
	电影院	混合	48	0.090	220	1310	
体育	一般体育馆	框架	65	0.090	260	1360	
	游泳馆	排架	45	0.080	270	1710	
办公	办公楼	框架15层以下	60	0.055	225	1328	
	办公楼	框架15~20层	75	0.065	250	2081	
	办公楼	砖混	28	0.040	230	1221	
商业	商业楼	框架	55	0.065	260	1860	
	商业楼	砖混	32	0.055	200	989	

（续）

类别	工程名称	结构	每 m^2 主要材料消耗量			单方造价/（元/m^2）	说明
			钢材/kg	木材/m^3	水泥/kg		
旅馆	旅馆	砖混	29	0.050	190	824	1. 材料消耗量及单方造价均不包括室外工程 2. 单方造价为 2003 年的材料价格水平 3. 钢材未包括施工用的钢模板和钢管脚手架消耗量
	旅馆	框架	65	0.085	280	1662	
	高层饭店	框架	95	0.098	320	1962	
其他	邮局	砖混	27	0.050	200	849	
	食堂	砖混	27	0.045	185	681	
	汽车库	混合	25	0.040	200	666	
	一般仓库	混合	28	0.040	170	578	
	多层仓库	混合	36	0.045	230	806	
	锅炉房	混合	24	0.040	220	960	
	变电室	混合	26	0.050	230	840	
	水泵房	混合	24	0.030	220	720	

表 2-21 混合结构住宅概算指标

编号			1	2	3	4	5
工程名称			住宅	住宅	住宅	住宅底层商店	住宅底层商店
结构类型			混合	混合	混合	混合	混合
建筑面积/m^2			1400	1450	2400	3800	3700
户均面积/m^2			58	60	50	56	72
工程特征	层数		6	6	6	6	6
	首层高/m		2.7	2.8	2.9	4.7	4.6
	标准层高/m		2.7	2.8	2.9	3.0	2.8
	檐高/m		16.8	17.0	17.4	20.3	20.8
	开间/m		2.7~3.3	3.3	3.06	3.4~4.0	3.8
	抗震设防烈度		8	7	7	7	7
	地基承载力/kPa		120	120	250	80	100
结构特征	基础		混凝土、砖	砖	混凝土灌注桩	满堂	混凝土条基
	外墙		1 砖	1.5 砖	1 砖	1 砖	1 砖
	内墙		1 砖	1 砖	1 砖	1 砖	1 砖
	楼板		现浇混凝土	现浇混凝土	现浇混凝土	现浇混凝土	现浇混凝土
	屋面		油毡	油毡	油毡	油毡	油毡
	门窗		木门、塑钢窗	木门、塑钢窗	木门、塑钢窗	木门、塑钢窗	木门、塑钢窗
	内装饰		白灰砂浆	白灰砂浆	混合砂浆	混合砂浆	中等抹灰
	卫生标准		3 件	2 件	2 件	2 件	1 件
	采暖		热水	热水	—	—	—
造价分析	总造价/（元/m^2）		780	720	765	750	742
	其中	土建（%）	81	83	91	92.5	93
		水暖（%）	15	13	6	4.5	5
		照明（%）	4	4	3	3	2

（续）

编号			1	2	3	4	5
土建工程每100m^2含工程量	1	挖土/m^3	58	27	9	39	49
	2	填土/m^3	50	13	12	29	36
	3	余土/m^3	8	14	—	10	13
	4	垫层/m^3	3.58	6.80	1.80	5.00	5.60
	5	基础/m^3	48.50	9.54	13.60	24.00	12.85
	6	外墙/m^3	18.00	24.50	11.36	20.00	6.80
	7	内墙/m^3	23.00	24.30	24.04	25.00	13.10
	8	现浇混凝土/m^3	7.78	8.50	14.20	5.40	13.50
	9	预制混凝土/m^3	8.50	10.10	0.15	7.90	4.35
	10	门/m^2	16.50	34.00	23.40	20.91	13.87
	11	窗/m^2	12.90	13.00	15.00	12.00	14.00
	12	屋面/m^2	16.82	17.63	16.00	15.30	15.20
	13	楼地面/m^2	96.00	97.00	83.60	77.00	34.00
	14	水磨石地面/m^2	—	—	—	8.00	34.00
	15	内墙抹灰/m^2	245.00	256.00	288.00	286.00	218.00
	16	内墙贴瓷砖/m^2	—	—	—	—	13.66
	17	外墙抹灰装饰/m^2	160.00	98.00	75.00	198.00	42.00
	18	混凝土垫层/m^3	—	—	—	5.00	—
	19	天棚/m^2	77.00	74.00	78.00	98.00	87.00
	20	钢栏杆/kg	—	—	—	—	42.00
水暖每100m^2含工程量	1	镀锌管 $\phi25$ 以内/m	27	15	25	10.40	9.30
	2	镀锌管 $\phi25\sim50$/m	4.50	7.90	9	16	4.00
	3	焊管 $\phi25$ 以内/m	42	16.20	—	—	—
	4	焊管 $\phi25\sim50$/m	10	10.50	—	—	—
	5	铸铁管 $\phi50$/m	12	4.20	12.00	4	2
	6	铸铁管 $\phi100$/m	11	7	10.20	7	11
	7	大便器/套	1.70	1.66	1.90	1.58	0.98
	8	洁具/套	1.70	1.66	1.90	1.58	—
	9	阀门/个	9.21	3.80	3.60	2.90	1.4
	10	散热器/m	4.31	40（片）	—	—	—
照明每100m^2含工程量	1	钢管/m	9.78	1.10	1.00	18	59
	2	塑料管/m	87	50	10	24	11
	3	管内穿线 4mm^2/m	231	150	89	98	140
	4	管内穿线 6~16mm^2/m	18	12	84	70	5
	5	灯具/套	10.34	7.20	8.8	8.80	8.5
	6	插座/个	8.52	5.60	7.74	3.40	3.46
	7	开关/个	10.34	7.20	8.80	8.80	8.50
	8	配电箱/个	1.85	0.41	0.05	0.16	0.92

（续）

编号			1	2	3	4	5
土建工程每100 m^2 工料消耗量	1	人工/工日	401	448	580	474	438
	2	水泥/t	12.58	13	15.16	18.14	13.40
	3	钢筋 ϕ10 以内/t	0.86	1.00	1.19	1.18	1.70
	4	钢筋 ϕ10 以外/t	0.38	0.30	1.16	1.00	1.30
	5	型钢/t	0.13	0.03	0.06	0.17	0.04
	6	板方材/m^3	1.04	1.11	2.50	1.45	1.68
	7	夹板/m^2	34	36	54	37	44
	8	红砖/千块	25.05	31	20.20	25.32	16.90
	9	石灰/t	2.56	5	2.10	4.35	1.64
	10	砂子/t	42	60	60	68	44
	11	石子/t	16.32	34	44	51	38
	12	色石子/t	0.05	0.28	—	0.48	—
	13	毛石/m^3	—	—	1.11	9.10	8.52
	14	油毡/m^2	53	43	42	46	40
	15	沥青/t	0.15	0.10	0.10	0.11	0.10
	16	玻璃/m^2	15.62	16.04	19.35	15.00	18.51
	17	混凝土构件/m^3	—	—	—	8.31	—
	18	油漆/kg	18	15.60	23	127	19
水暖每100 m^2 工料消耗	1	人工（工日）	54	26	21	13	8
	2	镀锌管 ϕ25 以内/m	27	15	18	10.40	9.30
	3	镀锌管 ϕ25～50/m	4.50	7.90	3	16	4
	4	焊管 ϕ25 以内/m	42	16.20	—	—	—
	5	焊管 ϕ25～50/m	10	10.50	—	—	—
	6	铸铁管 ϕ50/m	12	4.20	12	4	2
	7	铸铁管 ϕ100/m	11	7	10.20	7	11
	8	大便器/套	1.70	1.66	1.90	1.58	0.98
照明每100 m^2 工料消耗	1	人工/工日	19	13	20	18	20
	2	钢管/m	10.60	1.10	0.80	2.40	59
	3	塑料管/m	97	50	11	24	11
	4	管内穿线 4mm^2 以内/m	276	150	89	98	296
	5	管内穿线 6～16mm^2/m	22	12	84	70	81
	6	灯具/套	10.34	7.20	8.80	8.80	22
	7	开关/个	9.01	13.40	15.97	8.80	22
	8	插座/个	8.52	6.80	7.74	3.40	6.50

三、估算指标

（一）估算指标的概念

估算指标是确定建设项目在建设全过程中的全部投资支出的技术经济指标。它具有较强的综合性和概括性。其范围涉及建设前期、建设实施期和竣工验收交付使用期等各阶段的费用支出。其内容包括工程费用和工程建设其他费用。不同行业、不同项目和不同工程的费用构成差异很大，因此估算指标既有能反映整个建设项目全部投资及其构成（建筑工程费用、安装工程费用、设备工器具购置费用和其他费用）的指标，又有组成建设项目投资的各单项工程投资（主要生产设施投资、辅助生产设施投资、公用设施投资、生产福利设施投资等）的指标。既能综合使用，也能个别分解使用。其中占投资比重大的建筑工程和工艺设备的指标，既有量又有价，根据不同结构类型的建筑物列出每100m^2 的主要工程量和主要材料量，主要设备要列出其规格、型号和数量；同时又有以编制年度为基期的价格。这样便于不同方案、不同建设期中对估算指标进行价格的调整和量的换算，使估算指标具有更大的覆盖面和适用性。

（二）估算指标的作用

在项目建议书和可行性研究阶段，估算指标是多方案比选、正确编制投资估算、合理确定项目投资额的重要基础和依据。在建设项目评价和决策阶段，估算指标是评价建设项目可行性和分析投资经济效益的主要经济指标。在实施阶段，估算指标是限额设计和工程造价控制的约束标准。

（三）估算指标项目表

估算指标的项目表一般分建设项目综合指标、单项工程指标和单位工程指标三个层次。

1. 建设项目综合指标

建设项目综合指标是反映建设项目从立项筹建到竣工验收交付使用所需的全部投资指标。包括建设投资（单项工程投资和工程建设其他费用）和流动资金投资。一般以建设项目的单位综合生产能力的投资表示，如“元/年生产能力（t）”“元/小时产气量（m^3）”等；或以建设项目单位使用功能的投资表示，如医院用“元/床”，宾馆用“元/客房套”。

2. 单项工程指标

单项工程指标是反映建造能独立发挥生产能力或使用效益的单项工程所需的全部费用指标。包括建筑工程费用、安装工程费用和该单项工程内的设备、工器具购置费用，不包括工程建设其他费用。单项工程指标一般以单项工程单位生产能力造价或单位建筑面积造价表示。如变电站用“元/(kV·A)”，锅炉房用“元/年产蒸汽（t）”，办公室和住宅用“元/建筑面积（m^2）”。

3. 单位工程指标

单位工程指标是反映建造能独立组织施工的单位工程的造价指标，即建筑安装工程费用指标，包括直接费、间接费、利润和税金，类似于概算指标。一般以单位工程量造价表示。如房屋用“元/m^2”，道路用“元/m^2”，水塔用“元/座”，管道用“元/m”。

第三章

工程造价的构成

第一节　概　述

一、我国现行建设项目投资的构成

建设项目总投资是指在工程项目建设阶段所需要的全部费用的总和。生产性建设项目总投资包括建设投资、建设期利息和流动资金三部分；非生产性建设项目总投资包括建设项目投资和建设期利息两部分。其中，建设投资和建设期利息之和对应于固定资产投资，固定资产投资与建设项目的工程造价在量上相等。建设项目总投资的具体构成内容如图 3-1 所示。

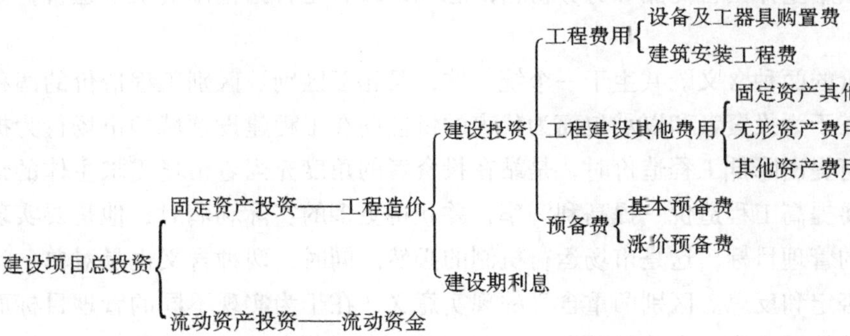

图 3-1　建设项目总投资构成图

二、工程造价的含义

工程造价通常是指工程的建造价格。根据分析角度的不同，工程造价有不同的含义。

含义一：从投资者（业主）的角度分析，工程造价是指建设一项工程预期开支或实际开支的全部固定资产投资费用。投资者为了获得投资项目的预期效益，就需要对项目进行策划、决策及实施，直至竣工验收等一系列投资管理活动。在上述活动中所花费的全部费用，就构成了工程造价。从这个意义上讲，建设工程造价就是建设工程项目固定资产的总投资，主要构成部分是建设投资。建设投资包括工程费用、工程建设其他费用和预备费三部分。工程费用是指直接构成固定资产实体的各种费用，可以分为建筑安装工程费和设备及工器具购置费；工程建设其他费用是指根据国家有关规定应在投资中支付，并列入建设项目总造价或单项工程造价的费用。预备费是为了保证工程项目的顺利实施，避免在难以预料的情况下造成投资不足而预先安排的一笔费用。

含义二：从市场交易的角度分析，工程造价是指为建成一项工程，预计或实际在土地市场、设备市场、技术劳务市场以及工程承包发包市场等交易活动中所形成的建筑安装工程价格和建设工程总价格。显然，工程造价的第二种含义是指以建设工程这种特定的商品形式作为交易对象，通过招标投标或其他交易方式，在进行多次预估的基础上，最终由市场形成的价格。这里的工程既可以是涵盖范围很大的一个建设工程项目，也可以是其中的一个单项工程，甚至可以是整个建设工程中的某个阶段。

承发包价格是工程造价中一种重要的、也是较为典型的价格交易形式，是在建筑市场通过招标投标，由需求主体（投资者）和供给主体（承包商）共同认可的价格。鉴于建筑安装工程价格在项目固定资产中占有50%～60%的份额，是工程建设中最活跃的部分，建筑企业又是工程项目的实施者和建筑市场重要的市场主体之一，故工程承发包价格被界定为工程价格的第二种含义具有现实意义。

工程造价的两种含义实质上就是从不同角度把握同一事物的本质。对市场经济条件下的投资者来说，工程造价就是项目投资，是“购买”工程项目要付出的价格；同时，工程造价也是投资者作为市场供给主体，“出售”工程项目时确定价格和衡量投资经济效益的尺度。对规划、设计、承包商以及包括造价咨询在内的中介服务机构来说，工程造价是他们作为市场供给主体出售商品和劳务价格的总和，或者是特指范围的工程造价，如建筑安装工程造价。

工程造价的两种含义既共生于一个统一体，又相互区别。区别工程造价的两种含义的理论意义，在于为投资者和以承包商为代表的供应商在工程建设领域的市场行为提供理论依据。当政府提出降低工程造价时，是站在投资者的角度充当着市场需求主体的角色；当承包商提出要提高工程造价、提高利润率，并获得更多的实际利润时，他是要实现一个市场供给主体的管理目标，这是市场运行机制的必然。同时，两种含义也是对单一计划经济理论的一个否定和反思。区别两重含义的现实意义，在于为实现不同的管理目标而不断充实工程造价的管理内容，完善管理方法，更好地为实现各自的目标服务。

第二节　设备及工、器具购置费用的构成

设备及工、器具购置费用由设备购置费和工具、器具及生产家具购置费所组成，它是固定资产投资中的积极部分。在生产性工程建设中，设备及工、器具购置费用占工程造价比重的增大，意味着生产技术的进步和资本有机构成的提高。

一、设备购置费的构成及计算

设备购置费是指为建设项目购置或自制的达到固定资产标准的各种国产或进口设备、工具、器具的购置费用。它由设备原价和设备运杂费构成。

$$设备购置费 = 设备原价 + 设备运杂费$$

式中，设备原价指国产设备或进口设备的原价；设备运杂费指除设备原价之外的关于设备

采购、运输、途中包装及仓库保管等方面支出费用的总和。

（一）国产设备原价的构成及计算

国产设备原价一般指的是设备制造厂的交货价或订货合同价。它一般根据生产厂或供应商的询价、报价、合同价确定，或采用一定的方法计算确定。国产标准设备原价分为国产标准设备原价和国产非标准设备原价。

1. 国产标准设备原价

国产标准设备是指按照主管部门颁布的标准图样和技术要求，由我国设备生产厂批量生产的、符合国家质量检测标准的设备。国产标准设备原价有两种，即带有备件的原价和不带备件的原价。在计算时，一般采用带有备件的原价。

2. 国产非标准设备原价

国产非标准设备是指国家尚无定型标准，各设备生产厂不可能在工艺过程中采用批量生产，只能按订货要求并根据具体的设计图样制造的设备。非标准设备由于单件生产、无定型标准，所以无法获取市场交易价格，只能按其成本构成或相关技术参数估算其价格。非标准设备原价有多种不同的计算方法，如成本计算估价法、系列设备插入估价法、分部组合估价法、定额估价法等。但无论采用哪种方法，都应该使非标准设备计价接近实际出厂价，并且计算方法要简便。成本计算估价法是一种比较常用的估算非标准设备原价的方法。按成本计算估价法，非标准设备的原价由以下各项组成。

1）材料费。其计算公式为

$$材料费=材料净重\times(1+加工损耗系数)\times每吨材料综合价$$

2）加工费。包括生产工人工资和工资附加费、燃料动力费、设备折旧费、车间经费等。其计算公式为

$$加工费=设备总质量(吨)\times设备每吨加工费$$

3）辅助材料费（简称辅材费）。包括焊条、焊丝、氧气、氩气、氮气、油漆、碳化钙（电石）等费用。其计算公式为

$$辅助材料费=设备总质量\times辅助材料费指标$$

4）专用工具费。按1）~3）项之和乘以一定百分比计算。

5）废品损失费。按1）~4）项之和乘以一定百分比计算。

6）外购配套件费。按设备设计图样所列的外购配套件的名称、型号、规格、数量、质量，根据相应的价格加运杂费计算。

7）包装费。按以上1）~6）项之和乘以一定百分比计算。

8）利润。可按1）~5）项加第7）项之和乘以一定利润率计算。

9）税金，主要指增值税。计算公式为

$$增值税=当期销项税额-进项税额$$

$$当期销项税额=销售额\times适用增值税率$$

（销售额为1）~8）项之和）

10）非标准设备设计费。按国家规定的设计费收费标准计算。

综上所述，单台非标准设备原价可用下述公式表达

单台非标准设备原价 = {[（材料费 + 加工费 + 辅助材料费）×（1 + 专用工具费率）×（1 + 废品损失费率）+ 外购配套件费]×（1 + 包装费率）- 外购配套件费}×（1 + 利润率）+ 销项税额 + 非标准设备设计费 + 外购配套件费

（二）进口设备原价的构成及计算

进口设备的原价是指进口设备的抵岸价，通常是由进口设备到岸价（CIF）和进口从属费构成。进口设备到岸价即抵达买方边境港口或边境车站的价格。在国际贸易中，交易双方所使用的交货类别不同，则交易价格的构成内容也有所差异。进口从属费用包括银行财务费、外贸手续费、进口关税、消费税、进口环节增值税等，进口车辆的还需缴纳车辆购置税。

1. 进口设备的交易价格

在国际贸易中，较为广泛使用的交易价格术语有FOB、CFR和CIF。

1）FOB（free on board）。意为装运港船上交货，也称为离岸价格。FOB术语是指当货物在指定的装运港越过船舷，卖方即完成交货义务。指定的装运港货物越过船舷时作为风险转移分界点，费用划分与风险转移的分界点相一致。

在FOB交货方式下，卖方的基本义务有：办理出口清关手续，自负风险和费用，领取出口许可证及其他官方文件；在约定的日期或期限内，在合同规定的装运港，按港口惯常的方式，把货物装上买方指定的船只，并及时通知买方；承担货物在装运港越过船舷之前的一切费用和风险；向买方提供商业发票和证明货物已交至船上的装运单据或具有同等效力的电子单证。买方的基本义务有：负责租船订舱，按时派船到合同约定的装运港接运货物，支付运费，并将船期、船名及装船地点及时通知卖方；负担货物在装运港越过船舷后的各种费用以及货物灭失或损坏的一切风险；负责获取进口许可证或其他官方文件，以及办理货物入境手续；受领卖方提供的各种单证，按合同规定支付货款。

2）CFR（cost and freight）。意为成本加运费，或称为运费在内价。CFR是指在装运港货物越过船舷卖方即完成交货，卖方必须支付将货物运至指定的目的港所需的运费和费用，但交货后货物灭失或损坏的风险，以及由于各种事件造成的任何额外费用，却由卖方转移到买方。与FOB价格相比，CFR的费用划分与风险转移的分界点是不一致的。

在CFR交货方式下，卖方的基本义务有：提供合同规定的货物；负责订立运输合同并租船订舱，在合同规定的装运港和规定的期限内，将货物装上船并及时通知买方，支付运至目的港的运费；负责办理出口清关手续，提供出口许可证或其他官方批准的文件；承担货物在装运港越过船舷之前的一切费用和风险；按合同规定提供正式有效的运输单据、发票或具有同等效力的电子单证。买方的基本义务有：承担货物在装运港越过船舷以后的一切风险及运输途中因遭遇风险所引起的额外费用；在合同规定的目的港受领货物，办理进口清关手续，交纳进口税；受领卖方提供的各种约定的单证，并按合同规定支付货款。

3）CIF（cost insurance and freight）。意为成本加保险费、运费，习惯称到岸价格。在CIF术语中，卖方除负有与CFR相同的义务外，还应办理货物在运输途中最低险别的海运保险并应支付保险费。如买方需要更高的保险险别，则需要与卖方明确地达成协议，或者自行作出额外的保险安排。除保险这项义务之外，买方的义务与CFR相同。

2. 进口设备到岸价的构成及计算

进口设备到岸价(CIF) = 离岸价格(FOB) + 国际运费 + 运输保险费

= 运费在内价(CFR) + 运输保险费

(1) 货价　一般指装运港船上交货价（FOB)。设备货价分为原币货价和人民币货价。原币货价一律折算为美元表示，人民币货价按原币货价乘以外汇市场美元兑换人民币汇率中间价确定。进口设备货价按有关生产厂商询价、报价、订货合同价计算。

(2) 国际运费　即从装运港（站）到达我国目的港（站）的运费。我国进口设备大部分采用海洋运输，小部分采用铁路运输，个别采用航空运输。进口设备国际运费计算公式为

国际运费(海、陆、空) = 原币货价(FOB) × 运费率

国际运费(海、陆、空) = 单位运价 × 运量

其中，运费率或单位运价参照有关部门或进出口公司的规定执行。

(3) 运输保险费　对外贸易货物运输保险是由保险人（保险公司）与被保险人（出口人或进口人）订立保险契约，在被保险人交付议定的保险费后，保险人根据保险契约的规定对货物在运输过程中发生的承保责任范围内的损失给予经济上的补偿。这是一种财产保险。计算公式为

$$\text{运输保险费} = \frac{\text{原币货价} + \text{国外运输}}{1 - \text{保险费率}} \times \text{保险费率}$$

其中，保险费率按保险公司规定的进口货物保险费率计算。

3. 进口从属费的构成及计算

进口从属费 = 银行财务费 + 外贸手续费 + 关税 + 消费税 + 进口环节增值税 + 车辆购置税

(1) 银行财务费　一般是指在国际贸易结算中，中国银行为进出口商提供金融结算服务所收取的费用，可按下式简化计算

银行财务费 = 离岸价格(FOB) × 人民币外汇汇率 × 银行财务费率

(2) 外贸手续费　指按对外经济贸易部规定的外贸手续费率计取的费用。外贸手续费率一般取 1.5%。计算公式为

外贸手续费 = 到岸价格(CIF) × 人民币外汇汇率 × 外贸手续费率

(3) 关税　由海关对进出国境或关境的货物和物品征收的一种税。计算公式为

关税 = 到岸价格(CIF) × 人民币外汇汇率 × 进口关税税率

到岸价格作为关税的计征基数时，通常又可称为关税完税价格。进口关税税率分为优惠和普通两种。优惠税率适用于与我国签订关税互惠条款的贸易条约或协定的国家的进口设备。普通税率适用于与我国未签订关税互惠条款的贸易条约或协定的国家的进口设备。进口关税税率按我国海关总署发布的进口关税税率计算。

(4) 消费税　仅对部分进口设备（如轿车、摩托车等）征收，一般计算公式为

$$\text{应纳消费税税额} = \frac{\text{到岸价格} \times \text{人民币外汇汇率} + \text{关税}}{1 - \text{消费税税率}} \times \text{消费税税率}$$

其中，消费税税率根据规定的税率计算。

(5) 进口环节增值税　它是对从事进口贸易的单位和个人，在进口商品报关进口后征

收的税种。我国增值税条例规定，进口应税产品均按组成计税价格和增值税税率直接计算应纳税额。即

进口环节增值税额=组成计税价格×增值税税率

组成计税价格=关税完税价格+关税+消费税

其中，增值税税率根据规定的税率计算。

（6）车辆购置税 进口车辆需缴纳进口车辆购置税。其公式为

进口车辆购置税=（关税完税价格+关税+消费税）×车辆购置税率

（三）设备运杂费的构成与计算

1. 设备运杂费的构成

设备运杂费通常由下列各项构成。

（1）运费和装卸费 国产设备由设备制造厂交货地点起至工地仓库（或施工组织设计指定的需要安装设备的堆放地点）止所发生的运费和装卸费；进口设备则由我国到岸港口或边境车站起至工地仓库（或施工组织设计指定的需安装设备的堆放地点）止所发生的运费和装卸费。

（2）包装费 在设备原价中没有包含的，为运输而进行的包装支出的各种费用。

（3）设备供销部门的手续费 按有关部门规定的统一费率计算。

（4）采购与仓库保管费 指采购、验收、保管和收发设备所发生的各种费用，包括设备采购人员、保管人员和管理人员的工资、工资附加费、办公费、差旅交通费，设备供应部门办公和仓库所占固定资产使用费、工具用具使用费、劳动保护费、检验试验费等。这些费用可按主管部门规定的采购与保管费费率计算。

2. 设备运杂费的计算

设备运杂费按设备原价乘以设备运杂费率计算，其公式为

设备运杂费=设备原价×设备运杂费率

其中，设备运杂费率按各部门及省、市有关规定计取。

二、工具、器具及生产家具购置费的构成及计算

工具、器具及生产家具购置费，是指新建或扩建项目初步设计规定的，保证初期正常生产必须购置的，未达到固定资产标准的设备、仪器、工卡模具、器具、生产家具和备品备件等的购置费用。一般以设备购置费为计算基数，按照部门或行业规定的工具、器具及生产家具费率计算。计算公式为

工具、器具及生产家具购置费=设备购置费×定额费率

第三节 建筑安装工程费用构成

一、建筑安装工程费用构成

依据《建筑安装工程费用项目组成》（建标［2013］44号）的规定，现行建筑安装

工程费用构成有两种划分方式，一是按照费用构成要素划分，由人工费、材料（包含工程设备）费、施工机具使用费、企业管理费、利润、规费和税金组成，其中人工费、材料费、施工机具使用费、企业管理费和利润包含在分部分项工程费、措施项目费、其他项目费中；二是按照工程造价形成划分，由分部分项工程费、措施项目费、其他项目费、规费、税金组成，分部分项工程费、措施项目费、其他项目费包含人工费、材料费、施工机具使用费、企业管理费和利润。其具体构成如图 3-2 所示。

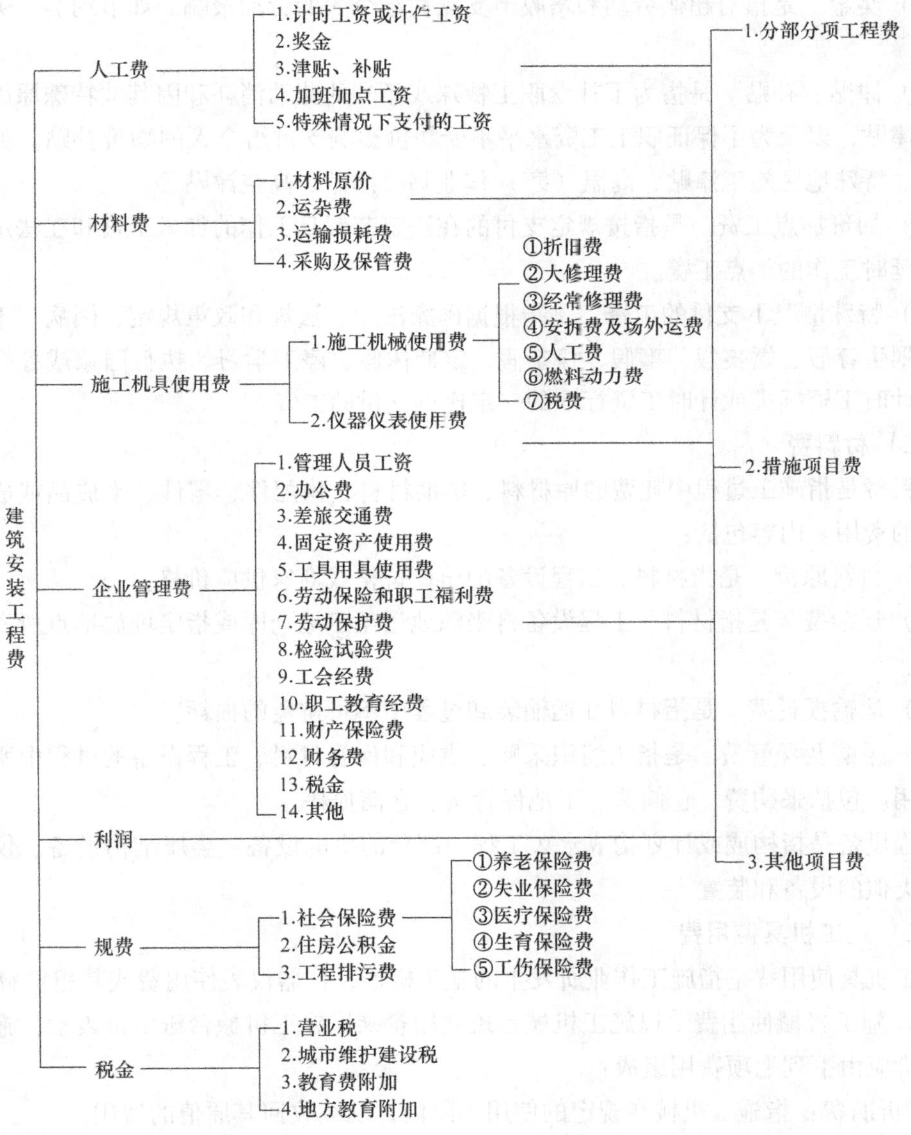

图 3-2　建筑安装工程费用的组成

二、按费用构成要素划分

建筑安装工程费按照费用构成要素划分，由人工费、材料（包含工程设备，下同）

费、施工机具使用费、企业管理费、利润、规费和税金组成。

（一）人工费

人工费是指按工资总额构成规定，支付从事建筑安装工程施工的生产工人和附属生产单位工人的各项费用。内容包括：

（1）计时工资或计件工资　是指按计时工资标准和工作时间或对已做工作按计件单价支付给个人的劳动报酬。

（2）奖金　是指对超额劳动和增收节支支付给个人的劳动报酬。如节约奖、劳动竞赛奖等。

（3）津贴、补贴　是指为了补偿职工特殊或额外的劳动消耗和因其他特殊原因支付给个人的津贴，以及为了保证职工工资水平不受物价影响支付给个人的物价补贴。如流动施工津贴、特殊地区施工津贴、高温（寒）作业临时津贴、高空津贴等。

（4）加班加点工资　是指按规定支付的在法定节假日工作的加班工资和在法定日工作时间外延时工作的加点工资。

（5）特殊情况下支付的工资　是指根据国家法律、法规和政策规定，因病、工伤、产假、计划生育假、婚丧假、事假、探亲假、定期休假、停工学习、执行国家或社会义务等原因按计时工资标准或计时工资标准的一定比例支付的工资。

（二）材料费

材料费是指施工过程中耗费的原材料、辅助材料、构配件、零件、半成品或成品、工程设备的费用。内容包括：

（1）材料原价　是指材料、工程设备的出厂价格或商家供应价格。

（2）运杂费　是指材料、工程设备自来源地运至工地仓库或指定堆放地点所发生的全部费用。

（3）运输损耗费　是指材料在运输装卸过程中不可避免的损耗。

（4）采购及保管费　是指为组织采购、供应和保管材料、工程设备的过程中所需要的各项费用。包括采购费、仓储费、工地保管费、仓储损耗。

工程设备是指构成或计划构成永久工程一部分的机电设备、金属结构设备、仪器装置及其他类似的设备和装置。

（三）施工机具使用费

施工机具使用费是指施工作业所发生的施工机械、仪器仪表使用费或其租赁费。

（1）施工机械使用费　以施工机械台班耗用量乘以施工机械台班单价表示，施工机械台班单价应由下列七项费用组成：

1）折旧费：指施工机械在规定的使用年限内，陆续收回其原值的费用。

2）大修理费：指施工机械按规定的大修理间隔台班进行必要的大修理，以恢复其正常功能所需的费用。

3）经常修理费：指施工机械除大修理以外的各级保养和临时故障排除所需的费用。包括为保障机械正常运转所需替换设备与随机配备工具附具的摊销和维护费用，机械运转中日常保养所需润滑与擦拭的材料费用及机械停滞期间的维护和保养费用等。

4）安拆费及场外运费：安拆费指施工机械（大型机械除外）在现场进行安装与拆卸所需的人工、材料、机械和试运转费用以及机械辅助设施的折旧、搭设、拆除等费用；场外运费指施工机械整体或分体自停放地点运至施工现场或由一施工地点运至另一施工地点的运输、装卸、辅助材料及架线等费用。

5）人工费：指机上司机（司炉）和其他操作人员的人工费。

6）燃料动力费：指施工机械在运转作业中所消耗的各种燃料及水、电等。

7）税费：指施工机械按照国家规定应缴纳的车船使用税、保险费及年检费等。

（2）仪器仪表使用费　是指工程施工所需使用的仪器仪表的摊销及维修费用。

（四）企业管理费

企业管理费是指建筑安装企业组织施工生产和经营管理所需的费用。内容包括：

（1）管理人员工资　是指按规定支付给管理人员的计时工资、奖金、津贴补贴、加班加点工资及特殊情况下支付的工资等。

（2）办公费　是指企业管理办公用的文具、纸张、账表、印刷、邮电、书报、办公软件、现场监控、会议、水电、烧水和集体取暖降温（包括现场临时宿舍取暖降温）等费用。

（3）差旅交通费　是指职工因公出差、调动工作的差旅费、住勤补助费，市内交通费和误餐补助费，职工探亲路费，劳动力招募费，职工退休、退职一次性路费，工伤人员就医路费，工地转移费以及管理部门使用的交通工具的油料、燃料等费用。

（4）固定资产使用费　是指管理和试验部门及附属生产单位使用的属于固定资产的房屋、设备、仪器等的折旧、大修、维修或租赁费。

（5）工具用具使用费　是指企业施工生产和管理使用的不属于固定资产的工具、器具、家具、交通工具和检验、试验、测绘、消防用具等的购置、维修和摊销费。

（6）劳动保险和职工福利费　是指由企业支付的职工退职金、按规定支付给离休干部的经费，集体福利费、夏季防暑降温、冬季取暖补贴、上下班交通补贴等。

（7）劳动保护费　是企业按规定发放的劳动保护用品的支出。如工作服、手套、防暑降温饮料以及在有碍身体健康的环境中施工的保健费用等。

（8）检验试验费　是指施工企业按照有关标准规定，对建筑以及材料、构件和建筑安装物进行一般鉴定、检查所发生的费用，包括自设试验室进行试验所耗用的材料等费用。不包括新结构、新材料的试验费，对构件做破坏性试验及其他特殊要求检验试验的费用和建设单位委托检测机构进行检测的费用，对此类检测发生的费用，由建设单位在工程建设其他费用中列支。但对施工企业提供的具有合格证明的材料进行检测不合格的，该检测费用由施工企业支付。

（9）工会经费　是指企业按《中华人民共和国工会法》规定的全部职工工资总额比例计提的工会经费。

（10）职工教育经费　是指按职工工资总额的规定比例计提，企业为职工进行专业技术和职业技能培训，专业技术人员继续教育、职工职业技能鉴定、职业资格认定以及根据需要对职工进行各类文化教育所发生的费用。

（11）财产保险费　是指施工管理用财产、车辆等的保险费用。

（12）财务费　是指企业为施工生产筹集资金或提供预付款担保、履约担保、职工工资支付担保等所发生的各种费用。

（13）税金　是指企业按规定缴纳的房产税、车船使用税、土地使用税、印花税等。

（14）其他　包括技术转让费、技术开发费、投标费、业务招待费、绿化费、广告费、公证费、法律顾问费、审计费、咨询费、保险费等。

（五）利润

利润是指施工企业完成所承包工程获得的盈利。

（六）规费

规费是指按国家法律、法规规定，由省级政府和省级有关权力部门规定必须缴纳或计取的费用。包括：

（1）社会保险费

1）养老保险费：是指企业按照规定标准为职工缴纳的基本养老保险费。

2）失业保险费：是指企业按照规定标准为职工缴纳的失业保险费。

3）医疗保险费：是指企业按照规定标准为职工缴纳的基本医疗保险费。

4）生育保险费：是指企业按照规定标准为职工缴纳的生育保险费。

5）工伤保险费：是指企业按照规定标准为职工缴纳的工伤保险费。

（2）住房公积金　是指企业按规定标准为职工缴纳的住房公积金。

（3）工程排污费　是指按规定缴纳的施工现场工程排污费。

其他应列而未列入的规费，按实际发生计取。

（七）税金

税金是指国家税法规定的应计入建筑安装工程造价内的营业税、城市维护建设税、教育费附加以及地方教育附加。

三、按造价形成划分

建筑安装工程费按照工程造价形成由分部分项工程费、措施项目费、其他项目费、规费、税金组成。

（一）分部分项工程费

分部分项工程费是指各专业工程的分部分项工程应予列支的各项费用。

（1）专业工程　是指按现行国家计量规范划分的房屋建筑与装饰工程、仿古建筑工程、通用安装工程、市政工程、园林绿化工程、矿山工程、构筑物工程、城市轨道交通工程、爆破工程等各类工程。

（2）分部分项工程　指按现行国家计量规范对各专业工程划分的项目。如房屋建筑与装饰工程划分的土石方工程、地基处理与桩基工程、砌筑工程、钢筋及钢筋混凝土工程等。

各类专业工程的分部分项工程划分见现行国家或行业计量规范。

（二）措施项目费

措施项目费是指为完成建设工程施工，发生于该工程施工前和施工过程中的技术、生活、安全、环境保护等方面的费用。内容包括：

（1）安全文明施工费

1）环境保护费：是指施工现场为达到环保部门要求所需要的各项费用。

2）文明施工费：是指施工现场文明施工所需要的各项费用。

3）安全施工费：是指施工现场安全施工所需要的各项费用。

4）临时设施费：是指施工企业为进行建设工程施工所必须搭设的生活和生产用的临时建筑物、构筑物和其他临时设施费用。包括临时设施的搭设、维修、拆除、清理费或摊销费等。

（2）夜间施工增加费　是指因夜间施工所发生的夜班补助费、夜间施工降效、夜间施工照明设备摊销及照明用电等费用。

（3）二次搬运费　是指因施工场地条件限制而发生的材料、构配件、半成品等一次运输不能到达堆放地点，必须进行二次或多次搬运所发生的费用。

（4）冬雨期施工增加费　是指在冬期或雨期施工需增加的临时设施、防滑、排除雨雪，人工及施工机械效率降低等费用。

（5）已完工程及设备保护费　是指竣工验收前，对已完工程及设备采取的必要保护措施所发生的费用。

（6）工程定位复测费　是指工程施工过程中进行全部施工测量放线和复测工作的费用。

（7）特殊地区施工增加费　是指工程在沙漠或其边缘地区、高海拔、高寒、原始森林等特殊地区施工增加的费用。

（8）大型机械设备进出场及安拆费　是指机械整体或分体自停放场地运至施工现场或由一个施工地点运至另一个施工地点，所发生的机械进出场运输及转移费用及机械在施工现场进行安装、拆卸所需的人工费、材料费、机械费、试运转费和安装所需的辅助设施的费用。

（9）脚手架工程费　是指施工需要的各种脚手架搭、拆、运输费用以及脚手架购置费的摊销（或租赁）费用。

措施项目及其包含的内容详见各类专业工程的现行国家或行业计量规范。

（三）其他项目费

（1）暂列金额　是指建设单位在工程量清单中暂定并包括在工程合同价款中的一笔款项。用于施工合同签订时尚未确定或者不可预见的所需材料、工程设备、服务的采购，施工中可能发生的工程变更、合同约定调整因素出现时的工程价款调整以及发生的索赔、现场签证确认等的费用。

（2）计日工　是指在施工过程中，施工企业完成建设单位提出的施工图以外的零星项目或工作所需的费用。

（3）总承包服务费　是指总承包人为配合、协调建设单位进行的专业工程发包，对建设单位自行采购的材料、工程设备等进行保管以及施工现场管理、竣工资料汇总整理等服务所需的费用。

（四）规费

定义同上。

（五）税金

定义同上。

第四节 工程建设其他费用组成

工程建设其他费用是指应在建设项目的建设投资中开支的，为保证工程建设顺利完成和交付使用后能够正常发挥效用而发生的固定资产其他费用、无形资产费用和其他资产费用。

一、固定资产其他费用

固定资产其他费用是固定资产费用的一部分。固定资产费用是指项目投产时将直接形成固定资产的建设投资，包括工程费用以及在工程建设其他费用中按规定将形成固定资产的费用，后者被称为固定资产其他费用。

（一）建设管理费

建设管理费是指建设单位从项目筹建开始直至工程竣工验收合格或交付使用为止发生的项目建设管理费用。

1. 建设管理费的内容

（1）建设单位管理费　是指建设单位发生的管理性质的开支。包括工作人员工资、工资性补贴、施工现场津贴、职工福利费、住房公基金、基本养老保险费、基本医疗保险费、失业保险费、工伤保险费、办公费、差旅交通费、劳动保护费、工具用具使用费、固定资产使用费、必要的办公及生活用品购置费、必要的通信设备及交通工具购置费、零星固定资产购置费、招募生产工人费、技术图书资料费、业务招待费、设计审查费、工程招标费、合同契约公证费、法律顾问费、咨询费、完工清理费、竣工验收费、印花税和其他管理性质开支。

（2）工程监理费　是指建设单位委托工程监理单位实施工程监理的费用。此项费用应按国家发改委与原建设部联合发布的《建设工程监理与相关服务收费管理规定》（发改价格［2007］670号）计算。依法必须实行监理的建设工程施工阶段的监理收费实行政府指导价；其他建设工程施工阶段的监理收费和其他阶段的监理与相关服务收费实行市场调节价。

2. 建设单位管理费的计算

建设单位管理费按照工程费用之和（包括设备工器具购置费和建筑安装工程费用）乘以建设单位管理费费率计算。

$$建设单位管理费 = 工程费用 \times 建设单位管理费费率$$

建设单位管理费费率按照建设项目的不同性质、不同规模确定。有的建设项目按照建设工期和规定的金额计算建设单位管理费。如采用监理，建设单位部分管理工作量转移至监理单位，监理费应根据委托的监理工作范围和监理深度在监理合同中商定或按当地或所属行业部门有关规定计算。如建设单位采用工程总承包方式，其总包管理费由建设单位与总包单位根据总包工作范围在合同中商定，从建设管理费中支出。

（二）建设用地费

任何一个建设项目都固定于一定地点与地面相连接，必须占用一定量的土地，也就必然要发生为获得建设用地而支付的费用，这就是土地使用费。它是指通过划拨方式取得土地使用权而支付的土地征用及迁移补偿费，或者通过土地使用权出让方式取得土地使用权而支付的土地使用权出让金。

1. 土地征用及迁移补偿费

土地征用及迁移补偿费是指建设项目通过划拨方式取得无限期的土地使用权，依照《中华人民共和国土地管理法》等规定所支付的费用。其总和一般不得超过被征用土地年产值的30倍，土地年产值则按该地被征用前三年的平均产量和国家规定的价格计算。其内容包括：

（1）土地补偿费　征用耕地（包括菜地）的补偿标准，按政府规定，为该耕地被征用前三年平均年产值的6～10倍，具体补偿标准由省、自治区、直辖市人民政府在此范围内制定。征用园地、鱼塘、藕塘、苇塘、宅基地、林地、牧场、草原等的补偿标准，由省、自治区、直辖市参照征用耕地的土地补偿费制定。征收无收益的土地不予补偿。土地补偿费归农村集体经济组织所有。

（2）青苗补偿费和被征用土地上的房屋、水井、树木等附着物补偿费　这些补偿费的标准由省、自治区、直辖市人民政府制定。征用城市郊区的菜地时，还应按照有关规定向国家缴纳新菜地开发建设基金。地上附着物及青苗补偿费归地上附着物及青苗的所有者所有。

（3）安置补助费　征用耕地、菜地的，其安置补助费按照需要安置的农业人口数计算。每一个需要安置的农业人口的安置补助费标准，为该耕地被征用前三年平均年产值的4～6倍。但是，每公顷被征用耕地的安置补助费，最高不得超过被征用前三年平均年产值的15倍。征用土地的安置补助费必须专款专用，不得挪作他用。需要安置的人员由农村集体经济组织安置的，安置补助费支付给农村集体经济组织，由农村集体经济组织管理和使用；由其他单位安置的，安置补助费支付给安置单位；不需要统一安置的，安置补助费发放给被安置人员个人或者征得被安置人员同意后用于支付被安置人员的保险费用。市、县和乡（镇）人民政府应当加强对安置补助费使用情况的监督。

（4）缴纳的耕地占用税或城镇土地使用税、土地登记费及征地管理费等　县市土地管理机关从征地费中提取土地管理费的比率，按征地工作量大小，视不同情况，在1%～4%幅度内提取。

（5）征地动迁费　包括征用土地上的房屋及附属构筑物、城市公共设施等拆除、迁建补偿费、搬迁运输费，企业单位因搬迁造成的减产、停工损失补贴费，拆迁管理费等。

（6）水利水电工程水库淹没处理补偿费　包括农村移民安置迁建费，城市迁建补偿费，库区工矿企业、交通、电力、通信、广播、管网、水利等的恢复、迁建补偿费，库底清理费，防护工程费，环境影响补偿费用等。

2. 土地使用权出让金

土地使用权出让金是指建设项目通过土地使用权出让方式，取得有限期的土地使用权，依照《中华人民共和国城镇国有土地使用权出让和转让暂行条例》规定支付的土地使用权出让金。

1）明确国家是城市土地的唯一所有者，并分层次、有偿、有限期地出让、转让城市土地。第一层次是城市政府将国有土地使用权出让给用地者，该层次由城市政府垄断经营。出让对象可以是有法人资格的企事业单位，也可以是外商。第二层次及以下层次的转让则发生在使用者之间。

2）城市土地的出让和转让可采用协议、招标、公开拍卖等方式。

①　协议方式是指由用地单位申请，经市政府批准同意后双方洽谈具体地块及地价。该方式适用于市政工程、公益事业用地以及需要减免地价的机关、部队用地和需要重点扶持、优先发展的产业用地。

②　招标方式是指在规定的期限内，由用地单位以书面形式投标，市政府根据投标报价、所提供的规划方案以及企业信誉综合考虑，择优而取。该方式适用于一般工程建设用地。

③　公开拍卖是指在指定的地点和时间，由申请用地者叫价应价，价高者得。这完全是由市场竞争决定，适用于盈利高的行业用地。

3）在有偿出让和转让土地时，政府对地价不作统一规定，但应坚持以下原则：

①　地价对目前的投资环境不产生大的影响。

②　地价与当地的社会经济承受能力相适应。

③　地价要考虑已投入的土地开发费用、土地市场供求关系、土地用途和使用年限。

4）关于政府有偿出让土地使用权的年限，各地可根据时间、区位等各种条件作不同的规定。根据《中华人民共和国城镇国有土地使用权出让和转让暂行条例》，土地使用权出让最高年限按下列用途确定：

①　居住用地70年。

②　工业用地50年。

③　教育、科技、文化、卫生、体育用地50年。

④　商业、旅游、娱乐用地40年。

⑤　综合或者其他用地50年。

5）土地有偿出让和转让，土地使用者和所有者要签约，明确使用者对土地享有的权利和对土地所有者应承担的义务。

①　有偿出让和转让使用权，要向土地受让者征收契税。

②　转让土地如有增值，要向转让者征收土地增值税。

③　在土地转让期间，国家要区别不同地段、不同用途向土地使用者收取土地占

用费。

（三）可行性研究费

可行性研究费是指在建设项目前期工作中，编制和评估项目建议书（或预可行性研究报告）、可行性研究报告所需的费用。此项费用应依据前期研究委托合同计列，或参照《国家计委关于印发<建设项目前期工作咨询收费暂行规定>的通知》（计价格［1999］1283号）规定计算。

（四）研究试验费

研究试验费是指为建设项目提供和验证设计参数、数据、资料等所进行必要的试验费用以及设计规定在施工中必须进行试验、验证所需费用。包括自行或委托其他部门研究试验所需人工费、材料费、试验设备及仪器使用费等。这项费用按照设计单位根据本工程项目的需要提出的研究试验内容和要求计算。计算时要注意不应包括以下项目：

1）应由科技三项费用（即新产品试制费、中间试验费和重要科学研究补助费）开支的项目。

2）应在建筑安装费用中列支的施工企业对建筑材料、构件和建筑物进行一般鉴定、检查所发生的费用及技术革新的研究试验费。

3）应由勘察设计费或工程费用中开支的项目。

（五）勘察设计费

勘察设计费是指委托勘察设计单位进行工程水文地质勘察、工程设计所发生的各项费用。包括工程勘察费、初步设计费（基础设计费）、施工图设计费（详细设计费）、设计模型制作费。此项费用应按《关于发布工程勘察设计收费管理规定的通知》（计价格［2002］10号）的规定计算。

（六）环境影响评价费

环境影响评价费是指按照《中华人民共和国环境保护法》《中华人民共和国环境影响评价法》等规定，为全面、详细评价本建设项目对环境可能产生的污染或造成的重大影响所需的费用。包括编制环境影响报告书（含大纲）、环境影响报告表以及对环境影响报告书（含大纲）、环境影响报告表进行评估等所需的费用。此项费用可参照《关于规范环境影响咨询收费有关问题的通知》（计价格［2002］125号）规定计算。

（七）劳动安全卫生评价费

劳动安全卫生评价费是指按照劳动部《建设项目（工程）劳动安全卫生监察规定》和《建设项目（工程）劳动安全卫生预评价管理办法》的规定，为预测和分析建设项目存在的职业危险、危害因素的种类和危险危害程度，并提出先进、科学、合理可行的劳动安全卫生技术和管理对策所需的费用。包括编制建设项目劳动安全卫生预评价大纲和劳动安全卫生预评价报告书以及为编制上述文件所进行的工程分析和环境现状调查等所需费用。必须进行劳动安全卫生预评价的项目包括：

1）属于《国家计划委员会、国家基本建设委员会、财政部关于基本建设项目和大中型划分标准的规定》中规定的大中型建设项目。

2）属于GB 50016—2006《建筑设计防火规范》中规定的火灾危险性生产类别为甲类

的建设项目。

3）属于劳动部颁布的《爆炸危险场所安全规定》中规定的爆炸危险场所等级为特别危险场所和高度危险场所的建设项目。

4）大量生产或使用GBZ 230—2010《职业性接触毒物危害程度分级》规定的Ⅰ级、Ⅱ级危害程度的职业性接触毒物的建设项目。

5）大量生产或使用石棉粉料或含有10%以上游离二氧化硅粉料的建设项目。

6）其他由劳动行政部门确认的危险、危害因素大的建设项目。

（八）场地准备及临时设施费

1. 场地准备及临时设施费的内容

1）建设项目场地准备费是指建设项目为达到工程开工条件进行的场地平整和对建设场地余留的有碍于施工建设的设施进行拆除清理的费用。

2）建设单位临时设施费是指为满足施工建设需要而提供到场地界区的、未列入工程费用的临时水、电、路、气、通信等其他工程费用和建设单位的现场临时建（构）筑物的搭设、维修、拆除、摊销或建设期间租赁费用，以及施工期间专用公路或桥梁的加固、养护、维修等费用。

2. 场地准备及临时设施费的计算

1）场地准备及临时设施应尽量与永久性工程统一考虑。建设场地的大型土石方工程应计入工程费用中的总图运输费用中。

2）新建项目的场地准备和临时设施费应根据实际工程量估算，或按工程费用的比例计算。改扩建项目一般只计拆除清理费。

场地准备和临时设施费 = 工程费用 × 费率 + 拆除清理费

3）发生拆除清理费时可按新建同类工程造价或主材料费、设备费的比例计算。凡可回收材料的拆除工程采用以料抵工方式冲抵拆除清理费。

4）此项费用不包括已列入建筑安装工程费用中的施工单位临时设施费用。

（九）引进技术和引进设备其他费

（1）引进项目图样资料翻译复制费、备品备件测绘费　可根据引进项目的具体情况计列或按引进货价（FOB）的比例估列。引进项目发生备品备件测绘费时按具体情况估列。

（2）出国人员费用　包括买方人员出国设计联络、出国考察、联合设计、监造、培训等所发生的旅费、生活费等。应依据合同或协议规定的出国人次、期限以及相应的费用标准计算。生活费按照财政部、外交部规定的现行标准计算，旅费按中国民航公布的票价计算。

（3）来华人员费用　包括卖方来华工程技术人员的现场办公费用、往返现场交通费用、接待费用等。应依据引进合同或协议有关条款及来华技术人员派遣计划进行计算。来华人员接待费用可按每人次费用指标计算。引进合同价款中已包括的费用内容不得重复计算。

（4）银行担保及承诺费　指引进项目由国内外金融机构出面承担风险和责任担保所发生的费用，以及支付贷款机构的承诺费用。应按担保或承诺协议计取。投资估算和概算编制时可以担保金额或承诺金额为基数乘以费率计算。

（十）工程保险费

工程保险费是指建设项目在建设期间根据需要对建筑工程、安装工程、机器设备和人身安全进行投保而发生的保险费用。包括建筑安装工程一切险、引进设备财产保险和人身意外伤害险等。

根据不同的工程类别，分别以其建筑、安装工程费乘以建筑、安装工程保险费率计算。民用建筑（住宅楼、综合性大楼、商场、旅馆、医院、学校）占建筑工程费的0.2%～0.4%；其他建筑（工业厂房、仓库、道路、码头、水坝、隧道、桥梁、管道等）占建筑工程费的0.3%～0.6%；安装工程（农业、工业、机械、电子、电气、纺织、矿山、石油、化学及钢铁工业、钢结构桥梁）占建筑工程费的0.3%～0.6%。

（十一）联合试运行费

联合试运行费是指新建项目或新增加生产能力的工程，在交付生产前按照批准的设计文件所规定的工程质量标准和技术要求，进行整个生产线或装置的负荷联合试运行或局部联动试车所发生的费用净支出（试运行支出大于收入的差额部分费用）。试运行支出包括试运行所需原材料、燃料及动力消耗，低值易耗品，其他物料消耗，工具用具使用费，机械使用费，保险金，施工单位参加试运行人员工资，以及专家指导费等；试运行收入包括试运行期间的产品销售收入和其他收入。联合试运行费不包括应由设备安装工程费用开支的调试及试车费用，以及在试运行中暴露出来的因施工原因或设备缺陷等发生的处理费用。

（十二）特殊设备安全监督检验费

特殊设备安全监督检验费是指在施工现场组装的锅炉及压力容器、压力管道、消防设备、燃气设备、电梯等特殊设备和设施，由安全监察部门按照有关安全监察条例和实施细则以及设计技术要求进行安全检验，应由建设项目支付的、向安全监察部门缴纳的费用。

此项费用按照建设项目所在省（自治区、直辖市）安全监察部门的规定标准计算。无具体规定的，在编制投资估算和概算时可按受检设备现场安装费的比例估算。

（十三）市政公用设施费

市政公用设施费是指使用市政公用设施的建设项目，按照项目所在地省一级人民政府有关规定建设或缴纳的市政公用设施建设配套费用，以及绿化工程补偿费用。此项费用按工程所在地人民政府规定标准计列。

二、无形资产费用

无形资产费用是指直接形成无形资产的建设投资，主要是指专利及专有技术使用费。

1. 专利及专有技术使用费的主要内容

1）国外设计及技术资料费，引进有效专利、专有技术使用费和技术保密费。

2）国内有效专利、专有技术使用费。

3）商标权、商誉和特许经营权费等。

2. 专利及专有技术使用费的计算

在专利及专有技术使用费计算时应注意以下问题：

1）按专利使用许可协议和专有技术使用合同的规定计列。

2）专有技术的界定应以省、部级鉴定批准为依据。

3）项目投资中只计需在建设期支付的专利及专有技术使用费。协议或合同规定在生产期支付的使用费应在生产成本中核算。

4）一次性支付的商标权、商誉及特许经营权费按协议或合同规定计列。协议或合同规定在生产期支付的商标权或特许经营权费应在生产成本中核算。

5）为项目配套的专用设施投资，包括专用铁路线、专用公路、专用通信设施、送变电站、地下管道、专用码头等，如由项目建设单位负责投资但产权不归属本单位的，应作无形资产处理。

三、其他资产费用

其他资产费用是指建设投资中除形成固定资产和无形资产以外的部分，主要包括生产准备及开办费等。

1. 生产准备及开办费的内容

生产准备及开办费是指建设项目为保证正常生产（或营业、使用）而发生的人员培训费、提前进厂费以及投产使用必备的生产办公、生活家具用具及工器具等购置费用。包括以下内容：

1）人员培训费及提前进厂费。包括自行组织培训或委托其他单位培训的人员工资、工资性补贴、职工福利费、差旅交通费、劳动保护费、学习资料费等。

2）为保证初期正常生产（或营业、使用）所必需的生产办公、生活家具用具购置费。

3）为保证初期正常生产（或营业、使用）必需的第一套不够固定资产标准的生产工具、器具、用具购置费。不包括备品备件费。

2. 生产准备及开办费的计算

1）新建项目按设计定员为基数计算，改扩建项目按新增设计定员为基数计算

生产准备费 = 设计定员 × 生产准备费指标（元/人）

2）可采用综合的生产准备费指标进行计算，也可以按费用内容的分类指标计算。

第五节　预备费和建设期利息

一、预备费

按我国现行规定，预备费包括基本预备费和涨价预备费。

（一）基本预备费

1. 基本预备费的内容

基本预备费是指针对在项目实施过程中可能发生难以预料的支出，需要事先预留的费用，又称工程建设不可预见费，主要指设计变更及施工过程中可能增加工程量的费用。基

本预备费一般由以下三部分构成：

1）在批准的初步设计范围内，技术设计、施工图设计及施工过程中所增加的工程费用；设计变更、工程变更、材料代用、局部地基处理等增加的费用。

2）一般自然灾害造成的损失和预防自然灾害所采取的措施费用。实行工程保险的工程项目，该费用应适当降低。

3）竣工验收时为鉴定工程质量对隐蔽工程进行必要的挖掘和修复费用。

2. 基本预备费的计算

基本预备费是按工程费用和工程建设其他费用两者之和为计取基础，乘以基本预备费费率进行计算。

基本预备费 =（工程费用 + 工程建设其他费用）× 基本预备费费率

基本预备费费率的取值应执行国家及部门的有关规定。

（二）涨价预备费

1. 涨价预备费的内容

涨价预备费是指针对建设项目在建设期间内由于材料、人工、设备等价格可能发生变化引起工程造价变化而事先预留的费用，也称为价格变动不可预见费。涨价预备费的内容包括人工、设备、材料、施工机械的价差费，建筑安装工程费及工程建设其他费用调整，利率、汇率调整等增加的费用。

2. 涨价预备费的测算方法

涨价预备费一般根据国家规定的投资综合价格指数，以估算年份价格水平的投资额为基数，采用复利方法计算。计算公式为

$$PF = \sum_{t=1}^{n} I_t[(1+f)^t - 1]$$

式中　PF——涨价预备费；

n——建设期年份数；

I_t——建设期中第 t 年的投资计划额，包括工程费用、工程建设其他费用及基本预备费，即第 t 年的静态投资；

f——年均投资价格上涨率。

【例 3-1】　某建设项目建安工程费 5000 万元，设备购置费 3000 万元，工程建设其他费用 2000 万元，已知基本预备费率 5%，项目建设前期年限为 1 年，建设期为 3 年，各年投资计划额为：第一年完成投资 20%，第二年 60%，第三年 20%。年均投资价格上涨率为 6%，求建设项目建设期间涨价预备费。

解： 基本预备费 =（5000 + 3000 + 2000）× 5% 万元 = 500 万元

静态投资 =（5000 + 3000 + 2000 + 500）万元 = 10500 万元

建设期第一年完成投资 = 10500 × 20% 万元 = 2100 万元

第一年涨价预备费 $PF_1 = I_1[(1+f) - 1] = 126$ 万元

第二年完成投资 = 10500 × 60% 万元 = 6300 万元

第二年涨价预备费 $PF_2 = I_2[(1+f)^2 - 1] = 778.68$ 万元

第三年完成投资 = 10500 × 20% 万元 = 2100 万元

第三年涨价预备费 $PF_3 = I_3[(1+f)^3 - 1] = 401.13$ 万元

所以，建设期的涨价预备费 $PF = (126 + 778.68 + 401.13)$ 万元 $= 1305.81$ 万元

二、建设期利息

建设期利息包括向国内银行和其他非银行金融机构贷款、出口信贷、外国政府贷款、国际商业银行贷款以及在境内外发行的债券等在建设期间应计的借款利息。

当总贷款是分年均衡发放时，建设期利息的计算可按当年借款在年中支用考虑，即当年贷款按半年计息，上年贷款按全年计息。计算公式为

$$q_j = \left(P_{j-1} + \frac{1}{2}A_j\right)i$$

式中　q_j——建设期第 j 年应计利息；

P_{j-1}——建设期第（$j-1$）年末累计贷款本金与利息之和；

A_j——建设期第 j 年贷款金额；

i——年利率。

国外贷款利息的计算中，还应包括国外贷款银行根据贷款协议向贷款方以年利率的方式收取的手续费、管理费、承诺费，以及国内代理机构经国家主管部门批准的以年利率的方式向贷款单位收取的转贷费、担保费、管理费等。

【例3-2】 某新建项目，建设期为3年，分年均衡进行贷款，第一年贷款300万元，第二年贷款600万元，第三年贷款400万元，年利率为12%，建设期内利息只计息不支付，试计算建设期利息。

解： 在建设期，各年利息计算如下。

$$q_1 = \frac{1}{2}A_1 i = \frac{1}{2} \times 300 \times 12\% \text{ 万元} = 18 \text{ 万元}$$

$$q_2 = \left(P_1 + \frac{1}{2}A_2\right)i = \left(300 + 18 + \frac{1}{2} \times 600\right) \times 12\% \text{ 万元} = 74.16 \text{ 万元}$$

$$q_3 = \left(P_2 + \frac{1}{2}A_3\right)i = \left(318 + 600 + 74.16 + \frac{1}{2} \times 400\right) \times 12\% \text{ 万元} = 143.06 \text{ 万元}$$

所以，建设期利息 $= q_1 + q_2 + q_3 = (18 + 74.16 + 143.06)$ 万元 $= 235.22$ 万元

第六节　建筑安装工程费用计算方法与计价程序

一、各费用按构成要素计算方法

（一）人工费

公式1：　　人工费 = ∑（工日消耗量 × 日工资单价）

$$\text{日工资单价} = \frac{\text{生产工人平均月工资（计时、计件）} + \text{平均月（奖金} + \text{津贴补贴} + \text{特殊情况下支付的工资）}}{\text{年平均每月法定工作日}}$$

注：公式1主要适用于施工企业投标报价时自主确定人工费，也是工程造价管理机构编制计价定额、确定定额人工单价或发布人工成本信息的参考依据。

公式2：　　　　人工费 = ∑（工程工日消耗量 × 日工资单价）

日工资单价是指施工企业平均技术熟练程度的生产工人在每工作日（国家法定工作时间内）按规定从事施工作业应得的日工资总额。

工程造价管理机构确定日工资单价应通过市场调查，根据工程项目的技术要求，参考实物工程量人工单价综合分析确定，最低日工资单价不得低于工程所在地人力资源和社会保障部门所发布的最低工资标准的：普工1.3倍、一般技工2倍、高级技工3倍。

工程计价定额不可只列一个综合工日单价，应根据工程项目技术要求和工种差别适当划分多种日人工单价，确保各分部工程人工费的合理构成。

注：公式2适用于工程造价管理机构编制计价定额时确定定额人工费，是施工企业投标报价的参考依据。

（二）材料费

1. 材料费

材料费 = ∑(材料消耗量 × 材料单价)

材料单价 = {(材料原价 + 运杂费) × [1 + 运输损耗率(%)]} × [1 + 采购保管费率(%)]

2. 工程设备费

工程设备费 = ∑(工程设备量 × 工程设备单价)

工程设备单价 = (设备原价 + 运杂费) × [1 + 采购保管费率(%)]

（三）施工机具使用费

1. 施工机械使用费

施工机械使用费 = ∑(施工机械台班消耗量 × 机械台班单价)

机械台班单价 = 台班折旧费 + 台班大修费 + 台班经常修理费 + 台班安拆费及场外运费 + 台班人工费 + 台班燃料动力费 + 台班车船税费

注：工程造价管理机构在确定计价定额中的施工机械使用费时，应根据《建筑施工机械台班费用计算规则》结合市场调查编制施工机械台班单价。施工企业可以参考工程造价管理机构发布的台班单价，自主确定施工机械使用费的报价，如租赁施工机械，公式为

施工机械使用费 = ∑(施工机械台班消耗量 × 机械台班租赁单价)

2. 仪器仪表使用费

仪器仪表使用费 = 工程使用的仪器仪表摊销费 + 维修费

（四）企业管理费

（1）以分部分项工程费为计算基础

$$企业管理费费率(\%) = \frac{生产工人年平均管理费}{年有效施工天数 \times 人工单价} \times 人工费占分部分项工程费比例(\%)$$

（2）以人工费和机械费合计为计算基础

$$企业管理费费率(\%)=\frac{生产工人年平均管理费}{年有效施工天数\times(人工单价+每一工日机械使用费)}\times100\%$$

(3) 以人工费为计算基础

$$企业管理费费率(\%)=\frac{生产工人年平均管理费}{年有效施工天数\times人工单价}\times100\%$$

注：上述公式适用于施工企业投标报价时自主确定管理费，是工程造价管理机构编制计价定额确定企业管理费的参考依据。

工程造价管理机构在确定计价定额中的企业管理费时，应以定额人工费或（定额人工费+定额机械费）作为计算基数，其费率根据历年工程造价积累的资料，辅以调查数据确定，列入分部分项工程和措施项目中。

（五）利润

1）施工企业根据企业自身需求并结合建筑市场实际自主确定，列入报价中。

2）工程造价管理机构在确定计价定额中的利润时，应以定额人工费或（定额人工费+定额机械费）作为计算基数，其费率根据历年工程造价积累的资料，并结合建筑市场实际确定，以单位（单项）工程测算，利润在税前建筑安装工程费的比重可按不低于5%且不高于7%的费率计算。利润应列入分部分项工程和措施项目中。

（六）规费

1. 社会保险费和住房公积金

社会保险费和住房公积金应以定额人工费为计算基础，根据工程所在地省、自治区、直辖市或行业建设主管部门规定费率计算。

$$社会保险费和住房公积金=\sum(工程定额人工费\times社会保险费和住房公积金费率)$$

式中，社会保险费和住房公积金费率可以每万元发承包价的生产工人人工费和管理人员工资含量与工程所在地规定的缴纳标准综合分析取定。

2. 工程排污费

工程排污费等其他应列而未列入的规费应按工程所在地环境保护等部门规定的标准缴纳，按实计取列入。

（七）税金

1. 税金计算公式

$$税金=税前造价\times综合税率(\%)$$

2. 综合税率

(1) 纳税地点在市区的企业

$$综合税率(\%)=\frac{1}{1-3\%-(3\%\times7\%)-(3\%\times3\%)-(3\%\times2\%)}-1=3.48\%$$

(2) 纳税地点在县城、镇的企业

$$综合税率(\%)=\frac{1}{1-3\%-(3\%\times5\%)-(3\%\times3\%)-(3\%\times2\%)}-1=3.41\%$$

(3) 纳税地点不在市区、县城、镇的企业

$$综合税率(\%)=\frac{1}{1-3\%-(3\%\times1\%)-(3\%\times3\%)-(3\%\times2\%)}-1=3.28\%$$

（4）实行营业税改增值税的，按纳税地点现行税率计算。

二、各费用按形成造价的计算方法

（一）分部分项工程费

$$分部分项工程费=\sum(分部分项工程量\times综合单价)$$

式中，综合单价包括人工费、材料费、施工机具使用费、企业管理费和利润以及一定范围的风险费用。

（二）措施项目费

1. 国家计量规范规定应予计量的措施项目

其计算公式为：　措施项目费 = ∑(措施项目工程量 × 综合单价)

2. 国家计量规范规定不宜计量的措施项目

计算方法如下。

（1）安全文明施工费

$$安全文明施工费=计算基数\times安全文明施工费费率(\%)$$

计算基数应为定额基价（定额分部分项工程费 + 定额中可以计量的措施项目费）、定额人工费或（定额人工费 + 定额机械费），其费率由工程造价管理机构根据各专业工程的特点综合确定。

（2）夜间施工增加费

$$夜间施工增加费=计算基数\times夜间施工增加费费率(\%)$$

（3）二次搬运费

$$二次搬运费=计算基数\times二次搬运费费率(\%)$$

（4）冬雨期施工增加费

$$冬雨期施工增加费=计算基数\times冬雨期施工增加费费率(\%)$$

（5）已完工程及设备保护费

$$已完工程及设备保护费=计算基数\times已完工程及设备保护费费率(\%)$$

上述（2）～（5）项措施项目的计费基数应为定额人工费或（定额人工费 + 定额机械费），其费率由工程造价管理机构根据各专业工程特点和调查资料综合分析后确定。

（三）其他项目费

1）暂列金额由建设单位根据工程特点，按有关计价规定估算，施工过程中由建设单位掌握使用、扣除合同价款调整后如有余额，归建设单位。

2）计日工由建设单位和施工企业按施工过程中的签证计价。

3）总承包服务费由建设单位在招标控制价中根据总包服务范围和有关计价规定编制，施工企业投标时自主报价，施工过程中按签约合同价执行。

（四）规费和税金

建设单位和施工企业均应按照省、自治区、直辖市或行业建设主管部门发布标准计算规费和税金，不得作为竞争性费用。

三、建筑安装工程计价程序

依据《建筑安装工程费用项目组成》（建标［2013］44号）的规定，建筑安装工程计价程序分三种情况，分别是建设单位工程招标控制价计价程序、施工企业工程投标报价计价程序和竣工结算计价程序，见表3-1～表3-3。

表3-1　建设单位工程招标控制价计价程序

工程名称：　　　　　　　　　　　　　　　标段：

序　号	内　　容	计 算 方 法	金额/元
1	分部分项工程费	按计价规定计算	
1.1			
1.2			
1.3			
1.4			
1.5			
2	措施项目费	按计价规定计算	
2.1	其中：安全文明施工费	按规定标准计算	
3	其他项目费		
3.1	其中：暂列金额	按计价规定估算	
3.2	其中：专业工程暂估价	按计价规定估算	
3.3	其中：计日工	按计价规定估算	
3.4	其中：总承包服务费	按计价规定估算	
4	规费	按规定标准计算	
5	税金（扣除不列入计税范围的工程设备金额）	(1+2+3+4)×规定税率	
招标控制价合计=1+2+3+4+5			

表3-2　施工企业工程投标报价计价程序

工程名称：　　　　　　　　　　　　　　　标段：

序　号	内　　容	计 算 方 法	金额/元
1	分部分项工程费	自主报价	
1.1			
1.2			
1.3			
1.4			

（续）

序　号	内　　容	计 算 方 法	金额/元
1.5			
2	措施项目费	自主报价	
2.1	其中：安全文明施工费	按规定标准计算	
3	其他项目费		
3.1	其中：暂列金额	按招标文件提供金额计列	
3.2	其中：专业工程暂估价	按招标文件提供金额计列	
3.3	其中：计日工	自主报价	
3.4	其中：总承包服务费	自主报价	
4	规费	按规定标准计算	
5	税金（扣除不列入计税范围的工程设备金额）	(1+2+3+4)×规定税率	
投标报价合计=1+2+3+4+5			

表3-3　竣工结算计价程序

工程名称：　　　　　　　　　　　　　　　　　标段：

序　号	汇 总 内 容	计 算 方 法	金额/元
1	分部分项工程费	按合同约定计算	
1.1			
1.2			
1.3			
1.4			
1.5			
2	措施项目	按合同约定计算	
2.1	其中：安全文明施工费	按规定标准计算	
3	其他项目		
3.1	其中：专业工程结算价	按合同约定计算	
3.2	其中：计日工	按计日工签证计算	
3.3	其中：总承包服务费	按合同约定计算	
3.4	索赔与现场签证	按发承包双方确认数额计算	
4	规费	按规定标准计算	
5	税金（扣除不列入计税范围的工程设备金额）	(1+2+3+4)×规定税率	
竣工结算总价合计=1+2+3+4+5			

第四章

设计概算

第一节　概　　述

一、设计概算的概念

设计概算是设计文件的重要组成部分，是在投资估算的控制下由设计单位根据初步设计（或技术设计）的图样及说明，利用国家或地区颁发的概算指标、概算定额、设备材料预算价格、工资标准、各项费用定额或取费标准（指标），以及建设地区自然、技术经济条件等资料，按照设计要求，编制和确定的建设项目从筹建至竣工交付使用所需的全部费用的技术经济文件。设计概算是在初步设计或技术设计阶段，根据设计要求对建设项目投资额度的概略计算，是投资估算的延伸和细化。设计概算投资应包括建设项目从立项、可行性研究、设计、施工、试运行到竣工验收等的全部建设资金。

采用两阶段设计的建设项目，初步设计阶段必须编制设计概算；采用三阶段设计的，技术设计阶段必须编制修正概算。

二、设计概算的内容

设计概算可分为三级概算，即单位工程概算、单项工程综合概算、建设项目总概算。编制时，由单位工程概算开始，汇总单位工程概算得出单项工程综合概算，最后形成建设项目总概算。所以，总概算反映了建设项目从筹建到竣工交付使用所需的全部建设费用。设计总概算经有关部门批准后，即为建设项目投资的最高限额。

建设项目总概算的组成内容见图4-1。

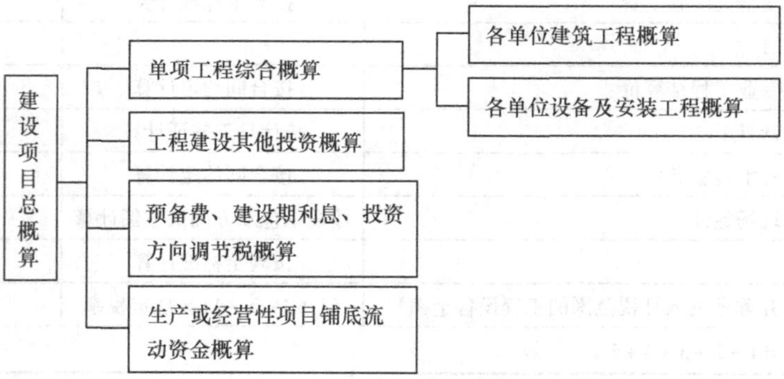

图4-1　建设项目总概算的组成内容

三、设计概算的作用

1）设计概算是编制投资计划、确定和控制建设项目投资的依据。国家规定，编制年度固定资产投资计划，确定计划投资总额及其构成数额，要以批准的初步设计概算为依据，没有批准的初步设计文件及其概算的建设工程不能列入年度固定资产投资计划。设计概算一经批准，将作为控制建设项目投资的最高限额。竣工结算不能突破施工图预算，施工图预算不能突破设计概算，如果由于设计变更等原因建设费用超过概算，必须重新审查批准。

2）设计概算是签订建设工程合同和贷款合同的依据。合同法中明确规定，建设工程合同价款是以设计概算为依据，且总承包合同不得超过设计总概算的投资额。银行贷款或各单项工程的拨款累计总额不能超过设计概算，如果项目投资计划所列支投资额与贷款突破设计概算，必须查明原因之后由建设单位报请上级主管部门调整或追加设计概算总投资，未批准前，银行对其超支部分拒不拨付。

3）设计概算是控制施工图设计和施工图预算的依据。

4）设计概算是衡量设计方案技术经济合理性和选择最佳设计方案的依据。

5）设计概算是考核建设项目投资效果的依据。通过设计概算与竣工决算对比，可以分析和考核投资效果的好坏，同时还可以验证设计概算的准确性，有利于加强设计概算管理和建设项目的造价管理工作。

四、设计概算编制依据

1）批准的可行性研究报告。

2）设计工程量。

3）项目涉及的概算指标或概算定额。

4）国家、行业和地方政府有关工程建设和造价管理的法律、法规或规定。

5）资金筹措方式。

6）正常的施工组织设计。

7）项目涉及的设备材料供应及价格。

8）项目的管理（含监理）、施工条件。

9）项目所在地区有关的气候、水文、地质地貌等自然条件。

10）项目所在地区有关的经济、人文等社会条件。

11）项目的技术复杂程度，以及新技术、专利使用情况等。

12）有关文件、合同、协议等。

第二节 设计概算编制

设计概算文件的编制形式主要有三级编制（总概算、综合概算、单位工程概算）和二级编制（总概算、单位工程概算）两种，具体选择哪种形式由建设项目的功能、规模、独立性程度等因素决定。

一、单位工程概算的编制

单位工程概算是确定单位工程建设费用的文件，是编制单项工程综合概算的依据，是单项工程综合概算的组成部分。单位工程概算投资由人工费、材料费、施工机具使用费、企业管理费、利润、规费和税金组成。

单位工程概算分为建筑工程概算和设备及安装工程概算两大类。建筑工程概算的编制方法有概算定额法、概算指标法、类似工程预算法等；设备及安装工程概算的编制方法有预算单价法、扩大单价法、设备价值百分比法和综合吨位指标法等。

（一）建筑工程概算

建筑工程概算编制方法主要有三种。

1. 概算定额法

概算定额法又称扩大单价法或扩大结构定额法，是采用概算定额编制建筑工程概算的方法，类似于采用预算定额编制工程预算。它是根据初步设计图样资料和概算定额的项目划分计算出工程量，然后套用概算定额单价（基价），计算汇总后，再计取有关费用，便可得出单位工程概算造价。

当初步设计或扩大初步设计达到一定深度，建筑结构比较明确，能按照初步设计的平面、立面、剖面图样计算出楼地面、墙身、门窗和屋面等分部工程（或扩大结构构件）项目的工程量时，才可采用概算定额法。

概算定额法编制设计概算的步骤：

1）根据初步设计图样和说明书，按概算定额中划分的项目列出单位工程中分项工程或扩大分项工程的项目名称，并计算其工程量。工程量的计算，应根据定额中规定的各个分项或扩大分项工程的工程内容，遵守定额中规定的计量单位、工程量计算规则及方法来进行。

2）用算出的扩大分项工程的工程量，乘以套用的概算定额单价，计算出人工费、材料费、施工机械使用费三者费用之和（单位工程直接工程费）。有些无法直接计算工程量的零星工程，如散水、台阶、厕所、蹲台等，可根据概算定额的规定，按主要工程费用的百分比（一般为5%～8%）计算。概算定额单价计算公式为

$$\begin{aligned}\text{概算定额单价} &= \text{概算定额单位材料费} + \text{概算定额单位人工费} + \\ &\quad \text{概算定额单位施工机械使用费} \\ &= \sum(\text{概算定额中材料消耗量} \times \text{材料预算价格}) + \\ &\quad \sum(\text{概算定额中人工消耗量} \times \text{人工工资单价}) + \\ &\quad \sum(\text{概算定额中施工机械台班消耗量} \times \text{机械台班单价})\end{aligned}$$

3）根据有关规定、取费标准计算企业管理费、利润、规费和税金。

4）将上述各项费用加在一起，其和为建筑工程概算造价。

5）将概算造价除以建筑面积，可求出有关技术经济指标。

采用概算定额法编制建筑工程概算比较准确，但计算比较繁琐。只有具备一定的设计基本知识，熟悉概算定额，才能弄清分部分项的扩大综合内容，才能正确地计算扩大分部分项的工程量。同时在套用概算定额单价时，如果所在地区的工资标准及材料预算价格与

概算定额不一致，则需要重新编制概算定额单价或测定系数加以调整。

2. 概算指标法

概算指标法是采用拟建建筑物（如厂房、住宅）的建筑面积（或体积）乘以技术条件相同或基本相同工程的概算指标得出人工费、材料费和施工机具使用费，然后按规定计算出企业管理费、规费、利润和税金，编制出单位工程概算的方法。

当初步设计深度不够，不能准确地计算工程量，但工程采用的技术比较成熟而又有类似概算指标可以利用时，可采用概算指标法来编制概算。

1）当设计对象在结构特征、地质及自然条件上与概算指标完全相同，如基础埋深及形式、层高、墙体、楼板等主要承重构件相同，就可直接套用概算指标编制概算。

概算指标计算公式如下：

$1000m^3$ 建筑物体积的人工费＝指标规定的人工工日数×本地区日工资单价

$1000m^3$ 建筑物体积的主要材料费＝∑(指标规定的主要材料数量×相应的地区材料预算价格)

$1000m^3$ 建筑物体积的其他材料费＝∑(主要材料费×其他材料费占主要材料费的百分比)

$1000m^3$ 建筑物体积的机械使用费＝∑(人工费＋主要材料费＋其他材料费)×机械使用费百分比

每 m^3 建筑体积的人工费、材料费和施工机具使用费＝(人工费＋主要材料费＋其他材料费＋施工机具使用费)÷1000

每 m^3 建筑体积的概算单价＝人工费、材料费和施工机具使用费＋利润＋规费＋税金

单位工程概算造价＝设计对象的建筑体积×每 m^3 建筑体积的概算单价

2）由于拟建工程（设计对象）往往与类似工程的概算指标的技术条件不尽相同，而且概算指标编制年份的设备、材料、人工等价格与拟建工程当时当地的价格也不会一样。因此，必须对其进行调整。

① 当设计对象的结构特征与某个概算指标有局部差异时，则需要对该概算指标进行修正，然后用修正后的概算指标进行计算。

第一种修正，修正概算单价

结构变化修正概算指标(元/m^2)＝原概算指标＋换入新结构含量×换入新结构的单价－换出旧结构含量×换出旧结构单价

第二种修正，修正指标中工料机数量

结构变化修正概算指标的工、料、机数量＝原概算指标工、料、机数量＋换入结构构件工程量×相应定额工、料、机数量－换出结构件工程量×相应定额工、料、机数量

【例 4-1】 某市一栋普通办公楼为框架结构 $3000m^2$，建筑工程人工费、材料费和施工机具使用费为 400 元/m^2，其中毛石基础为 40 元/m^2。现在拟建一栋办公楼 $5000m^2$，基础为钢筋混凝土带形基础，55 元/m^2，其他结构相同。求该拟建新办公楼建筑工程人工费、材料费和施工机具使用费造价。

解： 调整后的概算指标＝(400－40＋55)元/m^2＝415 元/m^2

拟建新办公楼人工费、材料费和施工机具使用费 = 5000 × 415 元 = 2075000 元

然后在人工费、材料费和施工机具使用费的基础上，计算企业管理费、利润、规费及税金，汇总后便得出新建办公楼的建筑工程造价。

② 设备、人工、材料、机械台班费用的调整

设备、人工、材料、机械修正概算费用 = 原概算指标的设备、人工、材料、机械费用 +
∑(换入设备、人工、材料、机械数量 × 拟建地区相应单价) −
∑(换出设备、人工、材料、机械数量 × 原概算指标相应单价)

【例 4-2】 某拟建砖混结构住宅工程，建筑面积 $3420m^2$，结构形式与已建成的某工程相同，只有外墙保温贴面不同，其他部分较为接近。已建类似工程外墙为珍珠岩板保温、水泥砂浆抹面，每平方米建筑面积消耗量分别为 $0.044m^3$、$0.842m^2$；珍珠岩板 153.1 元/m^3，水泥砂浆 8.95 元/m^2。拟建工程外墙为加气混凝土保温、外贴釉面砖，每平方米建筑面积消耗量分别为 $0.08m^3$、$0.82m^2$，加气混凝土现行价格 185.48 元/m^3，贴釉面砖现行价格 49.75 元/m^2。求结构变化引起的人工费、材料费和施工机具使用费差异额。

解： 结构变化差异额 = [0.08 × 185.48 + 0.82 × 49.75 − (0.044 × 153.1 + 0.842 × 8.95)] 元/m^2 = 41.36 元/m^2

3. 类似工程预算法

类似工程预算法是利用技术条件与设计对象相类似的已完工程或在建工程的工程预算资料求出单位工程的概算指标，再按概算指标法编制拟建工程设计概算的方法。当工程设计对象与已建或在建工程相类似，结构特征基本相同，或者概算定额和概算指标不全，可以采用这种方法。但是必须对建筑结构差异和价差进行调整。建筑结构差异调整的方法与概算指标法的调整方法相同；类似工程造价的价差调整常用的两种方法是：

1）类似工程造价资料有具体的人工费、材料费、机械台班的用量时，可按类似工程预算资料中的主要材料用量、工日数量、机械台班用量乘以拟建工程所在地的主要材料预算价格、人工单价、机械台班单价，计算出人工费、材料费和施工机具使用费，再按当地取费标准计取其他各项费用，即可得出所需的造价指标。

2）类似工程预算资料只有人工费、材料费、施工机具使用费、企业管理费和利润、其他费用时，须编制修正系数。计算修正系数时，先求类似预算的人工费、材料费、施工机具使用费、企业管理费和利润、其他费用在全部价值中所占比重，然后分别求其修正系数，最后求出总的修正系数。用总修正系数乘以类似预算的价值，就可以得到概算价值。修正调整公式如下

$$D = AK$$

$$K = aK_1 + bK_2 + cK_3 + dK_4 + eK_5$$

式中 D——拟建工程单方概算造价；

A——类似工程单方预算造价；

K——综合调整系数；

a、b、c、d、e——类似工程预算的人工费、材料费、施工机具使用费、企业管理费和利润。其他费用占预算造价的比重（%）；

K_1、K_2、K_3、K_4、K_5——拟建工程地区与类似工程预算造价在人工费、材料费、施工机具使用费、企业管理费和利润。其他费用之间的差异系数。

【例4-3】 某拟建砖混结构住宅工程，建筑面积3420m²，结构形式与已建成的某工程相同，只有外墙保温贴面不同，其他部分较为接近，结构差异引起的人工费、材料费、施工机具使用费差异额为41.36元/m²。若已知类似工程单方造价698.28元/m²，其中，人工费、材料费、施工机具使用费、企业管理费和利润、其他费用占单方造价比例分别为：11%、62%、6%、9%和12%。拟建工程与类似工程预算造价在这几方面的差异系数分别为：2.01、1.06、1.92、1.02和0.87，拟建工程除人工费、材料费、施工机具使用费以外费用的综合取费为20%。试应用类似工程预算法确定拟建工程的单位工程概算造价。

解： 综合差异系数 $K = 11\% \times 2.01 + 62\% \times 1.06 + 6\% \times 1.92 + 9\% \times 1.02 + 12\% \times 0.87 = 1.19$

拟建工程概算指标 = 类似工程单方造价 × K = (698.28 × 1.19)元/m² = 830.95元/m²

修正概算指标 = [830.95 + 41.36 × (1 + 20%)]元/m² = 880.59元/m²

拟建工程概算造价 = 拟建工程建筑面积 × 修正概算指标

= (3420 × 880.59)元 = 3011617.80元 = 301.16万元

（二）设备及安装工程概算

设备及安装工程概算费用由设备购置费和安装工程费组成。其中设备购置费由设备原价和运杂费组成，其概算的编制方法主要是估价指标法；安装工程概算的编制方法有预算单价法、扩大单价法、设备价值百分比法和综合吨位指标法等。

1. 设备购置费概算

设备购置费是根据初步设计的设备清单计算出设备原价，并汇总求出设备总原价，然后按有关规定的设备运杂费率乘以设备总原价，两项相加即为设备购置费概算。其计算式为

设备购置费概算 = ∑(设备清单中的设备数量 × 设备原价) × (1 + 运杂费率)

或　　设备购置费概算 = ∑(设备清单中的设备数量 × 设备预算价格)

国产标准设备原价可根据设备型号、规格、性能、材质、数量及附带的配件，向制造厂家询价或向设备、材料信息部门查询或按主管部门规定的现行价格逐项计算。非主要标准设备和工器具、生产家具的原价可按主要标准设备原价的百分比计算，百分比指标按主管部门或地区有关规定执行。

国产非标准设备原价在设计概算时可按下列两种方法确定：

1）非标准设备台（件）估价指标法。根据非标准设备的类别、质量、性能、材质等情况，以每台设备规定的估价指标计算，单位为元/台，即

非标准设备原价 = 设备台数 × 每台设备估价指标

2）非标准设备吨重估价指标法。根据非标准设备的类别、性能、质量、材质等情况，以某类设备所规定吨重估价指标计算，单位为元/t，即

非标准设备原价 = 设备吨重 × 每吨重设备估价指标

设备运杂费可按有关规定的运杂费率计算，即

设备运杂费 = 设备原价 × 运杂费率

2. 设备安装工程概算的编制

1）预算单价法。当初步设计较深，有详细的设备清单时，可直接按安装工程预算定额单价编制设备安装工程概算，概算程序基本同于安装工程施工图预算。

2）扩大单价法。当初步设计深度不够，设备清单不完备，只有主体设备或仅有成套设备质量时，可采用主体设备、成套设备的综合扩大安装单价来编制概算。

3）设备价值百分比法，又称安装设备百分比法。当初步设计深度不够，只有设备出厂价而无详细规格、质量时，安装费可按占设备费的百分比计算，即

设备安装费 = 设备原价 × 安装费率

其百分比值（即安装费率）由主管部门制定或由设计单位根据已完类似工程确定。该方法常用于价格波动不大的定型产品和通用设备产品。

4）综合吨位指标法。当初步设计提供的设备清单有规格和设备质量时，可采用综合吨位指标编制概算，即

设备安装费 = 设备吨重 × 每吨设备安装费指标

其综合吨位指标由主管部门或由设计单位根据已完类似工程资料确定。该方法常用于设备价格波动较大的非标准设备和引进设备的安装工程概算。

二、单项工程综合概算的编制

单项工程综合概算是以各个单位工程概算为基础来编制的。根据建设项目中所包含的单项工程的个数的不同，单项工程综合概算的内容也不相同。当建设项目只有一个单项工程时，单项工程综合概算还应包括工程建设其他费用、预备费、投资方向调节税、建设期利息等。当建设项目包括多个单项工程时，这部分费用列入项目总概算中，不再列入单项工程综合概算中。

单项工程综合概算文件一般包括编制说明（不编制总概算时列入）和综合概算表。

1）编制说明。主要包括编制依据、编制方法、主要设备和材料的数量、其他有关问题。

2）综合概算表。综合概算表根据单项工程所辖范围内的各单位工程概算等基础资料，按照统一表格进行编制。

三、建设项目总概算的编制

建设项目总概算是设计文件的重要组成部分，是确定整个建设项目从筹建到竣工交付使用所预计花费的全部费用的文件。它是由各单项工程综合概算、工程建设其他费用、预备费、固定资产投资方向调节税等和经营性项目的铺底流动资金，按照主管部门规定的统一表格进行编制而成的。

三级编制（总概算、综合概算、单位工程概算）形式设计概算文件的组成有：封面、签署页及目录、编制说明、总概算表、其他费用表、综合概算表、单位工程概算表、补充单位估价表等。二级编制（总概算、单位工程概算）形式设计概算文件的组成有：封面、签署页及目录、编制说明、总概算表、其他费用表、单位工程概算表、补充单位估价表等。

第五章

建筑工程施工图预算

第一节 概 述

建筑工程施工图预算的编制就是根据经过会审的施工图和既定的施工方案，按照全国统一建筑工程基础定额和省、市、自治区颁发的消耗量定额，计算工程分部、分项工程量，并在此基础上逐项套用相应的预算单价，计算人工费、材料费和施工机具使用费，进行工料分析并汇总单位工程用工用料的数量，再根据地区费用定额计算企业管理费、利润、规费和税金等，最后得到单位工程总造价和单方造价。施工图预算书的内容包括封面、编制说明、工程预算表、工程费用计算表、工料汇总表等。

一、施工图预算的编制内容

施工图预算是根据施工图设计要求所计算的工程量、施工组织设计、现行建筑工程预算定额和费用定额、建筑材料预算价格及国家有关的其他取费规定，进行计算和编制的单位工程建设费用文件。主要内容有：

1）分项工程工程量。反映分部、分项工程的名称、部位、单位、计算式及工程量。通过列表计算。

2）分项工程合价及由此计算的单位工程人工费、材料费和施工机具使用费。列表反映出定额编号、项目名称、工程量、计量单位、单价及合价。

3）按规定费率计算各项施工取费，包括企业管理费、利润、规费、税金等。

4）工料分析及汇总，确定人工、材料和机械台班消耗量。

二、施工图预算的作用

施工图预算的作用主要有：

1）施工图预算是确定建筑工程造价的依据。可以作为建设单位招标的“标底”和建筑施工企业投标“报价”的参考。

2）施工图预算是实行建筑工程预算包干的依据。目前大力推行的招标投标承包制和预算加系数包干的承包方法（系数考虑设计或施工变更后可能发生的不可预见性费用），这些方法是以施工图预算为基础，由建设单位与施工单位通过协商签订施工合同。

3）施工图预算是进行工程建设投资管理的具体文件，是国家控制基建投资和确定施工单位收入的依据，也是加强施工企业经营管理、搞好企业经济核算的基础。

4）施工图预算是办理工程价款结算的依据。施工图预算较概算更为具体详细，也作为国家对工程建设投资进行分配、管理、核算和监督的主要依据。

5）施工图预算是施工单位进行施工准备、安排调配施工力量、组织材料供应的依据。

6）施工图预算是施工单位实行经济核算、进行“两算”对比、考核工程财务的依据。

三、施工图预算的编制依据

1）施工图及说明。施工图是编制施工图预算的重要资料，它包括附图文字说明、有关通用图集和标准图集，表明工程具体内容、结构尺寸、技术标准等。施工图必须经过建设、设计、施工、监理单位共同进行会审确定后，才能着手编制施工图预算。

2）施工组织设计或施工方案。施工组织设计是确定单位工程进度计划、施工方法或主要技术措施以及施工现场平面布置等内容的文件。这些都直接影响计算工程量和选套预算单价。

3）现行预算定额、地区材料市场价格、人工工资标准、施工机械台班费用定额、取费定额和其他有关费用标准。

4）预算工作手册及有关工具书。预算工作手册是将常用数据（如各种构件工程量及材料质量等）、计算公式和系数等资料汇编成一本工具性资料，可供计算工程量和进行工料分析时参考。

5）工程承包协议或招标文件。它明确了施工单位承包的工程范围，应承担和具有的责任、权利和义务。

6）施工现场勘察及测量资料。

四、施工图预算的编制原则

施工图预算是建设单位控制单项工程造价的重要依据，也是施工企业及建设单位实现工程价款结算的重要依据。施工图预算的编制工作是一项细致而繁琐的工作，它既有很强的技术性，又有很强的政策性和时效性，因此编制施工图预算必须遵循以下原则：

1）认真贯彻执行国家及各省、市、地区现行的各项政策、法规及各项具体规定和有关调整变更通知。

2）实事求是地计算工程量及工程造价，做到既不高估、冒算，又不漏算、少算。

3）充分了解工程情况及施工现场情况，做到工程量计算准确，定额套用合理。

第二节　单位工程施工图预算编制程序和方法

目前，建筑工程施工图预算多由施工单位负责编制。当编制条件具备后，按照一定的编制程序和编制方法，在规定的时间内以单位工程为对象进行编制。其编制方法常采用单价法和实物法。

单价法是指首先算出分项工程量，然后根据地区统一预算定额中的各项定额单价，乘以相应的各分项工程的工程量，汇总相加得到单位工程的人工费、材料费、施工机械使用费之和；再加上按规定程序计算出来的措施项目费、企业管理费、利润、规费和税金，便可得出单位工程的施工图预算造价。

实物法是指首先根据图样计算出分项工程量，然后套用相应预算人工、材料、机械台班的定额用量，再分别乘以工程所在地当时的人工、材料、机械台班的实际单价，求出单位工程的人工费、材料费、施工机械使用费，并汇总求和，然后再按规定计取其他各项费用，汇总后就可得出单位工程的施工图预算造价。

从这两种方法的概念可以看出，两者编制步骤中的首尾步骤是相同的，最大区别在于中间的步骤，也就是计算人工费、材料费、施工机械使用费及汇总三者费用之和的方法不同。其具体编制步骤如下。

一、熟悉施工图

施工图是编制工程预算的基本依据，因此，预算人员应首先熟悉图样。对建筑物造型、平面布置、结构类型、应用材料以及图注尺寸、说明及其构配件的选用等方面的熟悉程度，将直接影响到能否准、全、快地进行预算编制工作。

图样熟悉要点：

1）熟悉施工平面图，了解设计意图。

2）熟悉单位工程施工图及设计说明书。

土建施工图一般分为建筑图和结构图。建筑图包括平面、立面、剖面图及建筑详图等，是关于建筑物的形式、大小、构造、应用材料等方面的图样；结构图一般包括基础平面图、楼层和屋面结构布置图，梁、板、柱、楼梯大样图等，是关于承重结构部分设计和用料尺寸等方面的图样。

熟悉施工图，了解施工图是否齐全清楚，结构、建筑、设备等施工图本身及相互之间是否有矛盾和错误，图样与说明之间是否一致，平、立、剖面图是否相符，还要了解各部位构造要求和具体做法，进一步分析施工的可能性。

3）熟悉详图及有关标准图集。

4）熟悉设计变更。只有对施工图较全面详细了解之后，才能对施工图中的疑难问题、矛盾向设计单位提出质疑或合理建议，使设计更加合理化，同时也才能结合预算定额项目划分原则，正确而全面地分析确定该工程中各分部分项工程项目。

二、了解现场情况

为了预算能够更准确地反映实际情况，必须了解现场施工条件、施工方法、技术组织措施、施工设备、材料供应等情况。主要有以下几个方面：

1）了解施工现场工程地质、自然地形和最高、最低地下水位情况。

2）了解材料及半成品的供应地点及运距。

3）了解工程施工方案及工程开、竣工时间及季节性施工情况。

如预算人员了解了现场地址情况、周围环境、土壤类别、土方采用机械或人工挖土、余土或缺土的处理等，就能确定出建筑物的标高，挖、填、运的土方量和相应的施工方法，以便能正确地确定工程项目的单价，从而得到正确的施工图预算结果。

三、熟悉预算定额和施工组织设计资料

预算定额是编制工程预算的基础资料和主要依据。因为建筑工程中的分部、分项工程项目的单位预算价值和人工、材料、机械台班使用消耗量，都需要依据预算定额来确定。因此，在编制预算之前，必须熟悉预算定额的内容、形式和使用方法。

预算定额在使用中，除应了解它的分部说明、分项的工程内容和附注说明外，在具体应用时尚应注意以下几点：

1）项目的套用。总的要求是根据施工图、设计及施工说明，正确地选定套用项目，做到不漏算和不多算。其基本原则是工程项目的内容要与套用的定额项目相符。

2）计量单位。选定项目之后，要注意定额规定的工程项目的计量单位。一般工程量的计量单位为m^3、m^2、m、t、个等，计算面积则分为建筑面积、投影面积和展开面积等。

3）关于“以内”与“以外”，“以上”与“以下”的区别。预算定额中注有“××以内”或“××以下”者，均包括“××”本身；注有“××以外”或“××以上”者，则不包括“××”本身。

四、列出工程项目

在熟悉图样的基础上，可根据建筑工程预算定额上所列的工程项目，列出需编制的预算工程项目，如果定额上没有列出图样上表示的项目，则往往需要补充该项目。对初学者，应首先按照定额分部分项工程项目的顺序进行排列，否则容易出现漏项。

五、计算工程量

工程量计算是一项工作量大、繁重而细致的工作。作为编制预算的原始数据，它的计算精度直接影响到预算的质量，计算快慢直接影响到预算的速度。因此，在计算工程量时，不仅要求认真、细致、及时和准确，而且要按一定的计算规则和顺序进行，避免和防止产生漏算和重算等现象的发生，同时也便于校对和审核。计算工程量时应注意以下几点：

1）按定额分部、分项工程顺序计算。

2）计算时注明计算构件的部位，写上计算式。

3）工程量计算的尾数，m^3、m^2、m可取小数点后两位，t可取小数点后三位，台（套或件等）取整数，两位或三位小数后的位数按四舍五入法取舍。

4）计算工程量的单位应和预算定额上规定的定额单位相一致。

六、确定单位工程人工费、材料费、施工机具使用费

1）单价法。工程量计算完毕并核对无误后，用所得到的分部分项工程量套用预算定

额中相应的定额单价，相乘后相加汇总，便可求出单位工程的人工费、材料费、施工机具使用费。

2）实物法。工程量计算完毕并核对无误后，用所得到的分部分项工程量套用预算定额中相应的人工、材料、机械台班定额用量，然后统计各分项工程人工、材料、机械台班消耗数量并汇总单位工程所需各类人工工日、材料和机械台班的消耗量。用当时当地的各类人工、材料和机械台班的实际预算单价分别乘以相应的人工、材料、机械台班的单价并汇总，便可求出单位工程的人工费、材料费、施工机具使用费。

七、计算其他各项费用和汇总造价

按照建筑安装单位工程造价构成所规定费用项目的费率及计费基础，分别计算出企业管理费、规费、利润和税金。对于单价法，还需编制工料分析表，按照规定对材料、人工、机械台班价格进行调整。汇总得出单位工程造价。

八、编制说明、填写封面

1. 预算书封面

说明工程名称、地点、建筑结构类型、建筑面积、总造价、单方造价、施工单位等项内容。

2. 编制说明

编制说明主要是让有关各方人员了解该预算的编制依据和编制中对某些问题的处理情况。主要内容有：

（1）编制依据

1）说明本预算所采用的施工图的名称、设计单位、施工单位。

2）所依据的预算定额的名称、时期，费用定额或有关文件的名称、文号。

（2）执行定额的有关问题

1）土方工程的挖、运机具及运距。

2）预制构件的运输距离等。

（3）其他

1）施工图中变更部位名称和处理情况。

2）甲乙双方协商确定的其他有关事宜。

3）其他遗留问题的说明等。

第三节 建筑工程量计算

工程量是以物理计量单位或自然计量单位表示的各个分项工程和结构构件的实物数量。工程量计算是编制施工图预算的重要环节，是直接影响整个工程造价的关键因素。工程量计算正确与否，关系到预算质量是否符合要求。同时，工程量又是施工企业编制施工组织设计，制定工、料、机需用量计划，下达任务，计算劳动报酬，统计上报工作量等各项管理工作的重要依据；也是工程建设管理部门、建设单位掌握现场信息的基本数据。本节以《全国统一建筑工程基础定额河北省消耗量定额》《全国统一建筑装饰装修工程消耗量定额河北省消耗量定额》为依据，着重介绍建筑工程中各分部分项的工程量计算要点、规则和具体方法。

一、工程量计算的一般方法

为了快速、准确地计算工程量，防止漏算、重算，并便于校对和审核，必须采用一定的方法，合理确定工程量计算顺序。通常采用的计算方法有以下几种。

（一）按施工顺序计算

1）按施工顺序先后计算工程量，即按照土方、桩与地基基础、砌墙、地面、楼面、屋面、外墙抹灰、内墙抹灰、油漆粉刷等顺序计算。

2）清点混凝土预制构件、现浇构件，计算钢筋混凝土工程量。

3）清点预埋、连接铁件和金属构件，计算铁件和金属构件质量。

4）计算门窗并列出明细表。

（二）按定额项目顺序进行计算

按定额手册上所列分部分项工程次序计算工程量，即按土石方、桩基础、砌筑、混凝土及钢筋混凝土、木结构、金属结构、屋面及防水、装饰等分部分项工程计算。

（三）用统筹法计算

统筹法是通过研究、分析事物内部的固有规律和相互间依赖关系，统筹全局，合理安排工作顺序，把握主要矛盾，提高工作质量和效率的一种科学的计划管理方法。在计算工程量时，发现各分项工程量之间既有各自特点，又存在着内在联系。如在基础工程中，地槽挖土、墙基垫层、基础砌筑、基础圈梁等分项工程量都是用断面积乘以长度。虽然断面各有不同，但对于长度，外墙都取中心线长计算，内墙都取净长线长计算。又如平整场地、楼地面垫层、找平层、防潮层、面层、天棚和屋面等分项工程量都与建筑物底层建筑面积有关。这些“线”“面”是许多分项工程计算工程量的基础，可以多次重复使用，因而可以利用其来简化繁琐的工程量计算。

运用统筹法计算工程量的要点是：统筹程序，合理安排；利用基数，连续计算；一次算出，多次使用；结合实际，灵活机动。

（四）按图样中的顺序计算

1. 按顺时针方向计算

从图样左上角开始，依图样顺时针方向进行，如图5-1所示。这种方法适用于外墙挖地槽、外墙砖石基础、外墙基础垫层、楼地面、天棚、外墙粉刷等。

2. 按先横后竖计算

在图样上先横后竖，从上而下、由左到右计算，如图5-2所示。这种方法适用于内墙挖地槽、内墙基础及垫层、内墙墙体、间壁墙、油漆等。

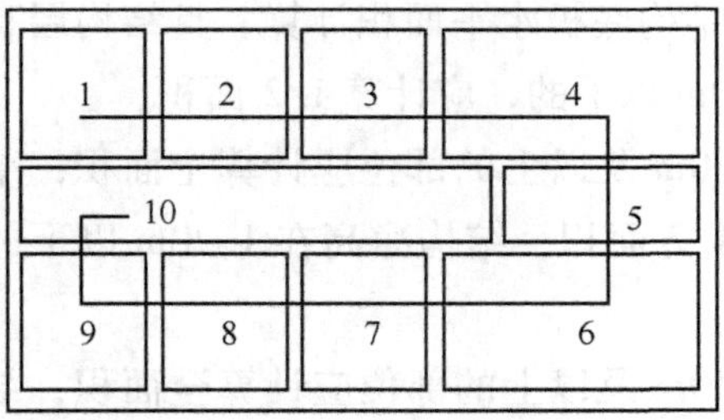

图 5-1 按顺时针方向计算

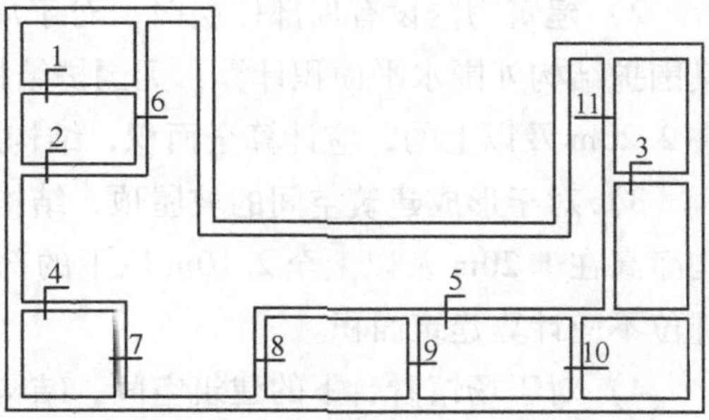

图 5-2 按先横后竖计算

3. 按图样上注明的编号顺序分类计算

按照图样上所注构件、配件编号顺序，依次进行计算。这种方法适用于打桩工程，钢筋混凝土柱、梁、板等构件，以及木门窗和金属构件。

二、建筑面积计算规定

（一）计算建筑面积的作用

建筑面积是建筑规模的主要标志，是评价设计方案、控制施工进度及考核技术经济指标的一个重要数据，它的作用有：

1）是确定工程概预算指标的一个重要依据。

2）有利于部分工程量的计算，如场地平整、室内填二、地面垫层、屋面等项目。

3）是计算土地利用系数的基础。建筑层数越多，建筑面积越大，土地利用率就越高。

土地利用系数 = 建筑面积/建筑占地面积

4）是计算平面系数的基础。平面系数是衡量平面布置紧凑合理性的指标。

住宅平面系数 = （使用面积/建筑面积） ×100%

5）是审查、评价建筑工程单方造价高低的主要依据。

用工程预算价值除以建筑面积，即得每平方米建筑面积的预算造价，它是考核建筑标准的重要标志之一。

（二）建筑面积计算规定

建筑面积是指建筑物各层水平平面的总面积，包括使用面积（如居住生活间、工作间和生产间等的净面积）、交通面积（如楼梯间、走道间、电梯井等所占的面积）和结构面积（如墙体、垃圾道、附墙烟囱等所占的面积）。

建筑面积计算尺寸，一般是按建筑物外墙勒脚以上结构的外围水平面积计算，突出墙面等构件、配件和艺术装饰，如附墙柱、垛、勒脚、台阶、装饰面、镶贴块料面层等不计算建筑面积。根据 GB/T 50353—2013《建筑工程建筑面积计算规范》，建筑面积计算具体规定如下。

1. 计算建筑面积的范围

1）建筑物的建筑面积应按自然层外墙结构外围水平面积之和计算。结构层高在 2.20m 及以上的，应计算全面积；结构层高在 2.20m 以下的，应计算 1/2 面积。

2）建筑物内设有局部楼层时，对于局部楼层的二层及以上楼层，有围护结构的应按其围护结构外围水平面积计算，无围护结构的应按其结构底板水平面积计算，且结构层高在2.20m及以上的，应计算全面积，结构层高在2.20m以下的，应计算1/2面积。

3）对于形成建筑空间的坡屋顶，结构净高在2.10m及以上的部位应计算全面积；结构净高在1.20m及以上至2.10m以下的部位应计算1/2面积；结构净高在1.20m以下的部位不应计算建筑面积。

4）对于场馆看台下的建筑空间，结构净高在2.10m及以上的部位应计算全面积；结构净高在1.20m及以上至2.10m以下的部位应计算1/2面积；结构净高在1.20m以下的部位不应计算建筑面积。室内单独设置的有围护设施的悬挑看台，应按看台结构底板水平投影面积计算建筑面积。有顶盖无围护结构的场馆看台应按其顶盖水平投影面积的1/2计算面积。

5）地下室、半地下室应按其结构外围水平面积计算。结构层高在2.20m及以上的，应计算全面积；结构层高在2.20m以下的，应计算1/2面积。

6）出入口外墙外侧坡道有顶盖的部位，应按其外墙结构外围水平面积的1/2计算面积。

7）建筑物架空层及坡地建筑物吊脚架空层（图5-3和图5-4），应按其顶板水平投影计算建筑面积。结构层高在2.20m及以上的，应计算全面积；结构层高在2.20m以下的，应计算1/2面积。

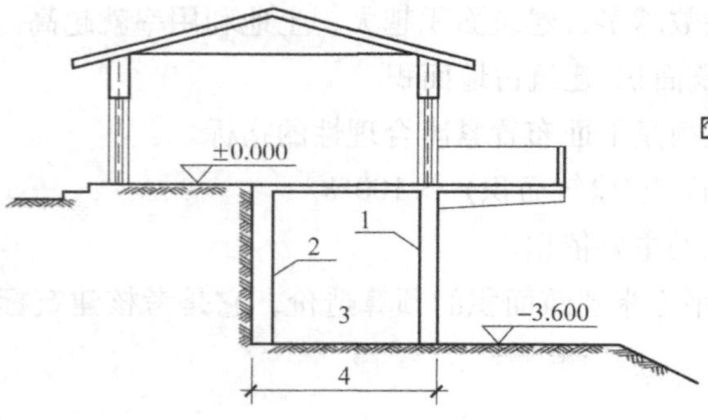

图5-3 建筑物吊脚架空层

1—柱 2—墙 3—吊脚架空层 4—计算建筑面积部位

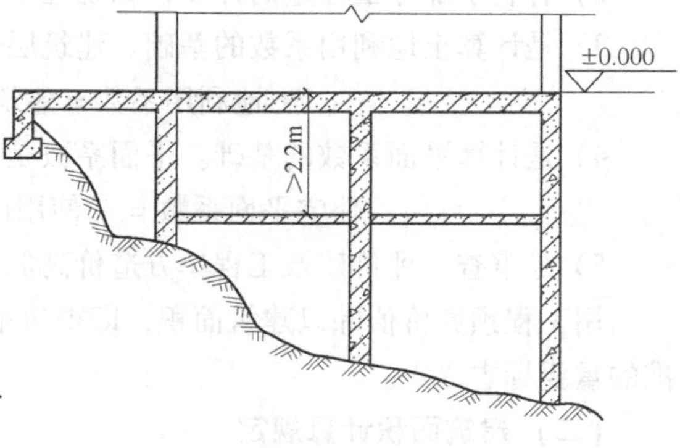

图5-4 坡地建筑物架空层

8）建筑物的门厅、大厅应按一层计算建筑面积，门厅、大厅内设置的走廊应按走廊结构底板水平投影面积计算建筑面积。结构层高在2.20m及以上的，应计算全面积；结构层高在2.20m以下的，应计算1/2面积。

9）对于建筑物间的架空走廊，有顶盖和围护设施的，应按其围护结构外围水平面积计算全面积；无围护结构、有围护设施的，应按其结构底板水平投影面积计算1/2面积。

10）对于立体书库、立体仓库、立体车库，有围护结构的，应按其围护结构外围水平面积计算建筑面积；无围护结构、有围护设施的，应按其结构底板水平投影面积计算建筑面积。无结构层的应按一层计算，有结构层的应按其结构层面积分别计算。

11）有围护结构的舞台灯光控制室，应按其围护结构外围水平面积计算。结构层高在2.20m及以上的，应计算全面积；结构层高2.20m以下的，应计算1/2面积。

12）附属在建筑物外墙的落地橱窗，应按其围护结构外围水平面积计算。结构层高在2.20m及以上的，应计算全面积；结构层高在2.20m以下的，应计算1/2面积。

13）窗台与室内楼地面高差在0.45m以下且结构净高在2.10m及以上的凸（飘）窗，应按其围护结构外围水平面积计算1/2面积。

14）有围护设施的室外走廊（挑廊），应按其结构底板水平投影面积计算1/2面积；有围护设施（或柱）的檐廊，应按其围护设施（或柱）外围水平面积计算1/2面积。

15）门斗应按围护结构外围水平面积计算建筑面积，且结构层高在2.20m及以上的，应计算全面积；结构层在2.20m以下的，应计算1/2面积。

16）门廊应按其顶板的水平投影面积的1/2计算建筑面积；有柱雨篷应按其结构板水平投影面积的1/2计算建筑面积；无柱雨篷的结构外边线至外墙结构外边线的宽度在2.10m及以上的，应按雨篷结构板的水平投影面积的1/2计算建筑面积（雨篷外边线为弧形或异形时，取最大宽度）。

17）设在建筑物顶部的、有围护结构的楼梯间、水箱间、电梯机房等，结构层高在2.20m及以上的应计算全面积；结构层高在2.20m以下的，应计算1/2面积。

18）围护结构不垂直于水平面的楼层，应按其底板面的外墙外围水平面积计算。结构净高在2.10m及以上的部位，应计算全面积；结构净高在1.20m及以上至2.10m以下的部位，应计算1/2面积；结构净高在1.20m以下的部位，不应计算建筑面积。

19）建筑物的室内楼梯、电梯井、提物井、管道井、通风排气竖井、烟道，应并入建筑物的自然层计算建筑面积。有顶盖的采光井应按一层计算面积，且结构净高在2.10m及以上的，应计算全面积；结构净高在2.10m以下的，应计算1/2面积。

20）室外楼梯应并入所依附建筑物自然层，并应按其水平投影面积的1/2计算建筑面积。层数为室外楼梯所依附的楼层数，即梯段部分投影到建筑物范围的层数。利用室外楼梯下部的建筑空间不得重复计算建筑面积。

21）建筑物的阳台，不论其形式如何，均以建筑物主体结构为界分别计算建筑面积。在主体结构内的阳台，应按其结构外围水平面积计算全面积；在主体结构外的阳台，应按其结构底板水平投影面积计算1/2面积。

22）有顶盖无围护结构的车棚、货棚、站台、加油站、收费站等，应按其顶盖水平投影面积的1/2计算建筑面积。

23）建筑物的外墙外保温层，应按其保温材料的水平截面积计算，并计入自然层建筑面积，如图5-5所示。

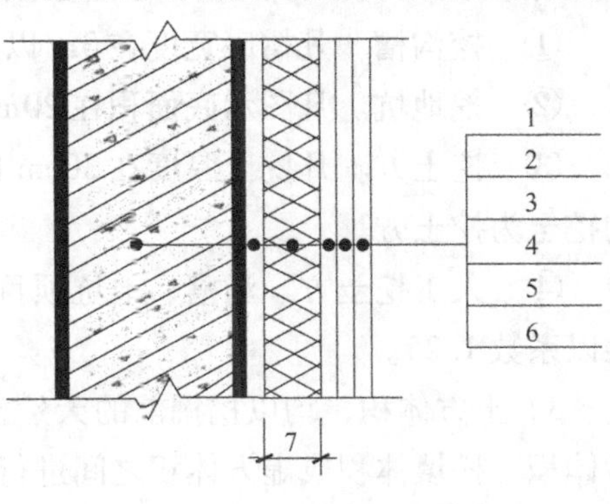

图5-5 建筑物外墙外保温

1—外墙 2—粘结胶浆 3—保温材料 4—标准网 5—加强网 6—砂浆抹面 7—计算建筑面积部位

24）幕墙以其在建筑物中所起的作用和功能来区分，直接作为外墙起围护作用的幕墙，按其外边线计算建筑面积；设置在建筑物墙体外起装饰作用的幕墙，不计算建筑面积。

25）与室内相通的变形缝，应按其自然层合并在建筑物建筑面积内计算。对于高低联跨的建筑物，当高低跨内部连通时，其变形缝应计算在低跨面积内。

26）对于建筑物内的设备层、管道层、避难层等有结构层的楼层，结构层高在2.20m及以上的，应计算全面积；结构层高在2.20m以下的，应计算1/2面积。

2. 不计算建筑面积的范围

1）与建筑物内不相连通的建筑部件。

2）骑楼、过街楼底层的开放公共空间和建筑物通道。

3）舞台及后台悬挂幕布和布景的天桥、挑台等。

4）露台、露天游泳池、花架、屋顶的水箱及装饰性结构构件。

5）建筑物内的操作平台、上料平台、安装箱和罐体的平台。

6）勒脚、附墙柱（指非结构性装饰柱）、垛、台阶、墙面抹灰、装饰面、镶贴块料面层、装饰性幕墙，主体结构外的空调室外机搁板（箱）、构件、配件，挑出宽度在2.10m以下的无柱雨篷和顶盖高度达到或超过两个楼层的无柱雨篷。

7）窗台与室内地面高差在0.45m以下且结构净高在2.10m以下的凸（飘）窗，窗台与室内地面高差在0.45m及以上的凸（飘）窗。

8）室外爬梯、室外专用消防钢楼梯。

9）无围护结构的观光电梯。

10）建筑物以外的地下人防通道，独立的烟囱、烟道、地沟、油（水）罐、气柜、水塔、贮油（水）池、贮仓、栈桥等构筑物。

三、土石方工程

（一）工程范围及有关规定

1）工程内容包括人工挖土方、人工挖沟槽、人工挖地坑、回填土、平整场地、原土夯实、土方运输等。

2）挖沟槽、地坑、土方的确定条件：

① 挖沟槽。凡槽底宽度在3m以内，且槽长大于槽宽3倍的为沟槽。

② 挖地坑。凡图示底面积在20m² 以内的挖土为挖地坑。

③ 挖土方。凡挖土厚度在30cm以上，坑底宽度在3m以上及坑底面积在20m² 以上的挖土为挖土方。

④ 人工挖土方、沟槽、地坑项目深度最深为6m，超过6m时，按6m以内每加深1m乘以系数1.25。

3）土方体积，均以挖掘前的天然密实体积为准，如遇有必须以天然密实体积与夯实后体积、松填体积或虚方体积之间进行折算时，可进行换算。

4）放坡起点。土方工程施工时，为防止土壁坍塌，保持边坡稳定，一般采用放坡方法。放坡起点深度和放坡系数可按表5-1所示确定。

表 5-1　放坡起点深度及放坡系数表

土壤类别	放坡起点/m	人工挖土	机械挖土	
			在坑内作业	在坑上作业
一、二类土	1.20	1∶0.50	1∶0.33	1∶0.75
三类土	1.50	1∶0.33	1∶0.25	1∶0.67
四类土	2.00	1∶0.25	1∶0.10	1∶0.33

放坡起点：混凝土垫层由垫层底面开始放坡；灰土垫层由垫层上表面开始放坡；无垫层的由底面开始放坡。计算放坡挖土时，在交接处所产生的重复工作量不予扣除。

5）工作面。为了人工砌筑基础、浇筑混凝土工作的方便，在基础宽度以外，尚应按下列规定增加一定的宽度，见表 5-2。

表 5-2　基础施工所需工作面宽度计算表

基础材料	每边各增加工作面宽度/mm
砖基础	200
浆砌毛石、条石基础	300
混凝土基础垫层支模板	300
混凝土基础支模板	300
基础垂直面做防水层	800（防水层面）

6）挖沟槽、地坑需支挡土板时，按单边加 10cm、双边加 20cm 计算。支挡土板不再计算放坡。

（二）主要工程量计算规则

（1）平整场地　平整场地是指厚度在 ±30cm 以内的就地挖、填、找平。场地竖向布置挖、填、找平土方时，不再计算平整场地工程量。平整场地工程量按建筑物（或构筑物）的底面积计算，包括有基础的底层阳台面积。围墙按中心线每边各增加 1m 计算。道路及室外管道沟不计算平整场地。

（2）挖沟槽　挖沟槽工程量，等于沟槽断面面积乘以槽长，以体积（m^3）计算。根据土壤类别和施工组织设计要求，对两侧放坡、留工作面的情况，有以下三种计算类型。

1）无垫层放坡地槽，如图 5-6a 所示，工程量计算公式为

$$V = (B + 2c + kH)HL$$

2）灰土垫层，从垫层上表面放坡地槽，如图 5-6b 所示，工程量计算公式为

$$V = [B_1H_1 + (B + 2c + kH)H]L$$

3）混凝土垫层从垫层底面放坡地槽，如图 5-6c 所示，工程量计算公式为

$$V = (B_1 + 2c + kH)HL$$

式中 V——挖沟槽的体积；

B、B_1——基础和垫层的宽度；

H、H_1——计算放坡的沟槽深度和垫层的厚度；

k——坡度系数，$k = b/H$；

c——工作面宽度；

L——沟槽的长度，外墙按槽底中心线，内墙按槽底净长线计算。

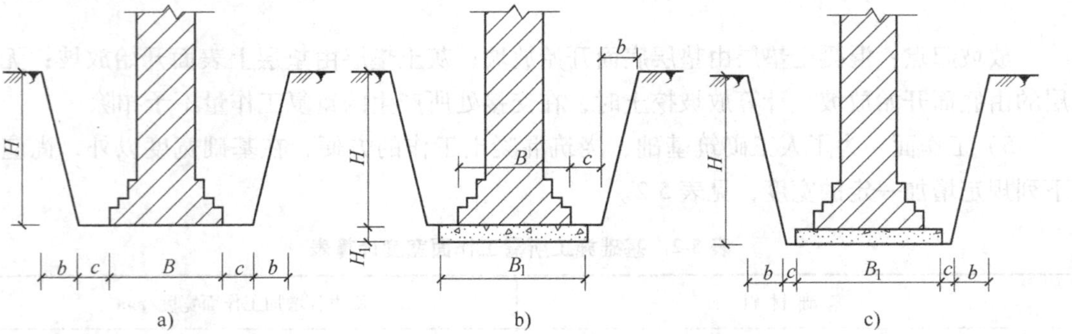

图 5-6 放坡地槽断面图

a）无垫层放坡地槽 b）从垫层上表面放坡地槽 c）从垫层下表面放坡地槽

（3）挖地坑

1）矩形地坑，如图 5-7 所示以体积（m^3）按下式计算

$$V = (A + 2c + kH)(B + 2c + kH)H + \frac{1}{3}k^2H^3 + A_1B_1H_1$$

式中 A、B——基础的长度和宽度；

A_1、B_1——坑底的长度和宽度；

H、H_1——计算放坡的地坑深度和垫层厚度；

k——放坡系数，$k = b/H$；

c——工作面宽度；

$\frac{1}{3}k^2H^3$——坑四角锥体的土方体积；

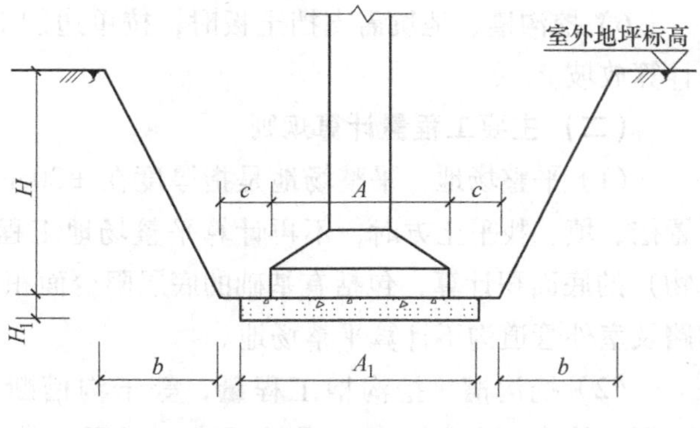

图 5-7 矩形地坑断面图

2）圆形地坑，计算公式为

$$V = \frac{1}{3}\pi H(R_1^2 + R_2^2 + R_1R_2)$$

式中 R_1——坑底半径；

R_2——坑面半径，$R_2 = R_1 + kH$。

（4）管道沟开挖 土方工程量应按设计规定以体积（m^3）计算。对管道沟底宽度设计无规定时，按表 5-3 所示规定计算。

表 5-3　管道沟底宽度尺寸表

管径/mm	铸铁管、钢管、石棉水泥管	塑料管	混凝土管、钢筋混凝土管、预应力钢筋混凝土管	陶土管
50～75	0.60	0.70	0.80	0.70
100～200	0.70	0.80	0.90	0.80
250～350	0.80	0.90	1.00	0.90
400～450	1.00	1.10	1.30	1.10
500～600	1.30	1.40	1.50	1.40
700～800	1.60	1.70	1.80	—
900～1000	1.80	1.90	2.00	—
1100～1200	2.00	2.10	2.30	—
1300～1400	2.20	2.40	2.60	—

(5) 回填土　回填土分夯填、松填按图示回填体积并依下列规定，以体积（m^3）计算：

1）沟槽、基坑回填土。沟槽、基坑回填体积以挖方体积减去设计室外地坪以下埋设砌筑物（包括基础、垫层等）体积计算。

2）管道沟槽回填土。在计算管道沟回填土时，管道直径在 500mm 以上（含 500mm），需减去其体积。每米管道应减去的体积，可按表 5-4 规定计算。

表 5-4　每米管道扣除土方体积表

管道名称	管道直径/mm					
	500～600	601～800	801～1000	1001～1200	1201～1400	1401～1600
钢　管	0.21	0.44	0.71	—	—	—
铸铁管	0.24	0.49	0.77	—	—	—
塑料管	0.22	0.46	0.74	1.15	1.25	1.45
混凝土管	0.33	0.60	0.92	1.15	1.35	1.55

3）房心回填土。其体积按主墙间面积乘以回填土厚度计算。

(6) 运土方

土方运输体积 = 挖方总体积 − 回填土总体积

式中计算结果为正值时为余土外运体积，计算结果为负值时为取土体积。土、石方运输体积工程量，按整个单位工程中外运和内运的土方量一并考虑。

余土外运或取土内运均以天然密实体积计算，挖出的土如部分用于灰土垫层时，这部分土的体积在余土外运工程量中不予扣除。

因场地狭小，无堆土地点，挖出的土方运输，应根据现场签证确定的数量和运距计算。

(7) 土方运距　机械运土石方的运距，根据施工组织设计规定计算，如无施工组织设计者，按下列方法计算：

推土机：按挖方区重心至填方区重心之间的直线距离计算。

铲运机：按挖方区重心至卸土区重心加转向距离45m计算。

自卸汽车：按挖方区重心至填方区（或堆放地点）重心的最短距离计算。

四、桩与地基基础工程

（一）工程内容及有关规定

（1）工程内容　包括打预制钢筋混凝土桩，现场灌注混凝土桩、砂桩、振冲碎石桩、打拔钢板桩、土层锚杆、强夯等项目。

（2）有关规定

1）仅适用于一般工业与民用建筑工程的桩基及基坑支护、地基处理工程，不适用于水工建筑、公路桥梁工程。

2）试验桩（含锚桩）按相应项目的人工、机械乘以2.0系数计算，验桩过程中发生的人工、机械停滞费用另行计算。

3）打桩、成孔桩间净距小于4倍桩径（桩边长）的，定额中人工、机械乘以1.13系数。

4）凿桩头指凿桩长度在500mm以内。预制桩截桩长度在500～1000mm时，按截桩头计算；预制桩截桩长度在1000mm以上时，按截桩计算。钢筋混凝土灌注桩凿桩头按混凝土凿桩头项目乘以系数1.5计算。

5）在桩间补桩或强夯后的地基打桩时，人工、机械乘以1.15系数。

6）人工挖孔灌注桩成孔，如桩的设计长度超过20m时，桩长每增加5m（包括5m以内）基价增加20%。

（二）主要工程量计算规则

1）打预制钢筋混凝土桩的体积，按设计桩长（包括桩尖）以延长米计算。如果管桩的空心部分按设计要求灌注混凝土或其他填充材料时，应另行计算。

2）接桩。电焊接桩按设计接头以个计算。

3）送桩。按送桩长度以延长米计算（即打桩架至桩顶面高度或自桩顶面至自然地坪面另加0.5m计算）。

4）钻孔灌注混凝土桩。钻孔按实钻长度乘以设计桩截面积计算；灌注混凝土按设计桩长（包括桩尖，不扣除桩尖虚体积）与超灌长度之和乘以设计断面面积以体积（m^3）计算。超灌长度设计有规定的，按设计规定；设计无规定的，按0.25m计算。

5）打孔灌注混凝土桩、砂桩、碎石桩、CFG桩等的体积，按设计的桩长（包括桩尖，不扣除桩尖虚体积）乘以设计规定桩径计算，如设计无规定时，桩径按钢管管箍外径截面面积计算。扩大桩的体积用复打法时按单桩体积乘以次数计算；用翻插法时按单桩体积乘以1.5系数。

6）人工挖孔混凝土桩。挖土按实挖体积以体积（m^3）计算。如设计无混凝土护壁者，挖土尺寸按设计桩身直径加200mm计算；设计有混凝土护壁者，护壁混凝土按图示尺寸以体积（m^3）计算。人工挖孔混凝土桩从承台以下，按设计图示尺寸以体积（m^3）计算。

7）钢筋笼制作按图示尺寸及施工规范以吨（t）计算，钢筋笼运输及安装区别不同长度按相应项目计算。

8）凿桩头按剔除截断长度乘以桩截面面积以体积（m^3）计算。截桩头、截桩均以根计算。

9）褥垫层按设计图示尺寸以体积（m^3）计算；设计无规定时按基础垫层每边增加300mm，乘以褥垫层相应厚度以体积（m^3）计算。

五、砌筑工程

（一）工程内容及有关规定

1）砌筑工程内容。砌砖包括砖基础、内墙、外墙、空心砖墙、空花墙、地下室墙、多孔砖墙、填充墙、砌块墙、砖柱、钢筋砖过梁、零星砌体、砌体内钢筋加固等；砌石包括石基础、石墙身等。

2）定额中标准砖、砌块、多孔砖按常用规格编制，如规格不同时，可按实际换算。砂浆按常用强度等级列出，设计不同时可以换算。

3）砌筑弧形墙、基础按相应项目人工乘以1.1系数。

4）零星砌体指厕所蹲台、小便槽、污水池、水槽腿、垃圾箱、阳台栏板、花台、花池、房上烟囱、腰线、毛石墙的门窗立边、锅台、炉灶等砌体。

5）明沟、散水、台阶等均为综合项目，包括挖土、填土、垫层、基层、沟壁及面层等全部工序。

（二）主要工程量计算规则

1）砌筑工程量一般规则。计算墙体时，应扣除门窗洞口、过人洞、空圈、嵌入墙身的钢筋混凝土柱、梁、过梁、圈梁、板头、砖过梁和暖气包壁龛的体积。不扣除0.3m^2以内孔洞、梁头、梁垫、檩头、垫木、木楞头、木砖、门窗走头、墙内的加固钢筋、铁件、钢管等所占的体积。凸出墙面的窗台虎头砖、压顶线、山墙泛水、烟囱根、门窗套及三皮砖以下挑檐和腰线等体积也不增加。

2）标准砖以240mm×115mm×53mm为准，其砌体计算厚度按表5-5所示计算。

表5-5　标准砖砌体计算厚度表

墙厚砖数	1/4	1/2	3/4	1	1.5	2	2.5	3
计算厚度/mm	53	115	180	240	365	490	615	740

3）基础与墙身的划分。基础与墙身使用同一种材料时，以设计室内地坪为界，以下为基础，以上为墙身。使用不同材料时，位于设计室内地面±300mm以内时，以不同材料为分界线；超过±300mm时，以设计室内地面为分界线。砖、石围墙，以设计室外地坪为界线，以下为基础，以上为墙身。

4）基础长度。外墙墙基按外墙中心线长度计算；内墙墙基按内墙净长计算。基础大放脚T形接头处的重叠部分以及嵌入基础的钢筋、铁件、管道、基础防潮层及单个面积在0.3m^2以内孔洞所占体积不予扣除，但靠墙暖气沟的挑檐也不增加，附墙垛基础宽出部分体积应并入基础工程量内。砖砌地下室墙身及墙基的工程量合并计算。

砖基础工程量计算式为

外墙基础体积 = 外墙中心线长度 × 基础断面积

内墙基础体积 = 内墙净长线 × 基础断面积

式中， 基础断面积 = 基础墙宽度 × 设计高度 + 增加断面面积

或 基础断面积 = 基础墙宽度 ×（设计高度 + 折加高度）

增加断面面积是由于带形砖基础采用大放脚而增加的部分。大放脚分为等高式和不等高式。

5）砖墙体积计算公式

砖墙体积 =（墙长 × 墙高 − 门窗洞口面积）× 墙厚 − 应扣除嵌入墙内构件体积

墙的长度：外墙长度按外墙中心线长度计算；内墙长度按内墙净长线计算。

6）外墙墙身高度。斜（坡）屋面无檐口天棚的外墙身，算至屋面板底（图5-8）；有屋架、有天棚者，算至屋架下弦底面另加200mm（图5-9）；无天棚者算至屋架下弦底面另加300mm；出檐宽度超过600mm时，应按实砌高度计算；平屋面算至钢筋混凝土板底（图5-10）。

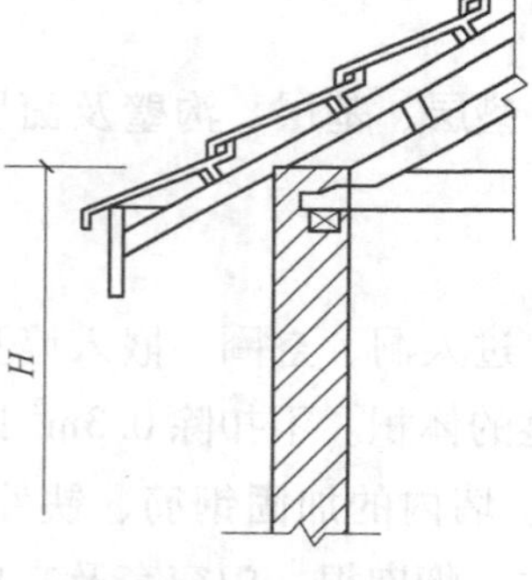

图5-8 无檐口天棚墙身

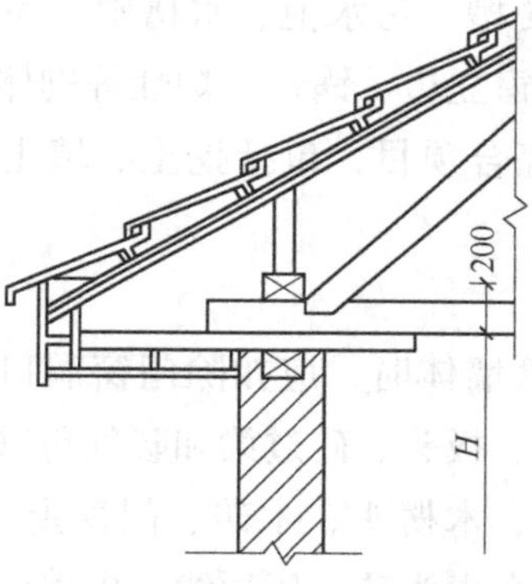

图5-9 有檐口天棚墙身

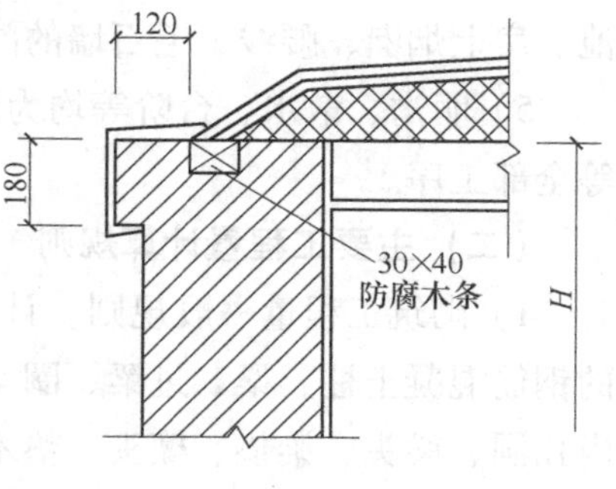

图5-10 平屋面外墙身

7）内墙墙身高度。位于屋架下弦者，其高度算至屋架底；无屋架者算至天棚底再加100mm；有钢筋混凝土楼板隔层者算至板底；有框架梁时算至梁底面。

8）内外山墙高度按平均高度计算。

9）框架间砌体。以框架间的净空面积乘以墙厚计算，框架外表面镶包砖部分也并入框架间墙的工程量一并计算。

10）女儿墙高度，应自顶板面算至图示高度，不同墙厚按相应项目计算。

11）空花墙。按空花部分外形体积以体积（m^3）计算，不扣除空花部分，实砌部分以体积（m^3）另行计算。

12）加气混凝土墙、硅酸盐砌块墙、小型空心砌块墙按图示尺寸以体积（m^3）计算，按设计规定需要镶嵌砖砌体部分已包括在相应项目内不另计算。

13）钢筋砖过梁按图示尺寸以体积（m^3）计算。如设计无规定时，按门窗洞口宽度两端共加500 mm，高度按440mm计算。

14）多孔砖、空心砖墙按外形体积以体积（m^3）计算，不扣除其孔、空心部分体积。

15）填充墙按外形尺寸以体积（m^3）计算，其中实砌部分已包括在相应项目内不另计算。

16）台阶基层（包括踏步及最上一层踏步沿300mm）按水平投影面积计算。

17）散水按设计图示尺寸以面积（m^2）计算，应扣除穿过散水的踏步、花台面积。

六、混凝土及钢筋混凝土工程

（一）工程范围及有关规定

1）混凝土及钢筋混凝土分部包括预制、现浇、预应力的各种构件制作。在现浇钢筋混凝土中有基础、柱、墙、梁、板、挑檐、楼梯、阳台、雨篷和零星构件；在预制钢筋混凝土中有柱、梁、屋面板、屋架及其他零星配件和预应力梁、板、屋架等分项工程；还包括钢筋、铁件等。

2）混凝土按现场搅拌及商品混凝土分别列项。现场集中搅拌站搅拌混凝土按现场搅拌项目计算。

3）商品混凝土、现场集中搅拌站搅拌混凝土的泵送按相应项目计算。采用移动泵泵送混凝土所发生的费用据实计算。

4）钢筋按现浇构件钢筋、预制构件钢筋、预应力钢筋分别列项。

5）钢筋、铁件用量应按施工图和设计规定计算净用量，另加施工损耗：现浇3%，预制2%，铁件1%等，套用相应钢筋、铁件项目。

6）钢筋接头按设计图规定计算，并入钢筋净用量内。如设计未作规定，现浇混凝土的水平通长钢筋直径25mm以内者，按8m长一个接头，直径25mm以上者按6m长一个接头，搭接长度按规范及设计规定计算。现浇混凝土竖向通长钢筋也按以上规定计算，但层高小于规定接头间距的竖向钢筋接头，按每自然层一个计算。

7）设计规定钢筋搭接采用气压力焊、电渣压力焊、锥螺纹钢筋接头者按设计规定套用相应项目，同时不再计算钢筋的搭接量。

8）钢筋锚固长度及马凳筋，设计图有规定的按设计规定计算；设计图无规定的按规范规定或经批准的施工组织设计计算。

（二）主要工程量计算规则

（1）混凝土及钢筋混凝土（包括现浇混凝土、预制混凝土及预应力钢筋混凝土构件）除了另有规定外，均按图示尺寸以构件的实体积计算，不扣除钢筋、铁件和螺栓所占体积。在计算混凝土及钢筋混凝土墙、板等构件时，均不扣除0.3m^2以内的孔洞，其留孔工料也不增加。单孔面积超过0.3m^2时，应扣除孔洞所占的混凝土体积。

（2）基础　按图示尺寸实体体积（m^3）计算。

1）带形基础。基础体积 = 基础长度 × 基础断面面积。

不分有梁式与无梁式，凡有梁带形混凝土基础，其梁高（指基础扩大顶面至梁顶面的高）超过1.2m时，其基础底板按带形基础计算，扩大顶面以上部分按混凝土墙项目计算。

常见带形基础如图5-11所示。

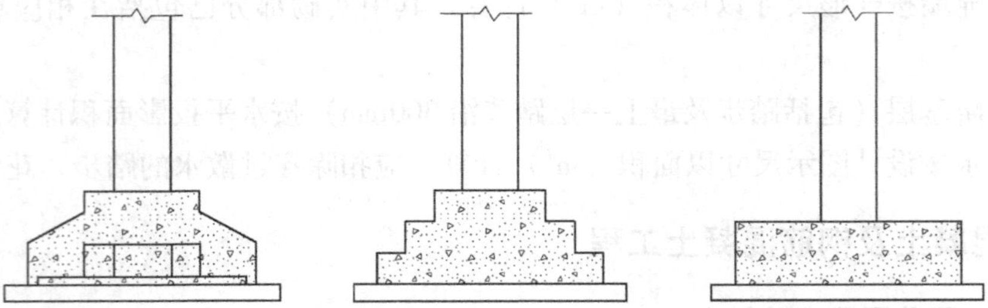

图5-11 常见带形基础

2）独立基础。高度从垫层上表面算至柱基上表面。如图5-12所示，现浇独立柱基与柱的划分：高度（h）为相邻下一个高度（h_1）2倍以内者为柱基，2倍以上者为柱身。现浇独立柱基工程量计算公式为

$$V = A^2 h_1 + \frac{h - h_1}{3}(A^2 + a^2 + \sqrt{A^2 a^2})$$

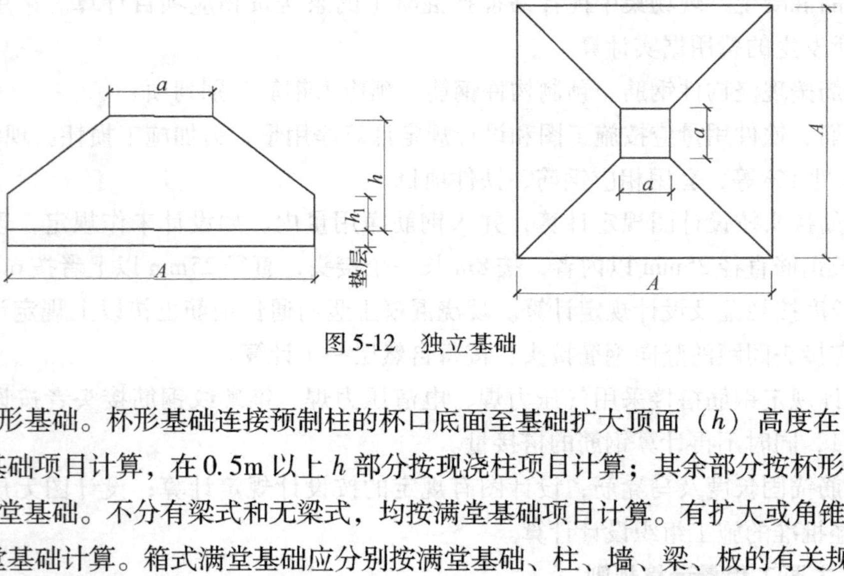

图5-12 独立基础

3）杯形基础。杯形基础连接预制柱的杯口底面至基础扩大顶面（h）高度在0.5m以内的按杯形基础项目计算，在0.5m以上h部分按现浇柱项目计算；其余部分按杯形基础项目。

4）满堂基础。不分有梁式和无梁式，均按满堂基础项目计算。有扩大或角锥形柱墩时，应并入满堂基础计算。箱式满堂基础应分别按满堂基础、柱、墙、梁、板的有关规定计算。

5）设备基础。块体设备基础不分体积大小按图示尺寸以实体积计算。

（3）柱　按图示断面尺寸乘以柱高以体积（m^3）计算。柱高按柱基上表面（或楼板上表面）至柱顶上表面的高度计算，如图5-13所示。无梁板的柱高，算至柱帽下表面。依附柱上的牛腿体积并入柱身体积计算。构造柱按全高计算，与砖墙咬接部分的体积，并入柱身体积内计算。空心砌块内的混凝土芯柱，按实灌体积计算，套用构造柱项目。

（4）梁　按图示断面尺寸乘以梁长以体积（m^3）计算。

梁长：梁与柱交接时，梁长算至柱侧面；主梁与次梁交接时，次梁算至主梁侧面；伸入墙内的梁头或梁垫体积并入梁体积内计算。

圈梁通过门窗洞口时，可按门窗洞口宽度两端共加50cm并按相应过梁项目计算，其他按圈梁计算。

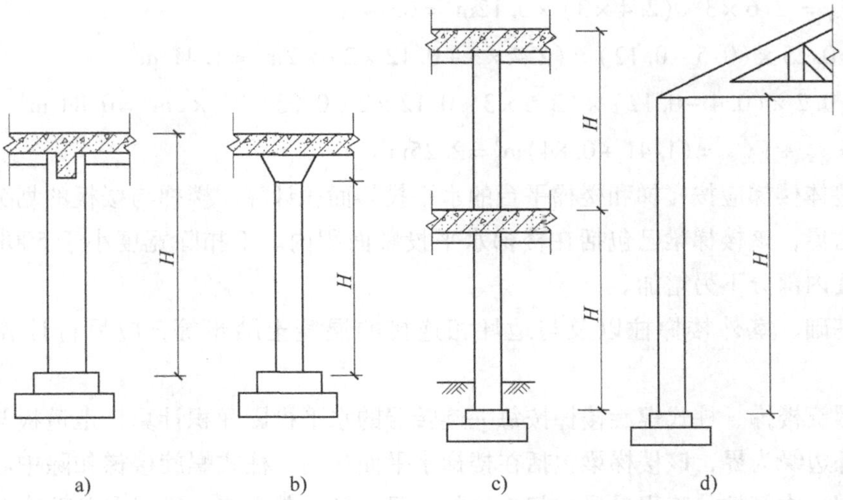

图 5-13　柱高的确定

a）有梁板柱高　b）无梁板柱高　c）有楼层框架柱高　d）无楼层框架柱高

（5）墙　按图示墙长度乘以墙高及厚度以体积（m^3）计算，应扣除门窗洞口及 0.3m^2 以外孔洞的体积，墙垛及突出部分并入墙体积内计算。

（6）板　按图示面积乘以板厚以体积（m^3）计算。

凡带有梁（包括主、次梁）的楼板，梁和板的工程量分别计算，板算至梁的侧面，梁、板分别套用相应项目。

无梁板按板和柱帽体积之和计算。

叠合板是指在预制板上二次浇灌混凝土结构层面层，按平板项目计算。

钢筋混凝土板伸入墙砌体内的板头并入板体积内计算。

【例 5-1】　计算图 5-14 所示的有梁板工程量（设计板厚 120mm）。

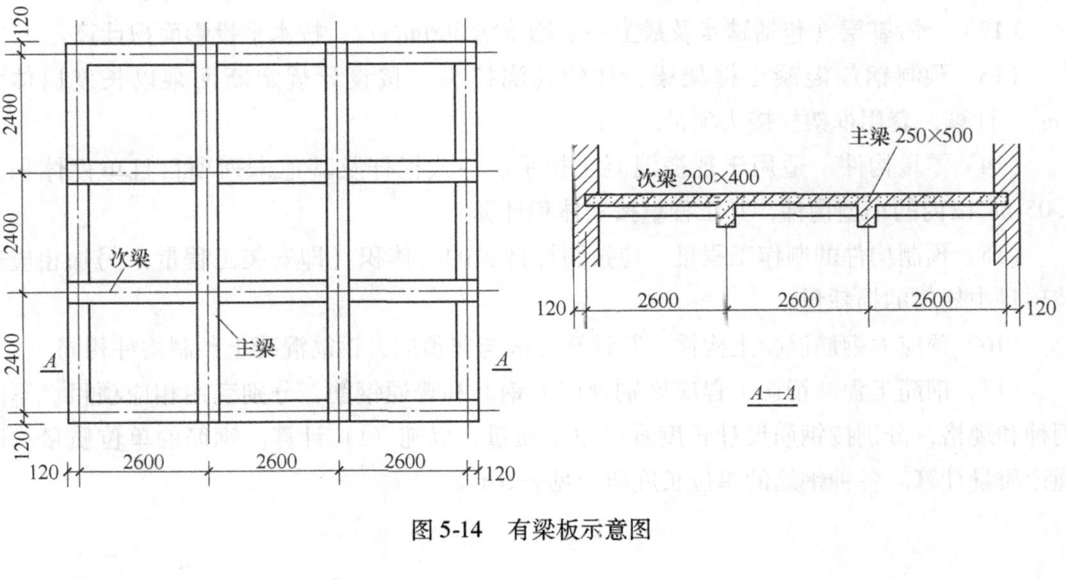

图 5-14　有梁板示意图

解： $V_{板} = 2.6 \times 3 \times (2.4 \times 3) \times 0.12\text{m}^3 = 6.74\text{m}^3$

$V_{主梁} = 0.25 \times (0.5 - 0.12) \times (2.4 \times 3 + 0.12 \times 2) \times 2\text{m}^3 = 1.41\ \text{m}^3$

$V_{次梁} = 0.2 \times (0.4 - 0.12) \times (2.6 \times 3 + 0.12 \times 2 - 0.25 \times 2) \times 2\text{m}^3 = 0.84\ \text{m}^3$

$V_{梁} = V_{主梁} + V_{次梁} = (1.41 + 0.84)\text{m}^3 = 2.25\text{m}^3$

(7) 整体楼梯应按楼梯和楼梯平台的水平投影面积计算　楼梯与楼板的划分以楼梯梁的外边缘为界，该楼梯梁已包括在楼梯水平投影面积内。不扣除宽度小于500mm的楼梯井，伸入墙内部分不另增加。

楼梯基础、室外楼梯柱以及与地坪相连接的混凝土踏步等，应另行计算套用相应项目。

整体螺旋楼梯、柱式螺旋楼梯按每一旋转层的水平投影面积计算，走道板与楼梯梁分界以楼梯外边缘为界，该楼梯梁包括在楼梯水平面积内。柱式螺旋楼梯扣除中心混凝土柱所占的面积，中间柱的工程量另按相应柱的项目计算，其人工、机械乘以系数1.5。

柱式螺旋楼梯每一旋转层面积计算公式为

$$S = \pi(R^2 - r^2)$$

式中　R——螺旋楼梯半径；

　　r——圆柱半径。

(8) 悬挑板（阳台、雨篷）　按图示尺寸以实体积计算。伸入墙内部分的梁及通过门窗洞口的过梁应合并按过梁项目另行计算。阳台、雨篷如伸出墙外超过1.50m时，梁、板分别计算，套用相应项目。阳台、雨篷四周外边沿的弯起，如其高度（指板上表面至弯起顶面）超过60mm时，按全高计算，套用栏板项目。

(9) 栏板　按实体积以立方米（m^3）计算，适用于阳台、楼梯等栏板。

(10) 散水　按设计图示尺寸以面积（m^2）计算，应扣除穿过散水的踏步、花台面积。

(11) 防滑坡道　按斜面积计算，坡道与台阶相连处，以台阶外围面积为界。

(12) 台阶基层（包括踏步及最上一层踏步沿300mm）　按水平投影面积计算。

(13) 预制钢筋混凝土框架梁、柱的现浇接头　按设计规定断面乘以长度以体积（m^3）计算，套用框架柱接头项目。

(14) 零星构件　适用于现浇混凝土扶手、柱式栏杆及其他未列项目且单件体积在0.05 m^3以内的小型构件，其工程量按实体积计算。

(15) 预制构件的制作工程量　应按图样计算的实体积（即安装工程量）另加相应安装项目中规定的损耗量。

(16) 预应力钢筋混凝土构件　其计算方法与非预应力钢筋混凝土预制构件相同。

(17) 钢筋工程　钢筋工程应区别预应力钢筋和普通钢筋，分别套用相应项目。不同钢种和规格，分别按钢筋设计长度乘以单位质量，以吨（t）计算。钢筋的单位质量均以理论质量计算。各种钢筋的单位长度质量见表5-6。

表 5-6 钢筋每米质量表

直径/mm	4	6	8	10	12	14	16	18	20	22	25	28
每米重/kg	0.098	0.222	0.395	0.617	0.888	1.21	1.58	2.00	2.47	2.98	3.85	4.83

1）钢筋长度计算。

① 两端无弯钩的直筋：L = 构件长度 - 两端保护层。

② 两端有弯钩的直筋：L = 构件长度 - 两端保护层 + 弯钩长。

③ 有弯钩弯起钢筋：L = 构件长度 - 两端保护层 - 弯钩长 + 弯起部分增加值（ΔL）。式中，弯起部分增加值（ΔL）= 弯起部分斜长 - 弯起部分水平投影长。

钢筋保护层可按表 5-7 所示确定。

表 5-7 钢筋保护层厚度

构件名称		保护层厚度/mm
墙和板	板厚≤100mm	10
	板厚>100mm	15
梁和柱	主筋	25
	构造筋及箍筋	15
基础	有垫层	35
	无垫层	70

④ 箍筋长度计算：每一构件箍筋总长度计算公式为

每一构件箍筋总长度 = 每根箍筋长度 × 箍筋根数

式中，箍筋根数 = 主筋配置范围长度 ÷ 间距 + 1

对于有抗震要求的双肢箍筋，每根箍筋长度的简化计算公式为

$$箍筋长度 = 2\times(b+h) - 8c + 26.5d$$

式中，b、h 分别表示构件截面宽度和高度，c 表示钢筋保护层厚度，d 表示箍筋直径。

2）钢筋用量计算：

钢筋净用量 = 钢筋长度 × 每米质量

现浇构件钢筋总用量 = 钢筋净用量 ×（1 + 钢筋损耗率）

【例 5-2】 某框架结构中梁平法施工图如图 5-15 所示，混凝土强度等级 C25，三级抗震。试计算钢筋工程量。

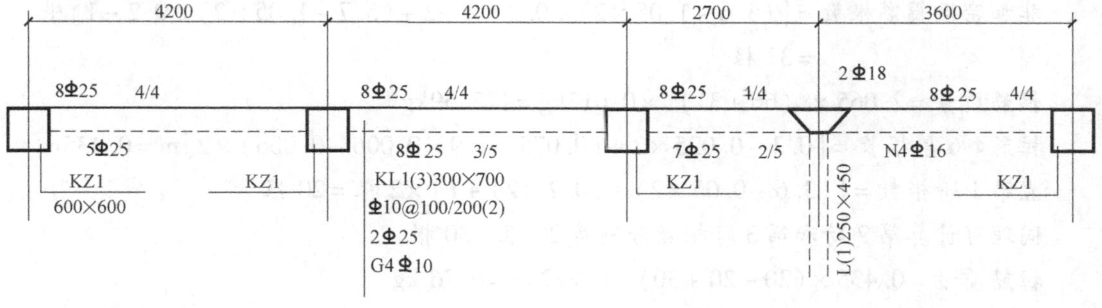

图 5-15 梁平法施工图

解： 左第1跨、第2跨梁净跨 $L_{n1}=L_{n2}=(4.2-0.6)\text{m}=3.6\text{m}$

第3跨梁净跨 $L_{n3}=(2.7+3.6-0.6)\text{m}=5.7\text{m}$

梁上部通长筋2Φ25长度 $=[(4.2\times2+2.7+3.6-0.6)$(梁净长)$+(0.6-0.025+15\times0.025)$(锚固长)$\times2]\times2$(根数)$\text{m}=32\text{m}$

梁上部第一排负筋长度 $=[(3.6/3+0.6-0.025+15\times0.025)+(3.6/3\times2+0.6)+(5.7/3\times2+0.6)+(5.7/3+0.6-0.025+15\times0.025)]\times2\text{m}=24.8\text{m}$

梁上部第二排负筋长度 $=[(3.6/4+0.6-0.025+15\times0.025)+(3.6/4\times2+0.6)+(5.7/4\times2+0.6)+(5.7/4+0.6-0.025+15\times0.025)]\times4\text{m}=40.3\text{m}$

梁上部钢筋质量 $=(32+24.8+40.3)\times3.856\text{kg}=374.42\text{kg}$

梁通长构造筋4Φ10长度 $=[4.2\times2-0.6+(15+6.25)\times0.01\times2+0.15]\times4\text{m}=33.5\text{m}$

梁通长构造筋4Φ10质量 $=33.5\times0.617\text{kg}=20.67\text{kg}$

梁受扭钢筋4Φ16长度 $=(5.7+35\times0.016\times2)\times4=6.82\times4\text{m}=27.28\text{m}$

梁受扭钢筋质量 $=27.28\times1.58\text{kg}=43.10\text{kg}$

梁底部受力筋的直锚长度 $\geqslant L_{aE}=35\times0.025\text{m}=0.875\text{m}$，且 $\geqslant0.5h_c+5d=(0.5\times0.6+5\times0.025)\ \text{m}=0.425\text{m}$，取0.875m。

上排底筋Φ25 $=[(5.7+0.6-0.025+15\times0.025+0.875)\times2+(3.6+0.875\times2)\times3]\text{m}=31.1\text{m}$

下排底筋Φ25 $=[3.6+3.6+5.7+(0.6-0.025+15\times0.025)\times2+0.875\times4]\times5\text{m}=91.5\text{m}$

梁底部钢筋质量 $=(31.1+91.5)\times3.856\text{kg}=472.75\text{kg}$

吊筋Φ18单根长 $=[(0.25+0.05\times2)+1.414\times(0.7-0.025\times2)\times2+20\times0.018\times2]\text{m}=2.91\text{m}$

吊筋质量 $=2.91\times2\times1.999\text{kg}=11.63\text{kg}$

单根箍筋长度 $=[(0.7-0.025\times2+0.3-0.025\times2)\times2+26.5\times0.01]\text{m}=2.065\text{m}$

箍筋加密区长度 $\geqslant1.5h_b=1.5\times0.7\text{m}=1.05\text{m}$，且 $\geqslant0.5\text{m}$，取1.05m。

加密区箍筋根数 $=[(1.05-0.05)\div0.1+1]\times6$ 根 $=66$ 根

非加密区箍筋根数 $=[(3.6-1.05\times2)\div0.2\times2-2+(5.7-1.05\times2)\div0.2-1]$ 根 $=31$ 根

箍筋质量 $=2.065\times(66+31)\times0.617\text{kg}=123.59\text{kg}$

拉筋Φ6单根长 $=[0.3-0.025\times2+(0.075+1.9\times0.006+0.006)\times2]\text{m}=0.435\text{m}$

左第1跨根数 $=[(3.6-0.05\times2)\div(0.2\times2)+1]\times2$ 根 $=20$ 根

同理可计算第2跨和第3跨根数分别是20根、30根。

拉筋质量 $=0.435\times(20+20+30)\times0.222\text{kg}=6.76\ \text{kg}$

钢筋工程量汇总：

Φ25，(374.42+472.75)kg=847.17kg；Φ18，11.63kg；Φ16，43.10kg；Φ10，(20.67+123.59)kg=144.26kg；Φ6，6.76kg。

七、构件运输及安装工程

（一）工程内容及有关规定

1）工程内容包括各种预制混凝土构件和金属构件的运输及安装。

2）构件运输按构件类别分类计算，如表5-8所示。仅适用于由构件堆放场地或构件加工厂至施工现场25km以内的运输。运输超过25km时，由承发包双方协商确定运输费用。

3）已综合考虑了城镇、现场运输道路等级、重车上下坡等因素。如遇到非等级公路的狭窄、颠簸以及重车需要桥梁、道路加固、加宽等情况，应根据实际情况调整费用。

4）金属屋架单榀质量在1t以下者，按轻钢屋架项目计算。

5）金属构件拼装和安装未包括连接螺栓，其费用另计。

表5-8 构件分类表

类别		项目
预制混凝土构件	1	4m以内实心板
	2	6m以内的桩、屋面板、工业楼板、进深梁、基础梁、吊车梁、楼梯休息板、楼梯段、阳台板
	3	6m以上至14m的梁、板、柱、桩，各类屋架、桁架、托架（14m以上另行处理）
	4	天窗架、挡风架、侧板、端壁板、天窗上下档、门框及单件体积在0.1m^3以内的小构件
	5	装配式内、外墙板，大楼板，厕所板
	6	隔墙板（高层用）
金属构件	1	钢柱、屋架、托架梁、防风桁架
	2	吊车梁、制动梁、型钢檩条、钢支撑、上下档、钢拉杆、栏杆、盖板、垃圾出灰门、倒灰门、篦子、爬梯、零星构件、平台、操作台、走道休息台、扶梯、钢吊车梯台、烟囱紧固箍
	3	墙架、挡风架、天窗架、组合檩条、轻型屋架、滚动支架、悬挂支架、管道支架

（二）主要工程量计算规则

1）预制混凝土构件运输工程量等于预制混凝土构件的制作工程量。预制混凝土安装工程量应按施工图计算净用量。

2）金属结构运输工程量等于金属构件的安装工程量。金属构件拼装及安装工程量应按构件制作工程量另加1.5%焊条质量。

3）加工厂制作的加气混凝土板（块）、硅酸盐块运输，每m^3折合0.4m^3钢筋混凝土体积，套用1类构件运输相应项目。

4）木门窗运输以框外围面积计算。

5）预制钢筋混凝土工字形柱、矩形柱、空腹柱、双肢柱、空心桩、管道支架等安装，均按柱安装项目计算；多节预制柱安装，首层柱按柱安装项目计算，二层及二层以上按柱接柱项目计算。

6）组合钢屋架系指上弦为钢筋混凝土，下弦为型钢，计算安装工程量时，以混凝土实体积计算，钢杆件部分不另计算。

7）排风道区分不同型号以延长米计算。通风道混凝土风帽安装以个计算。

八、屋面及防水工程

（一）工程内容及有关规定

1）屋面工程包括瓦屋面、金属压型板屋面、卷材及防水涂料屋面与屋面排水等。屋面的构造主要解决承重、保温、排水三方面问题。构造层次多为在屋面的基层上设保温层、找平层、防水层、隔热层和屋面排水层等。

2）水泥瓦、黏土瓦、小青瓦的实际使用规格与定额不同时，瓦的数量可以换算，其他不变。

3）卷材及防水涂料屋面，均已包括基层表面刷冷底子油或处理剂一遍。

4）卷材屋面坡度在15°以下者为平屋面，超过15°按卷材屋面人工增加表增加人工。

5）防水、防潮项目适用于楼地面、墙基、墙身、室内厕所、浴室以及±0.000以下的防水、防潮工程。

（二）主要工程量计算规则

1）瓦屋面、型材屋面均按图示尺寸的水平投影面积乘以屋面延尺系数以面积（m^2）计算，如图5-16所示。不扣除房上烟囱、风帽底座、风道、屋面小气窗、斜沟等所占的面积，屋面小气窗的出檐部分也不增加。

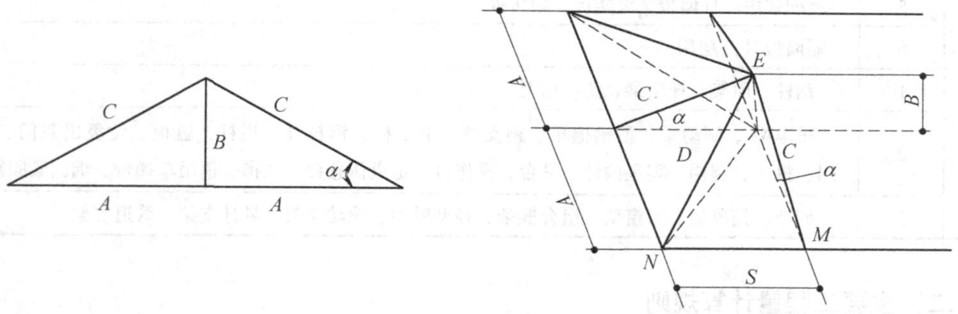

图5-16　坡屋面示意图

屋面延尺系数 $$C=\frac{EM}{A}=\frac{1}{\cos\alpha}=\sec\alpha$$

式中，EM为屋面斜长。当$A=1$时，有$C=EM=\sec\alpha$，即屋面斜长等于延尺系数。

2）卷材及防水涂料屋面按图示尺寸的水平投影面积乘以屋面延尺系数以面积（m^2）计算。不扣除房上烟囱、风帽底座、风道、斜沟等所占的面积。平屋面的女儿墙、天沟和天窗等处的弯起部分，按图示尺寸并入屋面工程量内计算。如图中无规定时，伸缩缝、女儿墙的弯起部分可按250mm计算，天窗弯起部分按500mm计算。

3）薄钢板排水按相应规定以展开面积计算。

4）彩钢板墙板按设计图示尺寸实际铺设面积以平方米（m^2）计算，扣除门窗洞口的面积，不扣除单个面积在$0.3m^2$以内的孔洞所占面积，包角、包边等不另增加。

5）变形缝按缝的长度计算。

6）防水工程按以下规定计算：

①　建筑物地面防水、防潮层，按主墙间净空面积计算，扣除凸出地面的构筑物、设备基础等所占的面积，不扣除柱、垛、间壁墙、烟囱及 0.3m^2 以内孔洞所占面积。

②　建筑物墙基防水、防潮层，外墙按中心线、内墙按净长线乘以墙基的宽度以面积（m^2）计算。

③　构筑物及建筑物地下室防水层，按实铺面积计算，但不扣除 0.3m^2 以内的孔洞面积。平面与立面交接处的防水层，其上卷高度超过500mm 时，按立面防水层计算。

④　防水卷材的附加层、接缝、收头、冷底子油等工料均已计入定额内，不另计算。

九、金属结构工程

（一）工程内容及有关规定

1）金属构件制作有的地区是按焊接考虑的（如河北省）。

2）金属结构构件制作项目内包括钢材损耗，并包括刷一遍防锈漆的工料。

3）制作项目包括钢柱、屋架、托架、吊车梁、制动梁、吊车轨道、支撑、檩条、墙架、平台、扶梯、栏杆、漏斗、滑模等制作及无损探伤等。

（二）主要工程量计算规则及要点

1）金属结构构件制作，按设计图示钢材尺寸以吨（t）计算，不扣除孔眼、切边的质量，焊条、铆钉、螺栓的质量已包括在项目内不另计算。在计算不规则或多边形钢板质量时，按其最小外接矩形面积计算。

【例5-3】　如图5-17 和图5-18 所示钢板，厚度为8mm，分别求A、B 两块钢板质量。

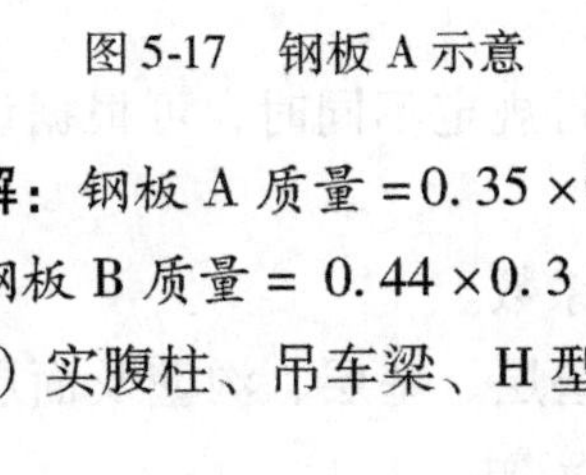

图5-17　钢板A示意

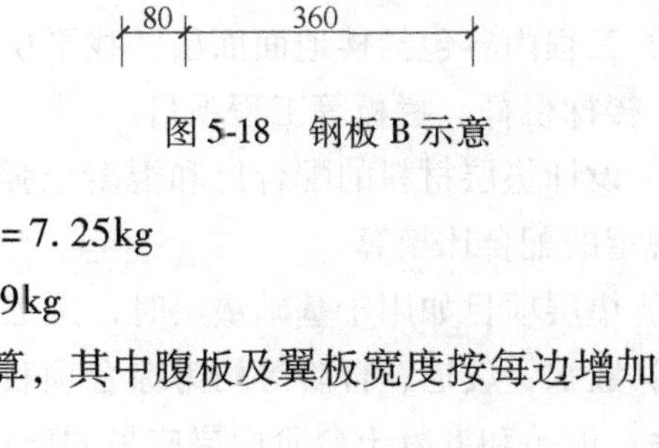

图5-18　钢板B示意

解： 钢板A质量 =0.35 ×0.33 ×7.85 ×8kg =7.25kg

钢板B质量 = 0.44 ×0.3 ×7.85 ×8kg =8.29kg

2）实腹柱、吊车梁、H型钢按图示尺寸计算，其中腹板及翼板宽度按每边增加10mm计算。

3）制动梁的制作工程量包括制动梁、制动桁架、制动板的质量；墙架的制作工程量包括墙架柱、墙架梁及连接拉杆的质量；钢柱的制作工程量包括附属于柱上的牛腿和悬臂梁的质量。

4）钢屋架制作工程量包括依附于屋架上的檩托、角钢质量。

十、防腐、保温、隔热工程

（一）工程内容及有关规定

1）本项目中只包括保温、隔热材料的铺贴，不包括隔气防潮、保护层或衬墙等。

2）外墙粘贴聚苯板与挤塑板（聚合物砂浆粘结）、混凝土板下粘贴（聚合物砂浆粘结）项目中聚苯板、挤塑板厚度不同时，人工、材料用量不变。

3）防腐卷材接缝、附加层、收头等人工、材料已计入在项目中，不再另行计算。

（二）主要工程量计算规则

1. 耐酸防腐

1）耐酸防腐工程项目的工程量，除注明者外，均以面积（m^2）计算。工程量按图示尺寸长乘宽（或高）计算，扣除0.3m^2 以上的孔洞及凸出地面的构筑物、设备基础等所占面积。

2）踢脚板按实铺长度乘以踢脚板高度以面积（m^2）计算工程量。应扣除门洞所占面积并相应增加其侧壁的展开面积。

3）平面砌筑双层耐酸块料时，其工程量按单层面积乘以系数2计算。

2. 保温隔热

1）保温隔热层应区分不同保温隔热材料，除另有规定者外，均按设计实铺厚度以体积（m^3）计算。

2）墙体隔热层工程量，均按墙中心线长度乘以图示尺寸的高度及厚度以体积（m^3）计算，扣除门窗洞口和0.3m^2 以上的孔洞所占的体积。

3）软木、泡沫塑料板铺贴在混凝土板下，按图示长、宽、厚的乘积，以体积（m^3）计算。

4）外墙粘贴聚苯板与挤塑板（聚合物砂浆粘结）、混凝土板下粘贴（聚合物砂浆粘结）等项目，按图示尺寸以面积（m^2）计算，扣除门窗洞口和0.3m^2 以上的孔洞所占面积。

十一、楼地面工程

（一）工程内容及有关规定

1）工程内容包括楼地面面层、找平层、垫层、防水、变形缝、踢脚板、散水、坡道、台阶、楼梯栏杆、栏板等工程项目。

2）设计垫层材料的配合比和混凝土强度等级，如与项目规定不同时，可根据设计要求按规定的配合比换算。

3）垫层项目如用于基础垫层时，人工、机械乘以1.20系数。

4）散水、坡道、台阶等均为综合项目，包括挖填土、垫层、基层、沟壁及面层等全部工序。但砖和混凝土台阶面层应另列项目计算，执行相应定额。

（二）主要工程量计算规则及要点

1）垫层按设计规定厚度乘以楼地面面积以体积（m^3）计算。

2）楼地面整体面层、找平层按主墙间净面积计算。应扣除凸出地面的构筑物、设备基础及室内铁道等所占的面积（不需作面层的地沟盖板所占的面积也应扣除），不扣除柱、垛、间壁墙、附墙烟囱及 0.3m^2 以内孔洞所占的面积，但门洞、空圈和暖气包槽、壁龛的开口部分也不增加。阶梯教室整体面层地面，按展开面积计算，套用相应的地面面层项目，人工乘以系数 1.08。

3）块料面层、橡塑面层和其他材料面层按设计图示尺寸以净面积计算，不扣除 0.1m^2 以内的孔洞所占的面积。门洞、空圈、暖气包槽和壁龛的开口部分的工程量并入相应的面层计算。

4）竹、木地板龙骨及基层按面层的实铺面积计算。

5）楼梯面层以楼梯水平投影面积计算（包括踏步和中间休息平台）。楼梯与楼面分界以楼梯梁外边缘为界，无楼梯梁时，算至最上一层踏步边沿加 300mm，不扣除宽度小于 500mm 的楼梯井面积，梯井宽度超过 500mm 时应予扣除。

6）踢脚线按不同用料及做法以面积（m^2）计算。整体面层踢脚线不扣除门洞口及空圈处的长度，但侧壁部分也不增加。垛、柱的踢脚线工程量合并计算。其他面层踢脚线按实贴面积计算。成品踢脚线按实贴延长米计算。

7）台阶面层（包括踏步及最上一层踏步沿 300mm）按水平投影面积计算。

8）楼梯防滑条按设计规定长度计算，如设计无规定者，可按踏步长度两边共减 15cm 计算。

9）栏杆、栏板、扶手均按其中心线长度以延长米计算。楼梯栏杆、栏板、扶手设计无规定时，其长度可按全部投影长度乘以系数 1.15 计算。

十二、墙柱面工程

1）外墙面、墙裙（系指高度在 1.5m 以下）抹灰，按面积（m^2）计算，扣除门窗洞口、空圈、腰线、挑檐、门窗套、遮阳板所占的面积，不扣除 0.3m^2 以内的孔洞面积，附墙柱的侧壁应展开计算，并入相应的墙面抹灰工程量内。门窗洞口及孔洞侧壁面积已综合考虑在项目内，不另计算。

2）拉毛、喷涂、弹涂、滚涂均按实抹（喷）面积以 m^2 计算，套用相应项目。

3）内墙面抹灰面积按主墙间的图示净长尺寸乘以内墙抹灰高度计算。内墙抹灰高度：有墙裙时，自墙裙顶算至天棚底或板底面；无墙裙时，其高度自室内地坪或楼地面算至天棚底或板底面。应扣除门窗洞口、空圈所占的面积，不扣除踢脚线、挂镜线、墙与构件交接处及 0.3m^2 以内的孔洞面积，洞口侧壁和顶面面积也不增加。不扣除间壁墙所占的面积。垛的侧面抹灰工程量应并入墙面抹灰工程量内计算。

4）内墙裙抹灰面积，以墙裙长度乘以墙裙高度计算，应扣除门窗洞口、空圈及 0.3m^2 以上孔洞所占面积，但不增加门窗洞口和空圈的侧壁和顶面的面积，垛的侧壁面积应并入墙裙内计算。

5）天棚有吊顶者，内墙抹灰高度算至吊顶下表面另加 10cm 计算。

6）独立柱和单梁的抹灰，应另列项目按展开面积计算，柱与梁或梁与梁的接头面积不予扣除。

7）嵌入墙内的过梁、圈梁、构造柱抹灰不另列项目，并入相应墙面抹灰工程量内计算。抹灰分格、嵌缝按相应抹灰面面积计算。

8）粘贴块料面层按图示尺寸以实贴面积计算。

9）隔断、间壁墙按净长乘净高以面积（m^2）计算，扣除门窗洞口及0.3m^2以上的孔洞所占的面积。浴厕隔断中门的材质与隔断相同时，门的面积并入隔断面积内，不同时按相应门的制作项目计算。

10）玻璃幕墙、铝塑板、铝单板幕墙以框外围面积计算。

十三、天棚工程

1）天棚抹灰面积，按主墙间的净空面积计算；有坡度及拱形的天棚，按展开面积计算；带有钢筋混凝土梁的天棚，梁的侧面抹灰面积，并入天棚抹灰工程量内计算。计算天棚抹灰面积时，不扣除间壁墙、垛、柱、附墙烟囱、附墙通风道、检查孔、管道及灰线等所占的面积。

2）楼梯底面抹灰，并入相应的天棚抹灰工程量内计算。楼梯（包括休息平台）底面积的工程量按其水平投影面积计算，平板式乘以系数1.3，踏步式乘以系数1.8。

3）阳台、雨篷、挑檐下抹灰工程量，均按其水平投影面积计算。

4）各种吊顶天棚龙骨按主墙间净空面积计算，不扣除间壁墙、检查孔、附墙烟囱、柱、垛和管道所占面积。

5）天棚基层按展开面积计算。

6）天棚装饰面层按主墙间实钉（胶）面积以平方米（m^2）计算，不扣除间壁墙、检查孔、附墙烟囱、垛和管道所占面积，但应扣除0.3m^2以上的孔洞、独立柱、灯槽及与天棚相连的窗帘盒所占的面积。

十四、门窗工程

1）普通木门窗框及工业窗框，分别制作和安装项目，以设计框长每100m为计算单位，分别按单、双裁口项目计算。

2）普通木门窗扇、工业窗扇等有关项目分制作及安装，以100m^2扇面积为计算单位。

3）普通木门窗、工业木窗，如设计规定为部分框上安装玻璃者，扇的制作、安装与框上安玻璃的工程量应分别列项计算，框上安玻璃的工程量应以安装玻璃部分的框外围面积计算。

4）普通钢门窗上安玻璃按框外围面积计算。当钢门仅有部分安玻璃时，按安玻璃部分的框外围面积计算。

5）窗台板按实铺面积计算。如图中未注明窗台板长度和宽度时，可按窗框的外围宽度两边共加10cm计算，凸出墙面的宽度按抹灰面外加5cm计算。

6）钢门窗安装按框外围面积计算。

7）铝合金门窗制作、安装，成品铝合金门窗、彩板门窗、塑钢门窗安装均按洞口面积以平方米（m^2）计算。纱扇制作、安装按纱扇外围面积计算。

8）防盗门、防盗窗、百叶窗、不锈钢格栅门按框外围面积以平方米（m^2）计算。

9）成品防火门以框外围面积计算。

10）实木门框制作、安装以延长米计算。实木门扇制作、安装及装饰门扇制作按扇外围面积计算。

十五、油漆、涂料、裱糊工程

1）木材面油漆，分别不同刷油部位，按定额所列表中的各类工程量乘以表中相应系数以面积（m^2）或延长米计算。

2）金属面油漆，分别不同刷油部位，按定额所列表中的各类工程量乘以表中相应系数以面积（m^2）或吨（t）计算。

3）抹灰面油漆、涂料，喷（刷）可按相应的抹灰工程量计算。

4）贴墙纸按实贴面积以平方米（m^2）计算。

十六、脚手架工程

（一）工程内容及有关规定

1）脚手架工程内容包括综合脚手架、外脚手架、里脚手架、满堂脚手架、装饰脚手架等。

2）综合脚手架适用于计算建筑面积的混合结构、混凝土框排架结构等建筑物，不适用于滑模施工的建筑物。单项脚手架适用于构筑物以及不适用综合脚手架的建筑物。

3）综合脚手架已包括了基础、内外墙砌筑、现浇框架混凝土、内外装饰、地下室墙防水、预制构件安装及金属构件安装等所需的各种脚手架。

4）按综合脚手架计算时，有下列情况者，另加相应单项脚手架。

① 底面积超过$4m^2$或深度1.5m以上的设备基础。

② 高度超过1.2m的室内管沟墙。

③ 电梯安装。

④ 依附斜道。

5）综合脚手架中多层建筑的层高是按3.6m以内考虑的。当层高超过3.6m时，应增加综合脚手架费用。综合脚手架增加费以层高超过3.6m的建筑面积套用该工程综合脚手架项目并乘以相应系数计算，系数为：当3.6m < 层高 < 5.0m时，取0.4；当5.0m < 层高 < 5.80m时，取0.6；当层高 > 5.8m时，取0.8。

（二）主要工程量计算规则及要点

1. 综合脚手架

1）综合脚手架以建筑面积为计量单位，建筑面积按相应计算规则计算。

2）建筑物的高度以设计室外地坪至檐口滴水（或女儿墙上表面）的高度为准。多层建筑物如高度不同时，应分别不同高度计算。突出屋面的水箱间、楼梯间、电梯机房等其高度均不得计算在建筑物的高度之内，但其建筑面积应按相应规定计算。

2. 单项脚手架

1）外脚手架的工程量按外墙外围长度乘以外墙高度以面积（m^2）计算，突出墙外宽度在24cm以内的墙垛、附墙烟囱等不再计算脚手架；宽度超过24cm以外时按图示尺寸展开计算，并入外脚手架工程量之内。不扣除门、窗洞口及穿过建筑物的通道的空洞面积。

2）现浇混凝土柱（外墙柱除外）脚手架，按柱周长另加3.6m乘以高度（由室内地坪或楼面算起）以面积（m^2）计算。高度在3.6m以内时，按3.6m以内里脚手架计算；高度超过3.6m时，按相应高度的单排外脚手架乘以0.6系数计算。

3）现浇混凝土单梁的脚手架，按单梁的长度乘以室内地坪或楼面至梁顶面的高度以面积（m^2）计算，现浇混凝土内墙的脚手架，按墙面垂直投影面积计算。套用相应的双排外脚手架项目乘以0.6系数计算。

4）室内地坪或楼面至装饰天棚高度在3.6m以内的抹灰天棚、吊顶天棚等的脚手架按天棚简易脚手架计算，室内地坪或楼面至装饰天棚高度在3.6m以外的抹灰天棚、吊顶天棚等的脚手架按满堂脚手架计算。工程量按室内净面积计算。满堂脚手架的基本层高度在3.6~5.2m之间者，计算基本层，超过5.2m时，每增加1.2m计算一个增加层，不足0.6m不计，以算式表示如下

$$满堂脚手架增加层数量=\frac{室内净高度-5.2}{1.2}$$

增加多少层应根据上式四舍五入确定。

例如，某建筑物大厅天棚净高9.2m，其满堂脚手架增加层为$\frac{9.2-5.2}{1.2}=3.33$，取3个增加层。

5）吊篮脚手架按外墙装饰面积（不扣除洞口面积）计算。

6）依附斜道区别不同高度以座计算。

十七、模板工程

（一）工程内容及有关规定

1）模板分部工程主要包括现浇混凝土模板（基础、柱、梁、墙、板等）、预制混凝土模板、预应力混凝土模板、构筑物混凝土模板。

2）现浇混凝土梁、板、柱、墙是按支模高度（地面至板底）3.6m编制的，超过3.6m时，每超过1m（不足1m者按1m计），超过部分工程量另按超高的项目计算。

（二）主要工程量计算规则及要点

1）现浇混凝土模板工程量，除另有规定者外，均按混凝土与模板的接触面的面积以平方米（m^2）计算。

2）现浇钢筋混凝土墙、板上单孔面积在0.3m^2以内的孔洞不予扣除，洞侧壁模板也不增加。单孔面积在0.3m^2以外时应予扣除，洞侧壁模板面积并入墙、板模板工程量内。

3）带形基础应分别按无筋混凝土、有梁式钢筋混凝土、无梁式钢筋混凝土带形基础计算。

4）对满堂基础，无梁式满堂基础有扩大或角锥形柱墩时，应并入无梁式满堂基础计算；有梁式满堂基础梁超过1.2m时，底板按无梁式满堂基础模板项目计算，梁按混凝土墙模板项目计算。

5）现浇钢筋混凝土框架的模板工程量分别按梁、板、柱、墙计算，附墙柱并入墙内工程量计算。柱与梁、柱与墙、梁与梁等连接的重叠部分以及伸入墙内的梁头、板头部分均不计算模板面积。

6）构造柱外露面均应按图示外露部分计算模板面积。构造柱与墙接触面不计算模板面积。

7）现浇钢筋混凝土悬挑板（雨篷、阳台）按图示外挑部分尺寸的水平投影面积计算，挑出墙外的梁及板边模板不另计算。如伸出墙外超过1.50m时，梁、板分别计算，套用相应项目。

8）现浇钢筋混凝土楼梯，以图示水平投影面积计算，楼梯与楼板的划分以楼梯梁的外边缘为界，该楼梯梁包括在楼梯水平投影面积之内。不扣除小于500mm的楼梯井所占面积，楼梯的踏步、踏步板、平台梁等的侧面模板面积不另计算。

9）预制钢筋混凝土构件模板工程量，除另有规定者外均按混凝土实体积以立方米（m^3）计算。

10）预应力混凝土构件均按实体积以立方米（m^3）计算。

11）构筑物工程的模板工程量，除另有规定者外，区别现浇、预制和构件类别，分别按现浇混凝土、预制混凝土的有关规定计算。

十八、垂直运输工程

1）建筑物垂直运输费，应区分不同建筑物的结构类型及高度，按建筑面积以m^2计算。带地下室的建筑物按檐口高度套用相应项目，地下室面积与地上面积合并计算。

2）构筑物垂直运输费以座计算；超过规定高度时，再按每超过1m的定额项目计算，其超过高度不足1m时，也按1m计算。

3）檐高是指设计室外地坪至檐口滴水线的高度，突出主体建筑屋顶的电梯间、水箱间等不计入檐口高度之内。

4）檐高3.6m以内的单层建筑不计算垂直运输机械费。

5）定额中项目划分是以建筑物的檐高和层数两个指标同时界定的，凡檐高达到上限而层数未达到时，以檐高为准；如层数达到上限而檐高未达到时以层数为准。

6）采用泵送混凝土的工程，其垂直运输机械费应按以下方法扣减：按泵送混凝土数量占现浇混凝土总量的百分比乘以5%，再乘以按项目计算的整个工程的垂直运输费。

十九、建筑物超高费

1）该项目适用于建筑物檐高20m以上的工程。

2）建筑物自设计室外地坪至檐口滴水线高度超过20m的建筑面积计算超高增加费，其增加费均按与建筑物相应的高度标准计算。

3）超高建筑增加费综合了由于超高施工人工、其他机械（扣除垂直运输、吊装机械等）降效以及加压水泵等费用。

二十、施工组织措施项目费

1）定额中施工组织措施项目费项目分别按一般土建工程和桩基础工程考虑，主要包括冬雨季施工增加费、夜间施工增加费、生产工具用具使用费、检验试验费、工程定位复测和场地清理费、成品保护费、二次搬运费、临时停水停电费、临时设施费、有害身体健康的环境中施工降效增加费等。

2）各施工组织措施项目费按建设工程项目的实体和技术措施项目中人工费与机械费之和（或仅人工费）乘以相应系数计算，其计算结果供工程承发包双方参考。

第四节 工料分析

一、工料分析的概念

工料分析是指按预算定额的耗用指标，详细计算出各项预算项目所必须耗用的人工工日数、各种主要材料用量和主要施工机械台班使用量的分解和汇总过程。

二、工料分析的意义和作用

通过工料分析，可得到全部人工和各种材料消耗量。它们是工程消耗的最高限额，是工程预算成本的具体表现，是施工企业经营管理必不可少的基础资料。它的作用主要有：

1）根据所得的各种材料数量，能够方便地进行材料价差的调整，并可作为编制材料供应计划的依据以及材料节超情况的依据。

2）由分析所得的各种用工数，是向工人班组下达施工任务、调配劳动力和核算劳动报酬、成本的依据。

3）工料分析是开展班组经济核算的基础，是财务部门进行成本分析、制定降低成本措施、进行“两算”对比的依据。

三、工料分析的内容和方法

（一）工料分析的内容

1）各分部分项工程的工料耗用量计算。根据预算定额或单位估价表进行。

2）各种工料耗用量汇总计算。先将各分部工程中的工料进行归类合并，整理排列，然后按单位工程进行汇总。

（二）工料分析的方法

1）按照工程项目，从预算定额或单位估价表中查出该工程项目的综合工日和各种材料的单位定额用量。

2）把单位定额用量分别乘以该工程项目的工程量，得到该工程项目的人工、材料消耗量。

3）将各分部分项工程的人工、材料消耗量分别进行计算，最后汇总出单位工程人工、材料的消耗数量。工料分析表可参见表5-9。

表 5-9 工料分析表

<table>
<tr><td rowspan="2">序号</td><td rowspan="2">定额编号</td><td rowspan="2">分项工程名称</td><td rowspan="2">单位</td><td rowspan="2">工程量</td><td colspan="2">人工</td><td colspan="2">××材料</td><td colspan="2">……</td></tr>
<tr><td colspan="2">单位：工日</td><td colspan="2">单位：</td><td colspan="2">单位：</td></tr>
<tr><td>1</td><td></td><td></td><td></td><td></td><td>定额</td><td>用量</td><td>定额</td><td>用量</td><td>定额</td><td>用量</td></tr>
<tr><td>2</td><td></td><td></td><td></td><td></td><td></td><td></td><td></td><td></td><td></td><td></td></tr>
<tr><td>…</td><td></td><td></td><td></td><td></td><td></td><td></td><td></td><td></td><td></td><td></td></tr>
<tr><td></td><td>本页小计</td><td></td><td></td><td></td><td></td><td></td><td></td><td></td><td></td><td></td></tr>
</table>

复核：　　　　　　　　　　　　　　　　　编制：

四、工料分析的注意事项

1）材料汇总表应适当调整材料编排顺序。一般可按主要材料水泥、木材、钢材、玻璃、沥青、油毡、砖、瓦、灰、砂、石和其他材料等顺序排列。

2）同类材料，规格明确。如木材，按加工板材、方材、施工方材、板材等规格列出。装饰工程的人工、材料耗用量，按抹灰、油漆等项目分别汇总。

3）加工方式不同，要分别列出。如现浇混凝土构件与预制混凝土构件的用料，应分别列出。由预制厂、加工厂制作，现场进行安装的构件，应按制作、安装分别列出，以便备料运输、成本换算。

4）门窗五金等应单独列表进行计算，分析工料数量。

第五节 土建单位工程施工图预算编制实例

本工程实例为华北地区某单位职工住宅楼，图样详见图 5-19 ~ 图 5-32，施工图预算书见表 5-11 ~ 表 5-19。

编制说明：

1）本预算根据某设计院设计华北地区某单位住宅楼施工图。

2）依据《全国统一建筑工程基础定额河北省消耗量定额》、《全国统一建筑装饰装修工程消耗量定额河北省消耗量定额》编制。

3）取费按《河北省建筑、安装、市政、装饰装修工程费率》中三类建筑工程计算，材料价差未做调整。

4）本预算仅为土建工程预算，安装工程预算另行编制。

5）各种构件的运输距离分别为：金属构件 1km；木门窗 1km；人工运土方运距为 100m。

建筑设计说明（建施—1）

一、工程概况

1）本工程为点式四层住宅楼，一梯两户，砖混结构。总建筑面积为 768.9m^2。设计标高：室内地坪 ±0.000 相对于绝对标高 +72.36m，室外标高 -0.750 相对于绝对标高 +71.61m。

2）本工程耐火等级为二级，抗震按 7 度设防。

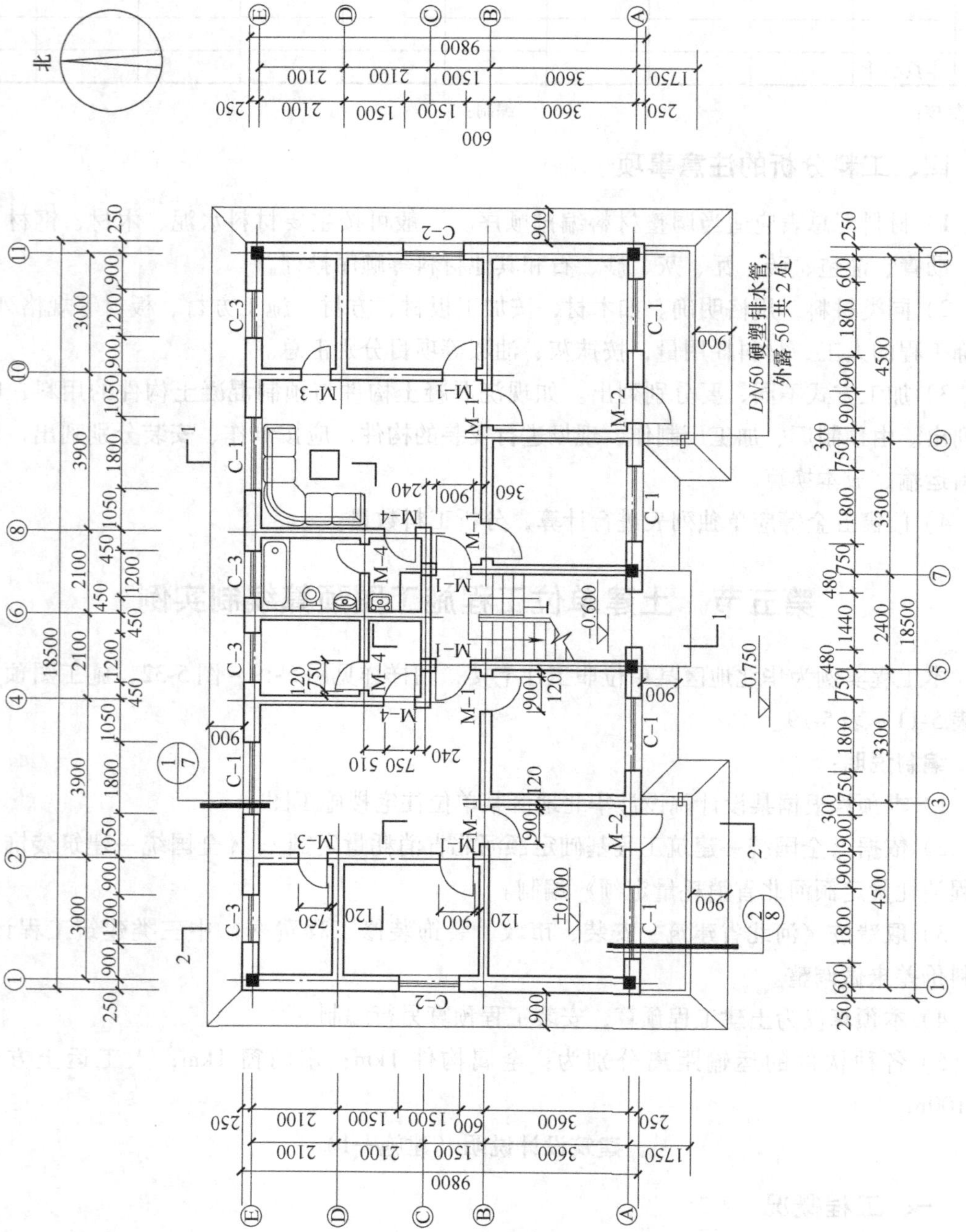

图5-19 建施—2 一层平面图

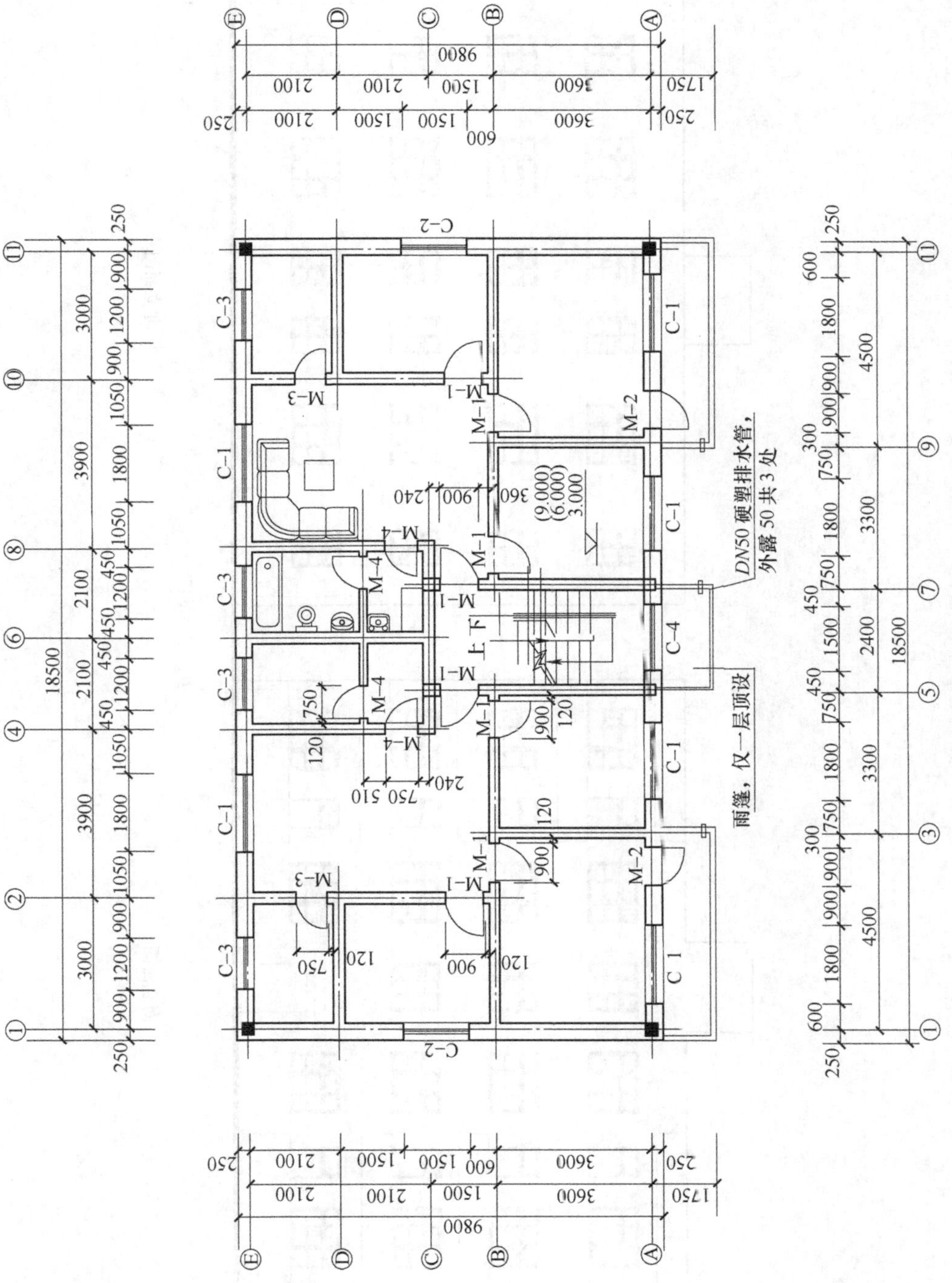

图 5-20　建施—3 二～四层平面图

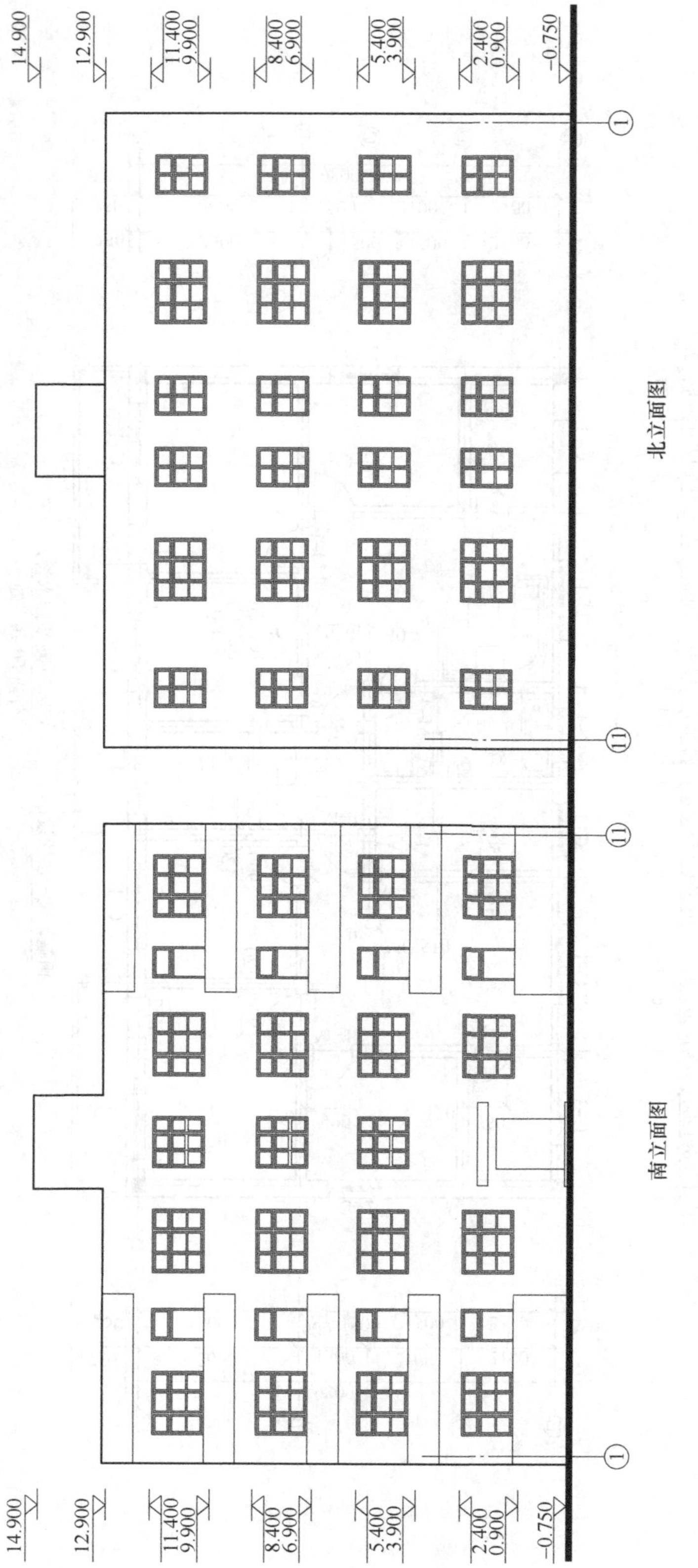
14.900
12.900
11.400
9.900
8.400
6.900
5.400
3.900
2.400
0.900
−0.750
①
⑪
北立面图
⑪
南立面图
①
14.900
12.900
11.400
9.900
8.400
6.900
5.400
3.900
2.400
0.900
−0.750

图 5-21 建施—4

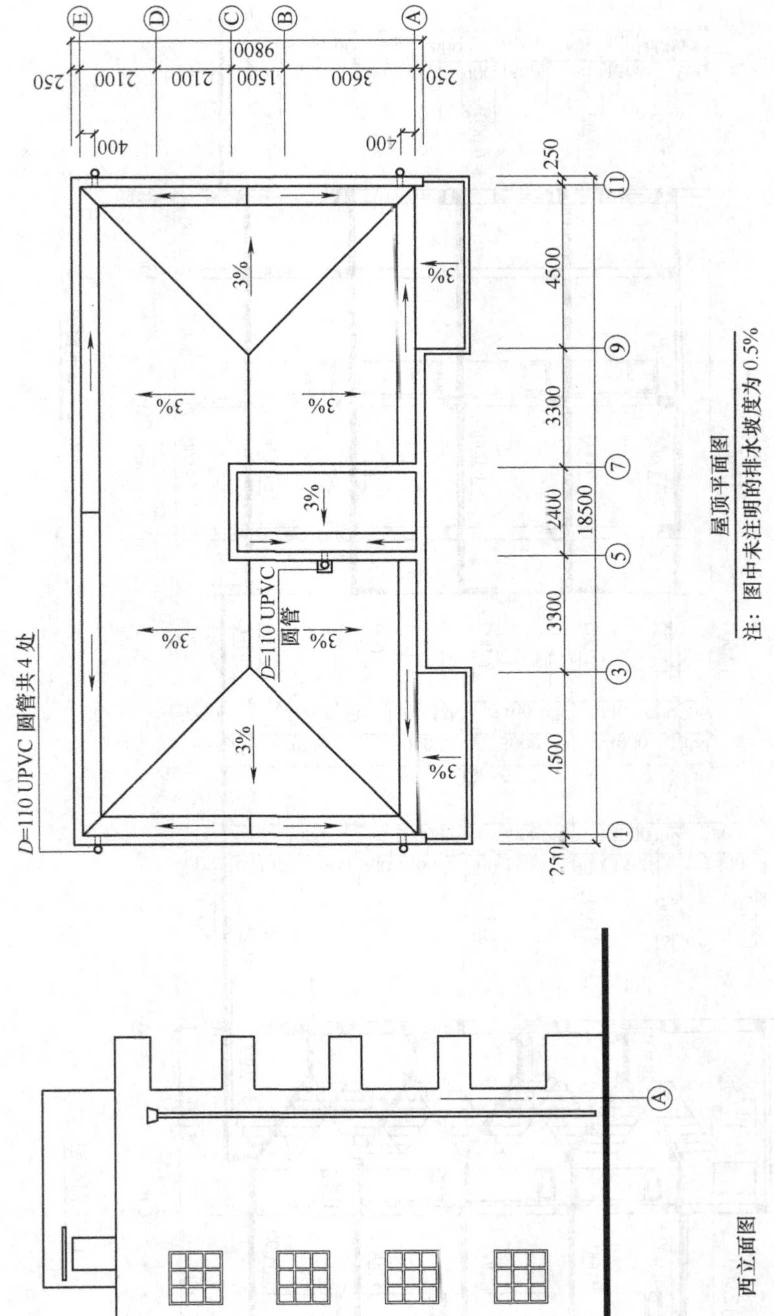
D=110 UPVC 圆管共 4 处
D=110 UPVC 圆管
3%
0.5%
9800
250
2100
1500
3600
400
4500
3300
2400
18500
屋顶平面图
注：图中未注明的排水坡度为 0.5%
西立面图
14.900
12.900
11.400
9.900
8.400
6.900
5.400
3.900
2.400
0.900
−0.750

图 5-22　建施—5

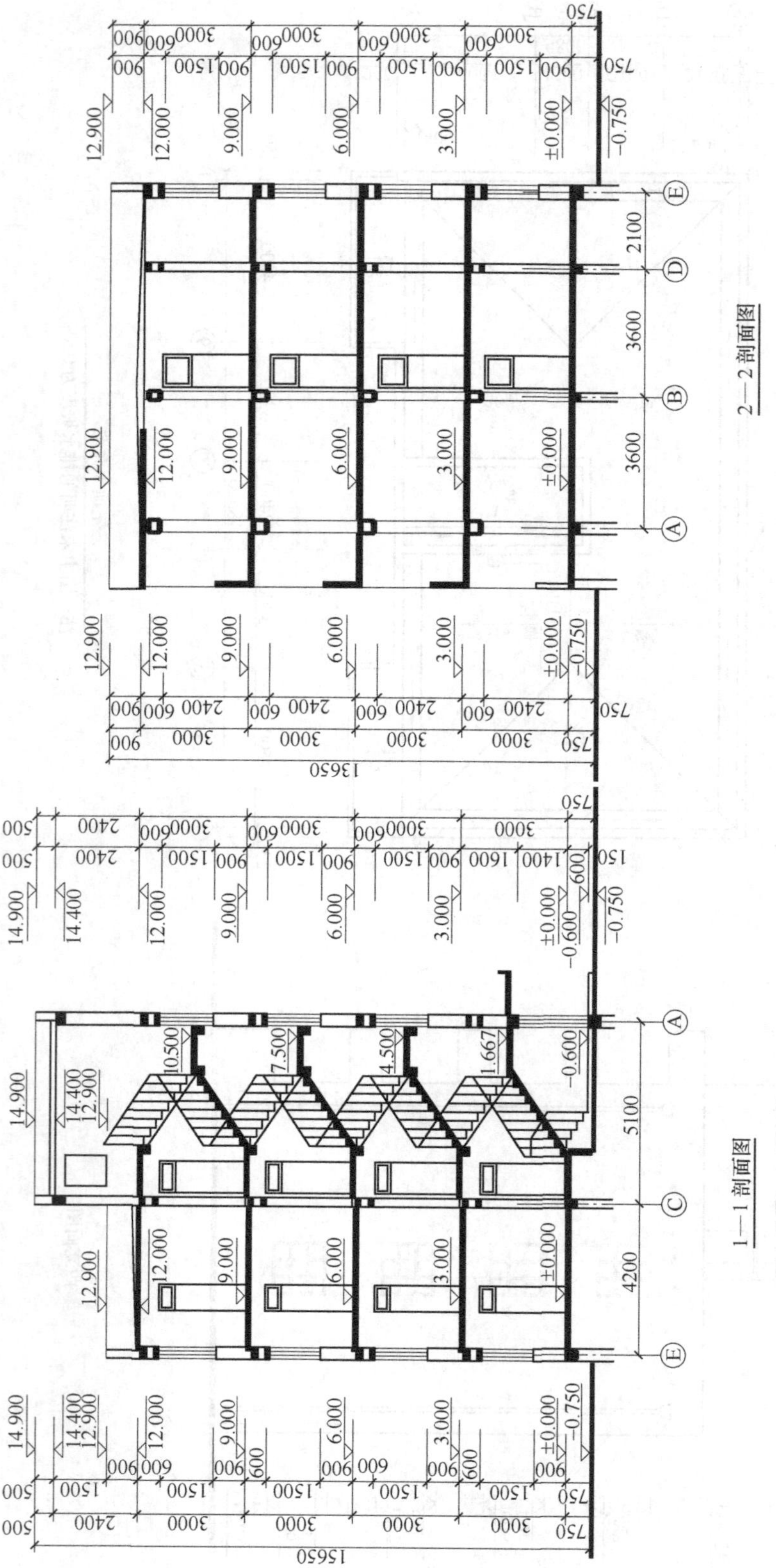

图5-23 建施—6

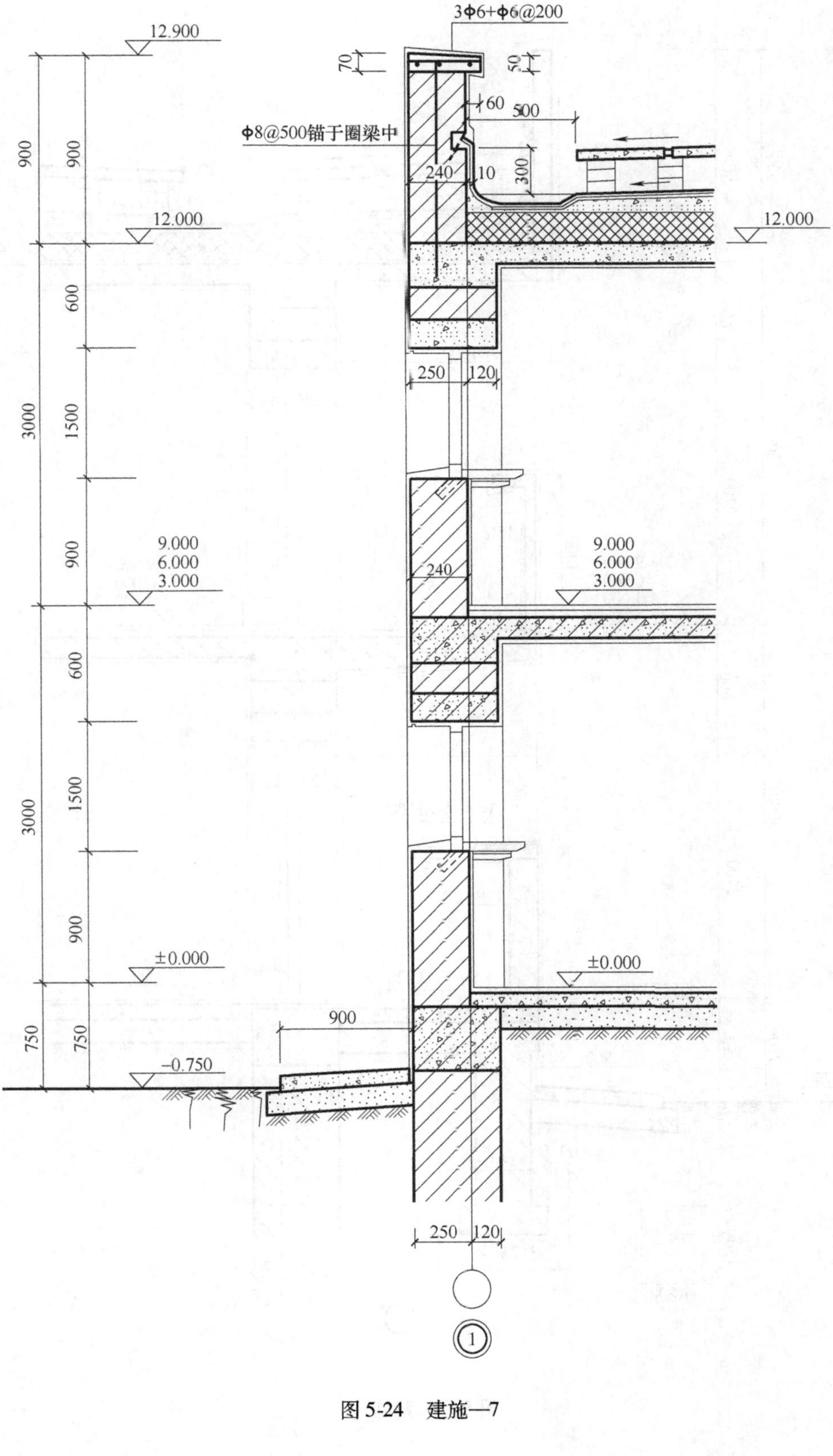
3Φ6+Φ6@200
12.900
70
50
60
500
Φ8@500锚于圈梁中
240
10
300
900
900
12.000
12.000
600
250
120
3000
1500
900
9.000
6.000
3.000
9.000
6.000
3.000
240
600
3000
1500
900
±0.000
±0.000
900
750
750
−0.750
250
120
1

图 5-24　建施—7

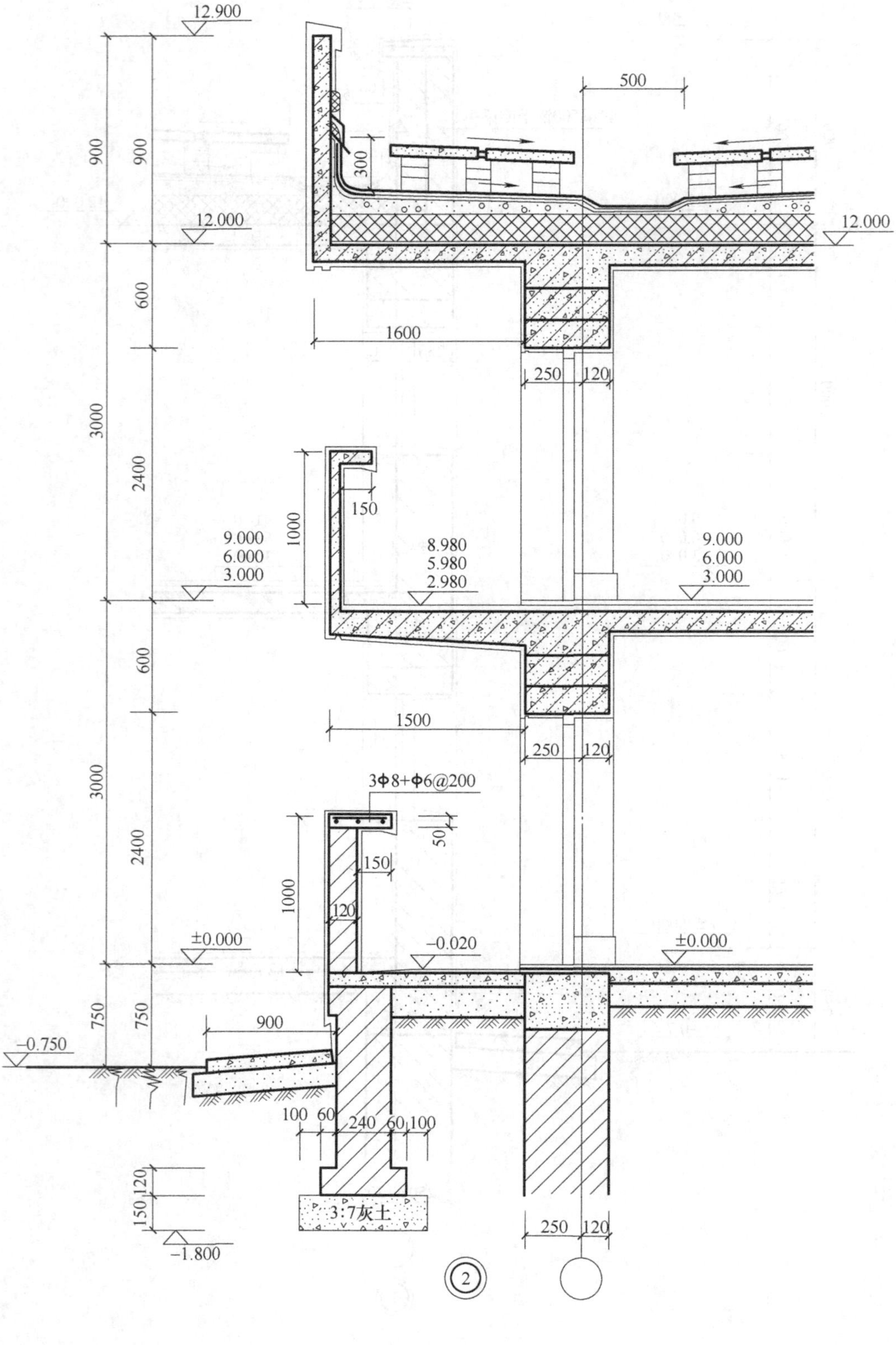

12.900
900
900
300
500
12.000
12.000
600
1600
250
120
3000
2400
1000
150
9.000
6.000
3.000
8.980
5.980
2.980
9.000
6.000
3.000
600
1500
250
120
3000
2400
3Φ8+Φ6@200
50
150
1000
120
±0.000
−0.020
±0.000
750
750
900
−0.750
100
60
240
60
100
150
120
150
3:7灰土
−1.800
250
120
2

图 5-25 建施—8

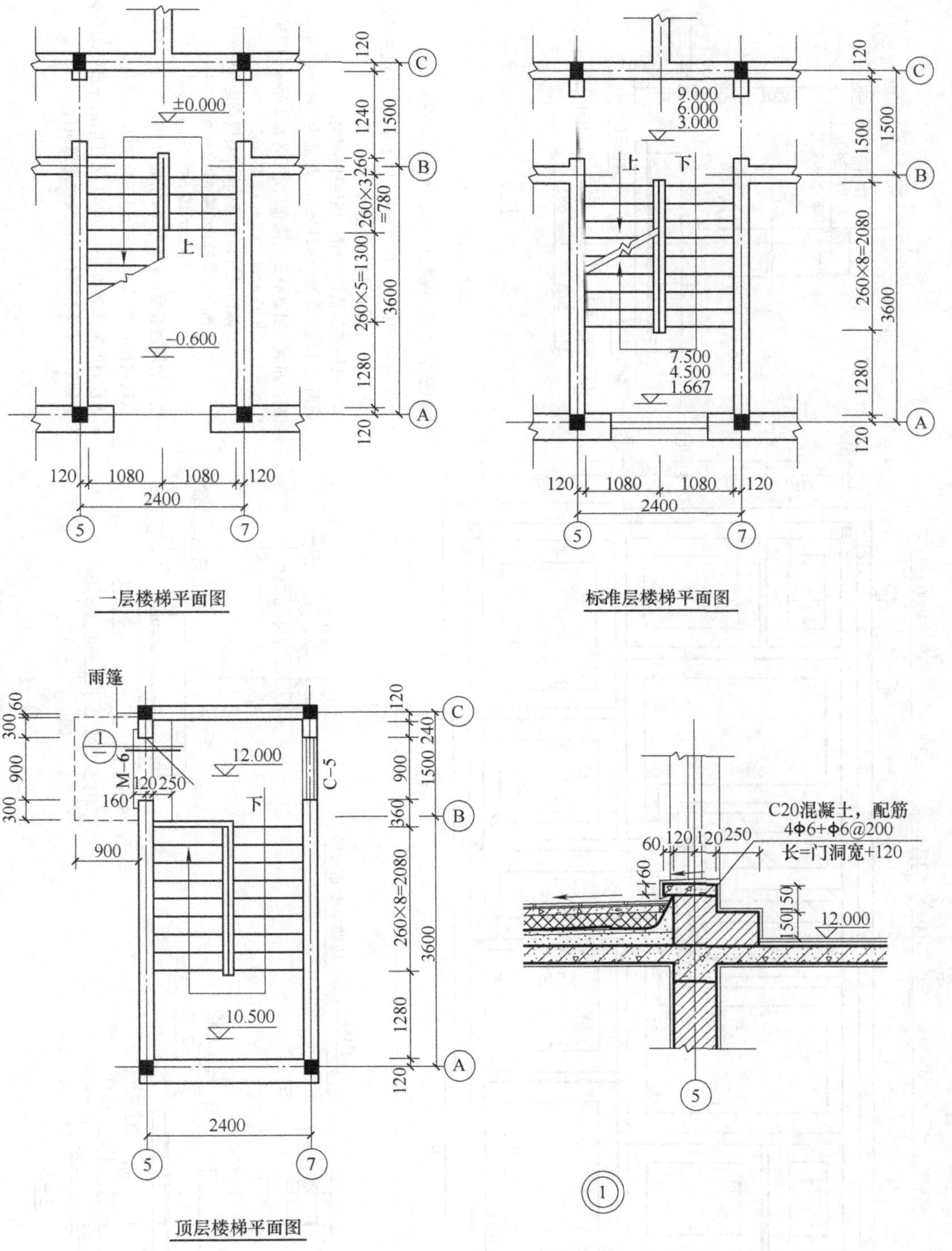
一层楼梯平面图
±0.000
-0.600
上
120
1240
1500
260
260×3=780
260×5=1300
3600
1280
120
1080
2400
标准层楼梯平面图
9.000
6.000
3.000
7.500
4.500
1.667
上
下
260×8=2080
顶层楼梯平面图
雨篷
M-6
C-5
12.000
10.500
下
900
300
60
160
250
240
360
C20混凝土，配筋
4Φ6+Φ6@200
长=门洞宽+120
150

图 5-26　建施—9

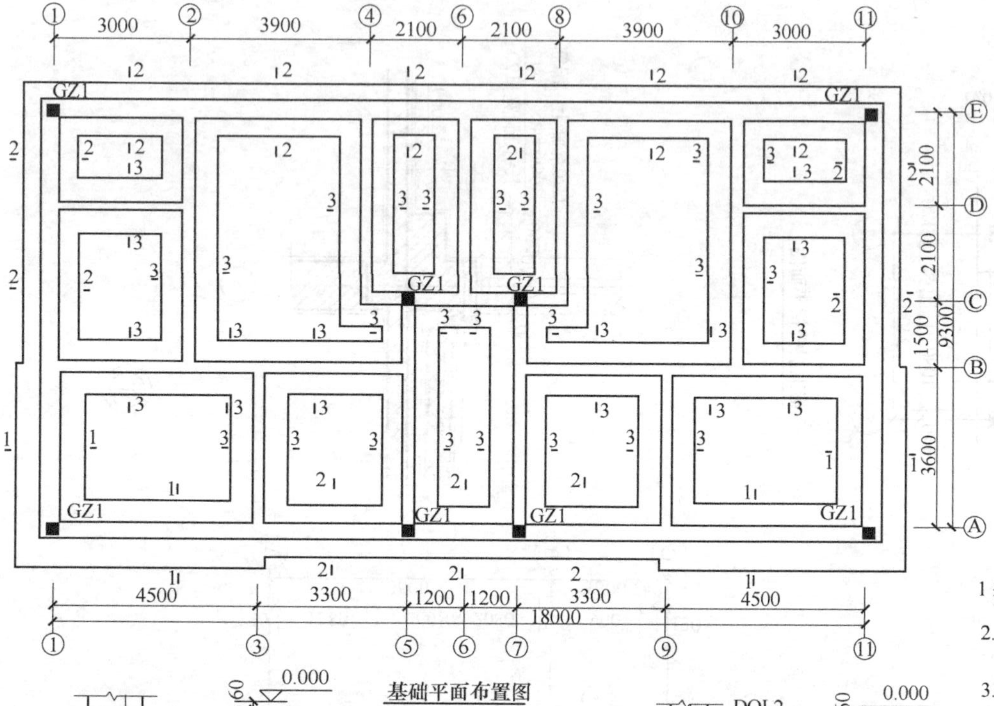

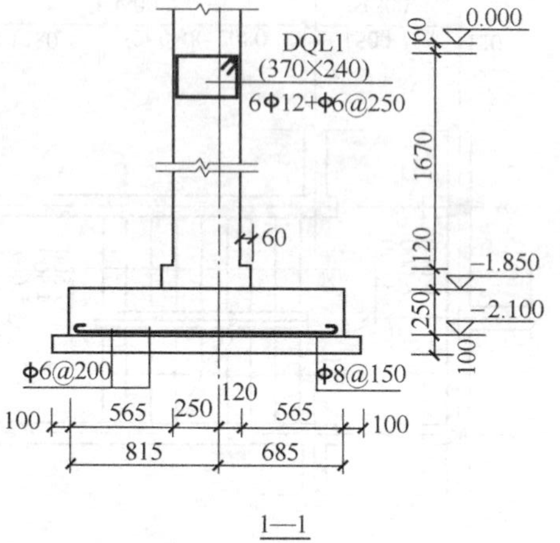

结构设计总说明

1 基础垫层用 C10 混凝土，其余均用 C20 混凝土。

2. 砖采用 MU10 黏土砖，±0.000 以上采用 M5 混合砂浆，±0.000 以下采用 M5 水泥砂浆。

3.GZ1 纵筋锚入基础 30 d，上至屋顶圈梁，截面尺寸均为 240mm×240mm，配筋为 4Φ12+Φ6@200。

4. 圈梁布置：圈梁沿砖墙满布，顶标高为 2.950m,5.950m,8.950m,12.000m,14.400m,
截面尺寸：梁宽同墙厚、梁高为 180mm；
配筋：240mm 墙 4Φ12+Φ6@200，
370mm 墙 6Φ12+Φ6@200。

5. 钢筋的锚固长度：Ⅰ级为 30dⅡ级为 40d;
钢筋搭接长度：Ⅰ级为 36dⅡ级为 48d。

6. 未注明的板底筋均为Φ6@200; 未注明的分布筋均为Φ6@200。

7. 基础工程质量按现行基础验收规范执行。

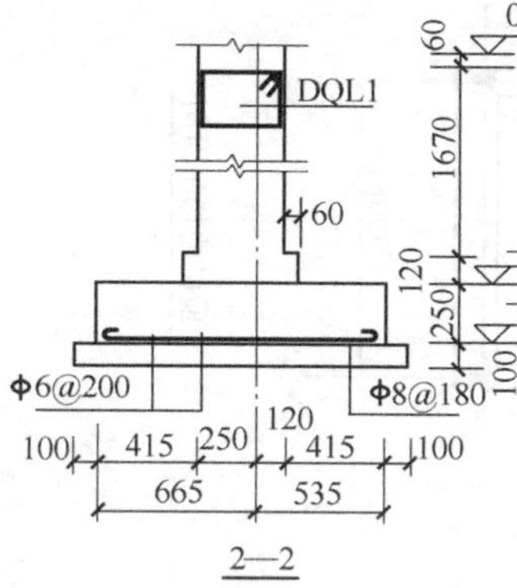

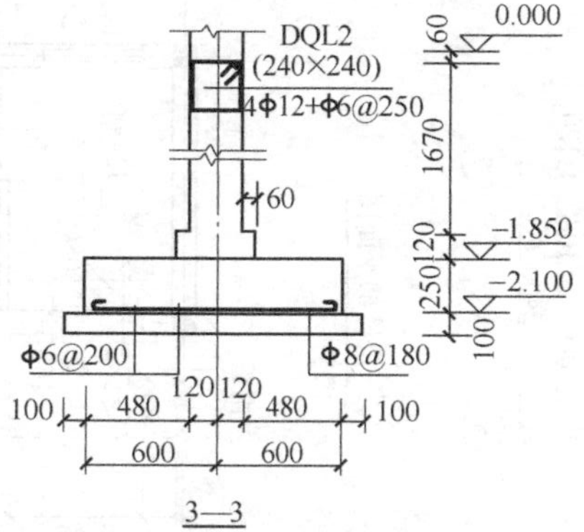

图 5-27 结施—1

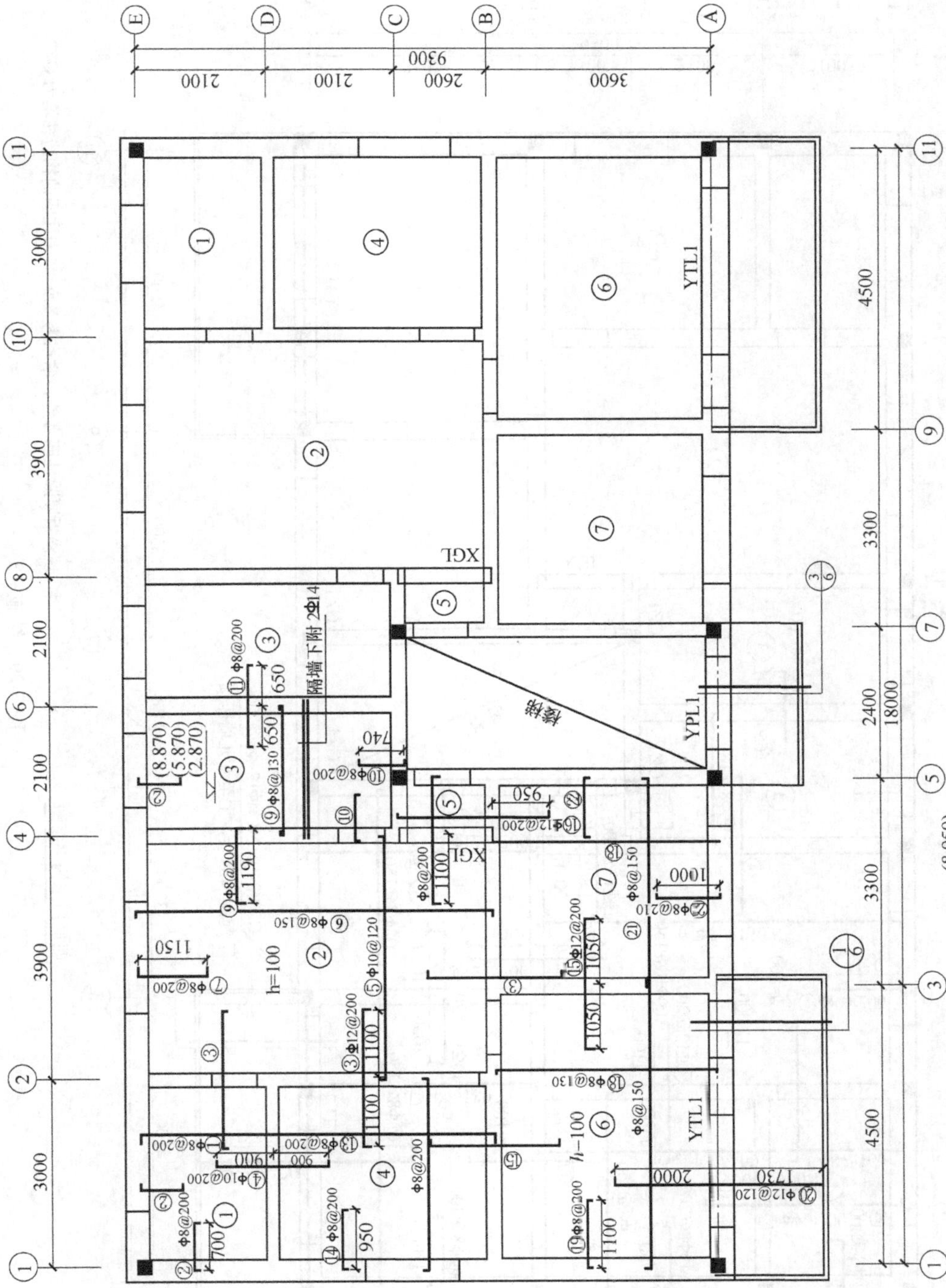

注：现浇板厚除注明者外，余均为 80mm；圈梁纵筋锚入 YPL1 内 30d。

图 5-28 结施—2

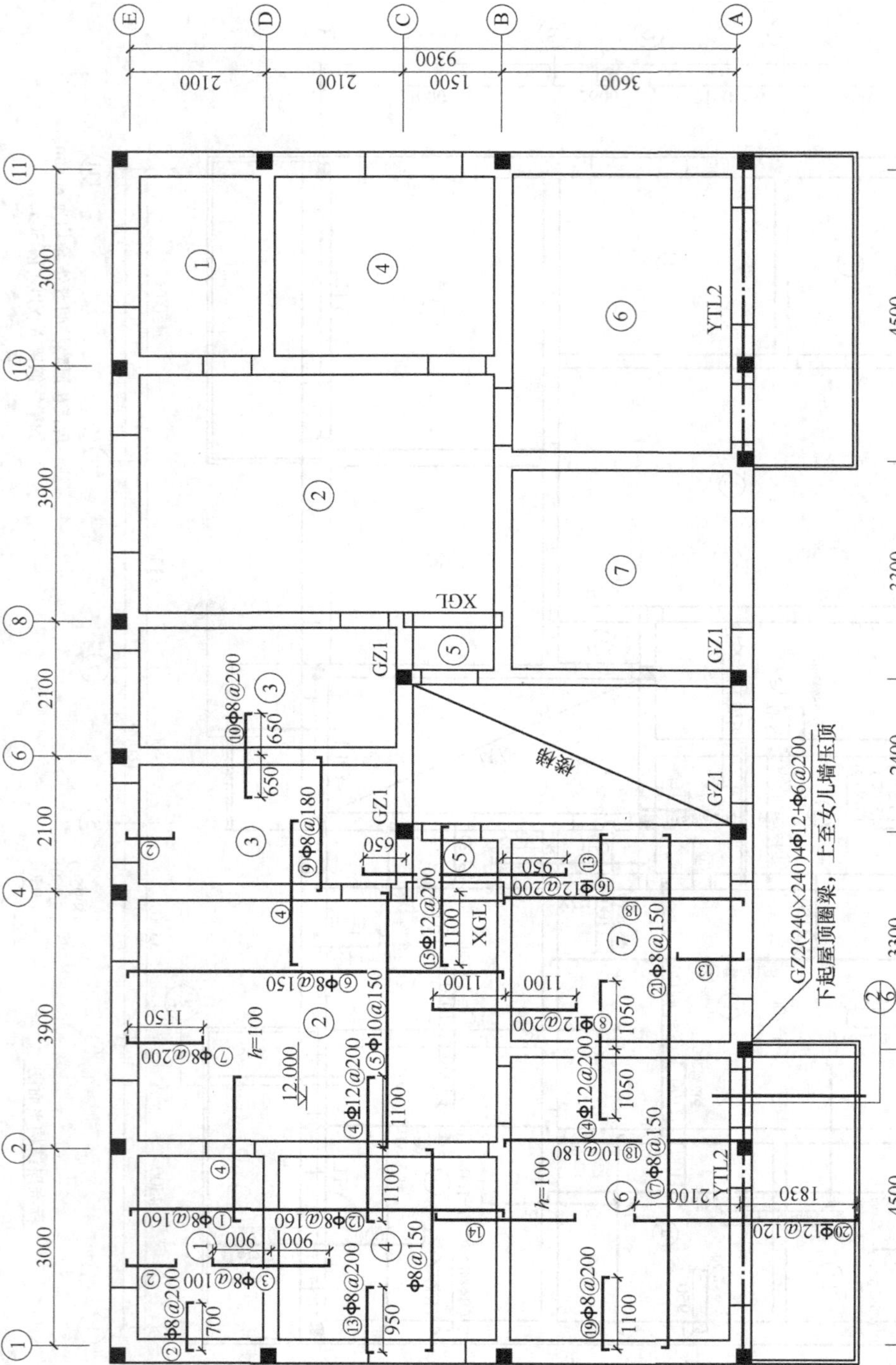

四层顶结构平面图

注：现浇板厚除注明者外，余均为80mm；未注明的构造柱均为GZ2。

图 5-29 结施—3

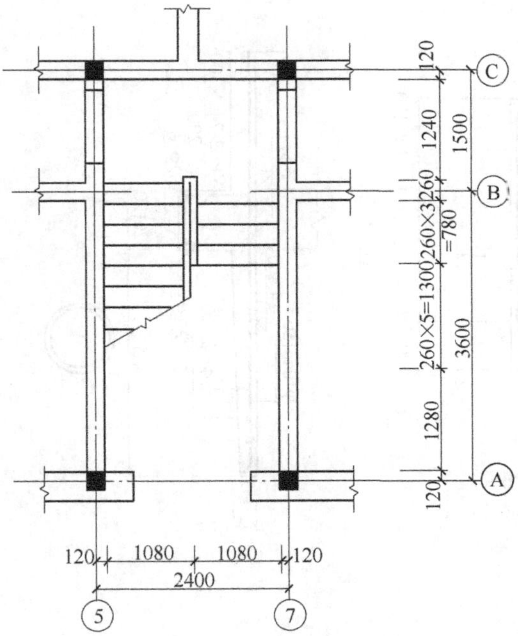

一层楼梯平面图

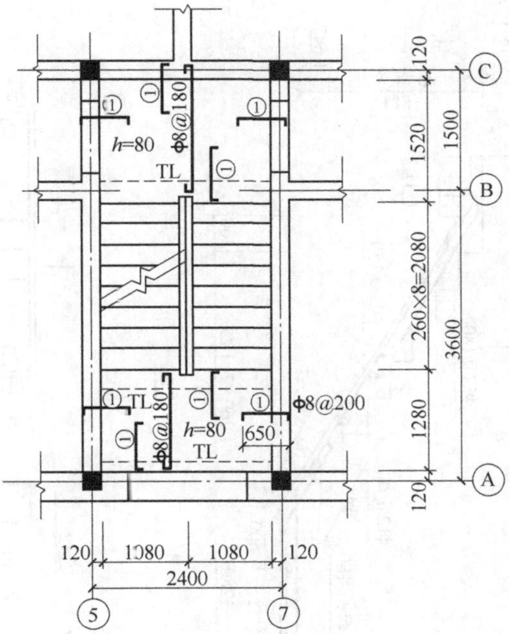

标准层楼梯平面图

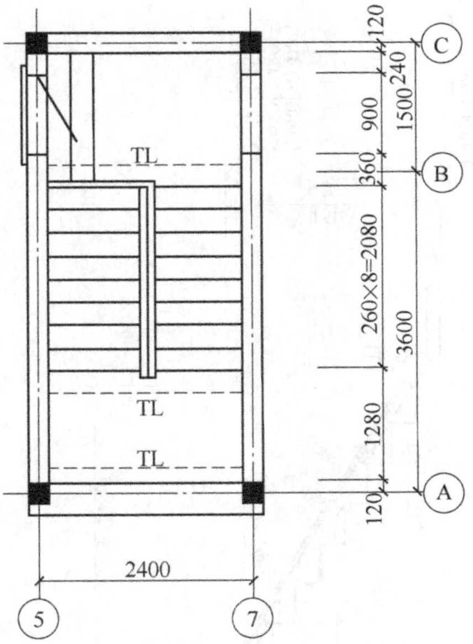

顶层楼梯平面图

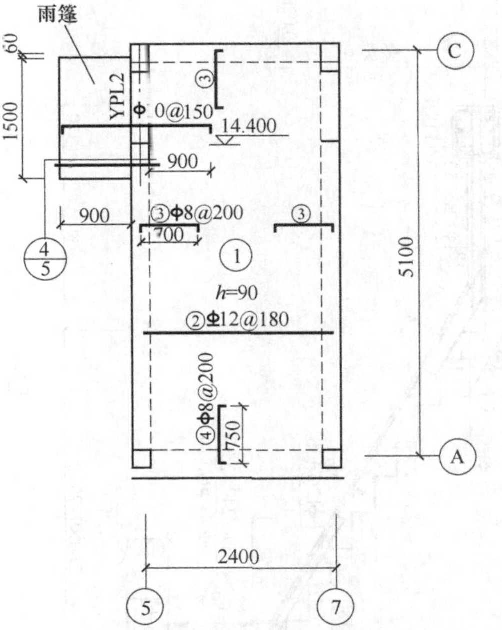

楼梯间顶结构平面图

图 5-30　结施—4

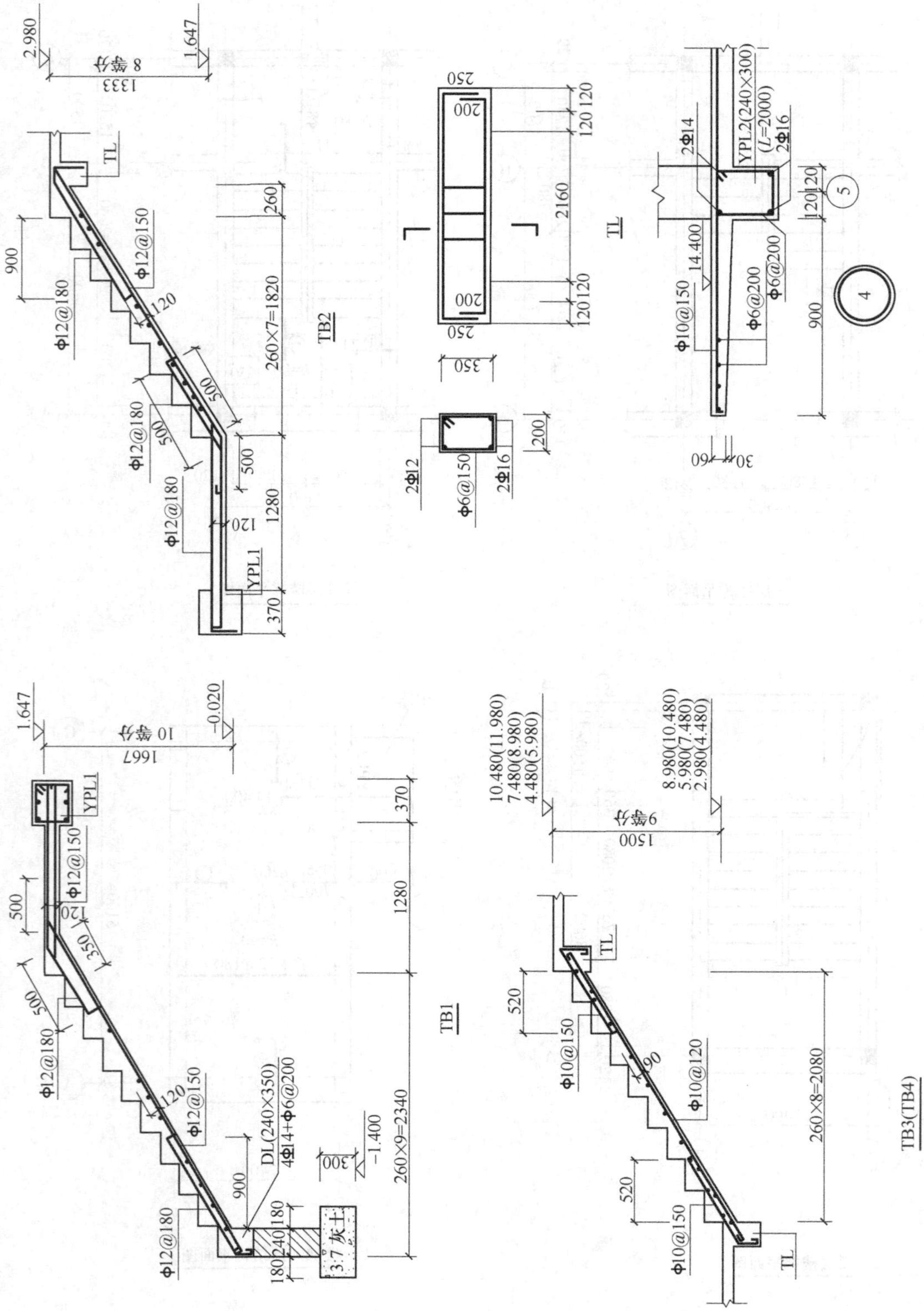
TB1
TB2
TB3(TB4)
TL
YPL1
YPL2(240×300)
DL(240×350)
3:7 灰土
260×9=2340
260×7=1820
260×8=2080
1667
1333
1500

图 5-31　结施—5

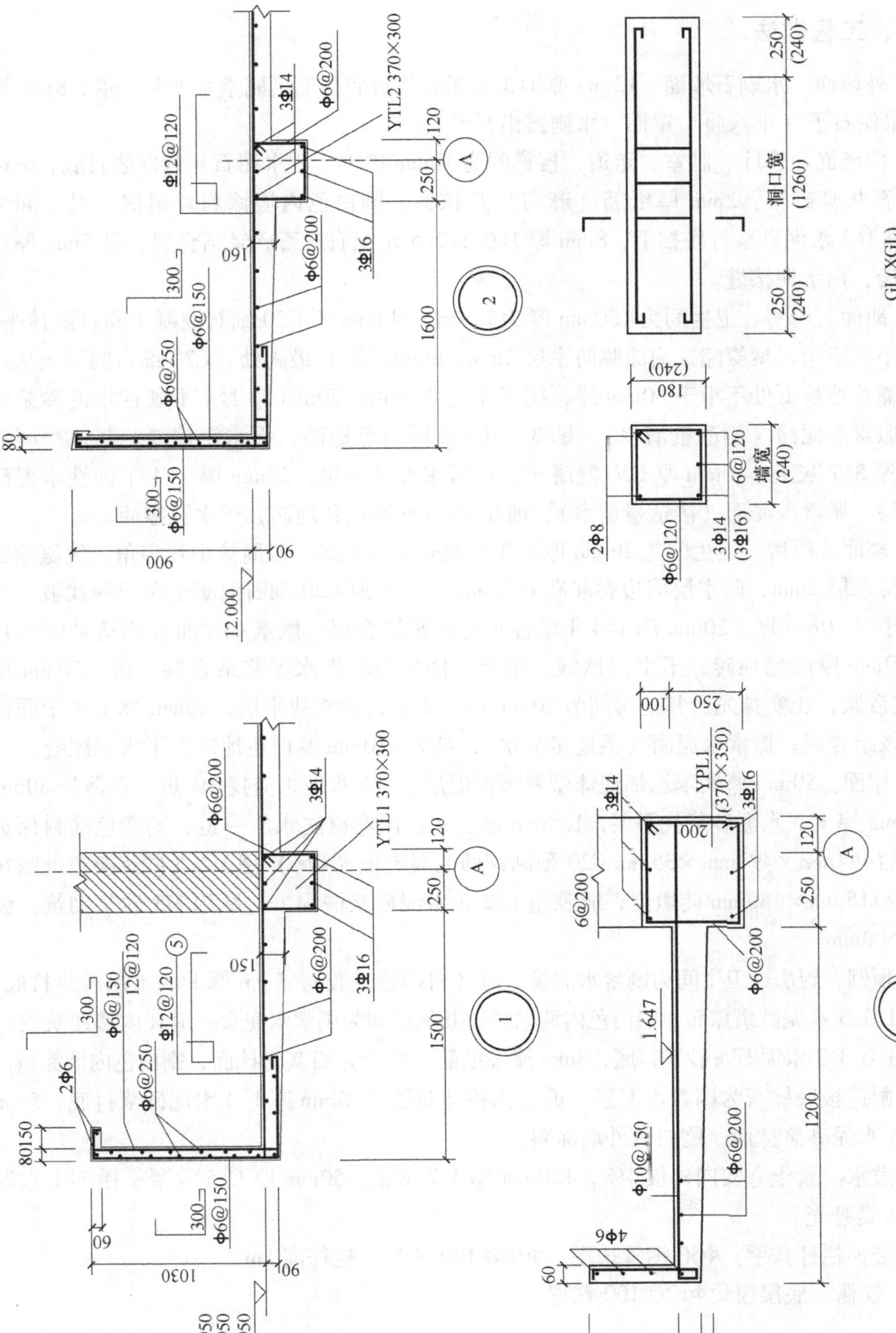
YTL2 370×300
YTL1 370×300
YPL1 (370×350)
GL(XGL)
GL用于门窗洞口处
洞口宽 (1260)
墙宽 (240)
3Φ14
3Φ16
Φ6@200
Φ6@150
Φ6@250
Φ12@120
Φ10@150
2Φ8
2Φ6
4Φ6
12.000
8.950
5.950
2.950
1.647
1600
1500
1200
1030
900
300

图5-32　结施—6

3）尺寸单位：标高以米计，余以毫米计。

二、工程做法

1）外墙面。水刷石墙面，12mm 厚 1∶3 水泥砂浆打底扫毛，刷素水泥浆一道，8mm 厚 1∶1.5 水泥石子（小八厘）罩面，水刷露出石子。

2）内墙面。客厅、卧室、走道、楼梯间为 10mm 厚 1∶3∶9 水泥石灰膏砂浆打底，6mm 厚 1∶3 石灰膏砂浆，2mm 厚纸筋（麻刀）灰抹面，刷白色内墙涂料。厨房、卫生间为 12mm 厚 1∶3 水泥砂浆打底扫毛，8mm 厚 1∶0.1∶2.5 水泥石灰膏砂浆结合层，贴 5mm 厚白色釉面砖，白水泥擦缝。

3）地面。厨房、卫生间为 150mm 厚 3∶7 灰土，40mm 厚 C20 细石混凝土随打随抹平，四周抹小八字角，聚氨酯二遍涂膜防水层 2mm，60mm 厚（最高处）C20 细石混凝土从门口向地漏找坡最低处不小于 30mm 厚，刷素水泥浆一道，20mm 厚 1∶4 干硬性水泥砂浆结合层，撒素水泥面（洒适量清水），铺 8～10mm 厚白色地砖，干水泥擦缝。其他房间为 150mm 厚 3∶7 灰土，40mm 厚 C20 混凝土，刷素水泥浆一道，20mm 厚 1∶4 干硬性水泥砂浆结合层，撒素水泥面（洒适量清水），铺 8～10mm 厚白色地砖，干水泥擦缝。

4）楼面。厨房、卫生间为 20mm 厚 1∶3 水泥砂浆找平层，四周抹小八字角，聚氨酯二遍涂膜防水层 2mm，防水层周边卷起高 150mm，60mm 厚 C20 细石混凝土向地漏找坡，最薄处不小于 30mm 厚，20mm 厚 1∶4 干硬性水泥砂浆结合层，撒素水泥面（洒适量清水），铺 8～10mm 厚白色地砖，干水泥擦缝。阳台、楼梯为刷素水泥浆结合层一道，20mm 厚 1∶2水泥砂浆，压实抹光。其他房间为 20mm 厚 1∶3 水泥砂浆找平层，20mm 厚 1∶4 干硬性水泥砂浆结合层，撒素水泥面（洒适量清水），铺 8～10mm 厚白色地砖，干水泥擦缝。

5）屋面。50mm 厚聚苯乙烯泡沫塑料板保温层，1∶6 水泥焦渣找 2% 坡，最薄处 30mm 厚，20mm 厚 1∶3 水泥砂浆找平层，1.5mm 厚三元乙丙卷材防水层一道，刷着色涂料保护层，上铺 494mm × 494mm × 35mm C20 预制钢筋混凝土板（4Φ6）用 M2.5 砂浆架空卧铺在 115mm × 115mm × 180mm 砖墩上，缝隙用 1∶2.5 水泥砂浆嵌固，砖墩用 M5 砂浆砌筑，纵横中距 500mm。

6）顶棚。厨房、卫生间为刷素水泥浆一道（内掺建筑胶），5mm 厚 1∶3 水泥砂浆打底，5mm 厚 1∶2.5 水泥砂浆抹面，刷白色内墙涂料。其他房间为刷素水泥浆一道（内掺建筑胶），7mm 厚 1∶0.3∶3 水泥石灰砂浆打底，3mm 厚细纸筋（麻刀）石灰膏抹面，刷白色内墙涂料。

7）雨篷板底抹灰为刷素水泥浆一道（内掺建筑胶），5mm 厚 1∶3 水泥砂浆打底，5mm 厚 1∶2.5 水泥砂浆抹面，刷白色外墙涂料。

8）散水。素土夯实向外坡 4%，150mm 厚 3∶7 灰土，50mm 厚 C15 混凝土撒 1∶1 水泥砂子，压实赶光。

9）楼梯栏杆扶手。Φ50 钢管扶手，Φ16@100 栏杆，栏杆高 1m。

10）铁栅。底层窗设Φ12@100 铁栅。

三、门窗

1）所有门窗均选自图集河北省工程建设标准设计《05 系列建筑标准设计图集》05J4-1

常用门窗。M-1、M-3、M-4 为平开胶合板门；M-2、M-4 为铝合金平开门；所有窗均为铝合金推拉窗。门窗编号及尺寸见表 5-10。

表 5-10　门　窗　表

序号	门窗编号	门窗图集代号	洞口尺寸/mm		樘　数	备　　注
			宽	高		
1	M-1	1PM-0924	900	2400	32	门扇面积：792mm×2370mm
2	M-2	$1PM_1$-0924	900	2400	8	
3	M-3	$1PM_1$-0824	750	2400	8	门扇面积：692mm×2350mm
4	M-4	1PM-0824	750	2400	16	门扇面积：692mm×2350mm
5	M-5	1PM-0921	900	2100	1	
6	C-1	1TC-1815	1800	1500	24	
7	C-2	1TC-1515	1500	1500	8	
8	C-3	1TC-1215	1200	1500	16	
9	C-4	$1TC_1$-1515	1500	1500	3	
10	C-5	1TC-0912	900	1200	1	

2）窗台板。所有窗均设窗台板。窗台板为白水泥凤凰绿石子配成的水磨石窗台板，板长＝(窗洞宽－5×2)mm，板宽为 200mm，板厚为 40mm，配筋为 3Φ6＋Φ6@250。

四、油漆

1）木门窗。刷底油一遍，奶黄色调和漆两遍。

2）底层窗铁栅。红丹漆两遍，外罩奶黄色调和漆两遍。

3）楼梯栏杆扶手。红丹漆两遍，外罩灰色调和漆两遍。

五、注意配合其他工种预留孔洞及埋件，未尽事宜按国家现行施工及验收规范执行

表 5-11　基数计算表

序号	基数名称	代号	单位	数量	计　算　式
1	外墙外边线	$L_{外}$	m	56.60	(18.5+9.80)×2＝56.60
2	外墙中心线	$L_{中1}$	m	16.46	1—1 剖面 (3.60+0.065)×2＋(4.50+0.065)×2＝16.46
		$L_{中2}$	m	38.66	2—2 剖面 (5.70+0.065)×2＋18.00＋0.065×2＋9.00＝38.66
		小计	m	55.12	16.46＋38.66＝55.12
3	内墙净长线	$L_{内1}$	m	64.32	3—3 剖面 ②⑩轴 (5.70－0.24)×2＋③轴 (3.60－0.24)×2＋④⑥⑧轴 (4.20－0.24)×3＋⑤⑦轴 (5.10－0.24)×2＋D 轴 (3.00－0.24)×2＋C 轴 (4.20＋0.24)＋B 轴 (7.80－0.24)×2＝64.32
4	120 墙		m	3.72	(2.10－0.24)×2＝3.72

（续）

序号	基数名称	代号	单位	数量	计算式
4	建筑面积	S	m^2	768.86	底层：18.50×9.80=181.30 南阳台：1.50×4.87×0.5×2=7.31 小计：（181.30+7.31）×4+（出屋面楼梯间）（2.40+0.24）×（5.10+0.12+0.25）=768.86

表5-12　工程量计算表

序号	定额编号	分项工程	单位	工程量	计算式
第一部分　土石方、基础工程					
一		平整场地	m^2	195.91	18.50×9.80+阳台1.50×4.87×2=195.91
二		人工挖地槽	m^3	272.92	不放坡，三类土，挖深$H=(2.20-0.75)\text{m}=1.45\text{m}$ $V=(a+2c)\times H\times L$ 1—1剖面：$V_1=(1.50+0.30\times2)\times1.45\times16.46=50.12$ 2—2剖面：$V_2=(1.20+0.30\times2)\times1.45\times38.66=100.90$ 3—3剖面：$V_3=(1.20+0.30\times2)\times1.45\times43.75=114.19$ 底层阳台：$V_4=[(0.36+0.20\times2)\times0.50\times7.35+$垫层体积$0.56\times0.15\times7.35]\times2_{\text{间}}=6.82$ 楼梯基础：$V_5=(0.24+0.20\times2)\times0.30\times2.40+$垫层体积$0.60\times0.30\times2.40=0.89$ 小计：$V=50.12+100.90+114.19+6.82+0.89=272.92$
三		C10混凝土垫层	m^3	15.78	垫层为实铺体积 $S=[19.83\times10.98-(6.365\times2+8.80)\times0.15-$厨房$1.665\times0.765\times2-$书房$1.665\times2.20\times2-$客厅$(2.50\times4.365+0.90\times0.10)\times2-$卫生间$0.70\times2.865\times2-$主卧$3.015\times2.115\times2-$次卧$1.90\times2.115\times2]\text{m}^2=157.82\text{m}^2$ 小计：$V=157.82\times0.10=15.78$
四		3∶7灰土垫层（基础部分）	m^3	1.62	底层阳台：$(1.36\times2+4.63)_{\text{长}}\times0.56_{\text{宽}}\times0.15_{\text{高}}\times2_{\text{间}}=1.23$ 楼梯基础垫层：$2.16_{\text{长}}\times0.60_{\text{宽}}\times0.30_{\text{高}}=0.39$ 小计：$V=1.23+0.39=1.62$
五		C20混凝土基础	m^3	33.77	1—1剖面：$V_1=16.46\times0.25\times1.5=6.17$ 2—2剖面：$V_2=38.66\times0.25\times1.2=11.60$ 3—3剖面：$V_3=[$②⑩轴$(5.70-0.535-0.60)\times2_{\text{道}}+$⑤⑦轴$(5.10-0.535-0.60)\times2_{\text{道}}+$④⑥⑧轴$(4.20-0.535-0.6)\times3_{\text{道}}+$D轴$(3-0.535-0.60)\times2_{\text{道}}+$C轴$(4.20+1.20)]\times0.25_{\text{厚}}\times1.20_{\text{宽}}+[$③⑨轴$(3.60-0.60-0.685)+(3.60-0.60-0.535)+$B轴$(7.80-0.60-0.685)+(7.80-0.60-0.535)]\times0.60_{\text{宽}}\times0.25_{\text{厚}}\times2_{\text{道}}=10.62+1.43+3.95=16.00$ 小计：$V=6.17+11.60+16.00=33.77$

（续）

序号	定额编号	分项工程	单位	工程量	计算式
六		M5 水泥砂浆砖基础	m^3	62.42	
1		-0.75m 以下	m^3	43.31	1—1 剖面：$V_1=(0.365\times1.10_{高}+$放脚部分$0.12\times0.12)\times16.46=0.42(M2)\times16.46=6.91$ 2—2 剖面：$V_2=(0.365\times1.10_{高}+$放脚部分$0.12\times0.12)\times38.66=0.42(M2)\times38.66=16.23$ 3—3 剖面：$V_3=(0.24\times1.10_{高}+$放脚部分$0.12\times0.12)\times64.32=0.28(M2)\times64.32=18.01$ 一层阳台：$V_4=(0.24\times0.50_{高}+$放脚部分$0.12\times0.12)\times7.35\times2_{间}=1.98$ 楼梯基础：$V_5=0.24_{宽}\times0.35_{高}\times2.16=0.18$ 小计：$V_1=6.91+16.23+18.01+1.98+0.18=43.31$
2		-0.75m 以上	m^3	20.20	1—1 剖面：$V_1=0.365\times0.51_{高}\times16.46=3.06$ 2—2 剖面：$V_2=0.365\times0.51_{高}\times38.66=7.20$ 3—3 剖面：$V_3=0.24\times0.51_{高}\times64.32=7.87$ 一层阳台：$V_4=0.24\times0.53_{高}\times7.35\times2_{间}=1.87$ 楼梯基础：$V_5=0.24_{宽}\times0.38_{高}\times2.16=0.20$ 小计：$V_2=3.06+7.20+7.87+1.87+0.20=20.20$
		合计	m^3	62.42	1、2 合计$=43.31+20.20=63.51$，扣除 GZ：1.09 $V=63.51-1.09=62.42$
七		C20 混凝土构造柱	m^3	1.08	基础部分
1		砖基础中 GZ	m^3	0.85	GZ1 断面为 240×240 共有 8 个： $V_1=0.24\times0.24\times1.85\times8=0.85$
2		马牙槎	m^3	0.23	$V_2=(0.03\times3_{面}\times4_{根}+0.03\times2_{面}\times4_{根})\times0.24\times1.61_{高}=0.23$
		合计	m^3	1.08	$V=V_1+V_2=0.85+0.23=1.08$
八		C20 混凝土地圈梁	m^3	8.32	DQL1：$V_1=55.12\times0.37\times0.24-$构造柱$0.24\times0.24\times6=4.55$ DQL2：$V_2=64.32\times0.24\times0.24-$构造柱$0.24\times0.24\times2=3.59$ 楼梯 DL：$V_3=0.24\times0.35\times2.16=0.18$ 小计：$V=4.55+3.59+0.18=8.32$
九		房心回填土	m^3	81.93	厨房、卫生间填土厚：$(0.75-0.26)$m$=0.49$m 其他房间地面填土厚：$(0.75-0.22)$m$=0.53$m $V=$厨、卫$24.55\times0.49+$其他房间$131.89\times0.53=81.93$
十		室外回填土	m^3	178.44	挖土体积－室外地坪以下埋设的构筑物体积 $V=272.92-$垫层$(15.78+1.62)-$混凝土基础$33.77-$砖基础（含构造柱）$43.31=178.44$
十一		余土外运	m^3	12.55	挖土体积－回填土 $V=272.92-81.93-178.44=12.55$

（续）

序号	定额编号	分项工程	单位	工程量	计算式
第二部分 砌筑工程					
一		外墙			外墙中心线 $L=55.12$m
1		370外墙	m^3	163.15	$V=55.12\times0.365\times12.00$ + A 轴出屋面楼梯间 $2.64\times0.365\times2.40=243.74$ 扣除外窗C－1：$1.80\times1.50\times24_{樘}=64.80$ C－2：$1.50\times1.50\times8_{樘}=18.00$ C－3：$1.20\times1.50\times16_{樘}=28.80$ C－4：$1.50\times1.50\times3_{樘}=6.75$ 扣除外门 M－2：$0.90\times2.40\times8_{樘}=17.28$ 门洞：$1.44\times2.04=2.93$ 扣除门窗体积：$(118.35+20.21)\times0.365=50.57$ 扣除 QL、GL、GZ、YPL1、YTL 体积：$11.62+7.62+6.50+0.28+4.00=30.02$ 小计：$V=243.74-50.57-30.02=163.15$
2		240外墙	m^3	16.58	出屋面楼梯间外墙：$(5.10\times2+2.16)_{长}\times0.24\times2.84$（含女儿墙高度）$=8.42$ 女儿墙：$(18.26\times2+9.56\times2-2.64)_{长}\times0.24\times0.84_{高}$ + 出屋面楼梯间女儿墙 $2.64\times0.24\times0.44=10.97$ 扣除外门窗M－5：$0.90\times2.10=1.89$ C－5：$0.90\times1.20=1.08$ 扣除外门窗体积：$(1.89+1.08)\times0.24=0.71$ 扣除 QL、GL、GZ、YPL2 体积：$0.45+0.10+0.38+1.07+0.10=2.10$ 小计：$V=8.42+10.97-0.71-2.10=16.58$
二		内墙			内墙净长 $L=64.32$m
1		240内墙	m^3	142.61	$64.32\times0.24\times12.00=185.24$ 扣除内门M－1：$0.90\times2.40\times32_{樘}=69.12$ M－3：$0.75\times2.40\times8_{樘}=14.40$ M－4：$0.75\times2.40\times16_{樘}=28.80$ 合计扣除体积：$(69.12+14.40+28.8)\times0.24=26.96$ 扣除 GZ、QL、GL 体积：$1.87+11.03+2.77=15.67$ 小计：$V=185.24-26.96-15.67=142.61$
2		120内墙	m^3	3.27	$V=1.86\times0.12\times2.92\times2_{道}\times4_{层}$ − 内门(M－4)14.40×0.12 − 过梁 $0.21=5.21-1.73-0.21=3.27$
三		零星砌体	m^3	1.74	一层阳台栏板：$(1.38\times2+4.87)\times0.12\times0.95\times2=1.74$
四		墙体拉结筋	kg	670.39	第一步：计算配筋道数 第二步：计算配筋长度 第三步：计算质量
1		配筋道数			A：没有洞口处 $N=(3.00-0.18)\div0.5-1=5$ 道 B：基础 $N=(1.85-0.30)\div0.5-1=2$ 道 C：加强筋长度范围内有门 $N_1=4$ 道（长度算至门边），$N_2=1$ 道（长度按规范） D：加强筋长度范围内有窗 $N_1=3$ 道（长度算至窗边），$N_2=2$ 道（长度按规范）

（续）

序号	定额编号	分项工程	单位	工程量	计算式
2		配筋长度	m		凡对称处乘2，弯钩长度12.5d=0.075
i		基础	m	300.34	角柱L形：$(2.37+0.075)\times3_{根}\times4_{处}\times2_{道}=58.68$ 中柱T形(外)：$[(2.24+0.075)\times2_{根}+(2.08+0.075)\times2_{根}]\times2_{处}\times2_{道}=35.76$ 中柱T形(内)：$[(2.02+0.075)+(1.86+0.075)]\times1_{根}\times2_{处}\times2_{道}=16.12$ 纵横墙T形(外)：$\{[(2.24+0.075)\times2_{根}+(2.08+0.075)\times2_{根}]\times8_{处}+[(6.44+0.075)\times2_{根}+(2.08+0.075)\times2_{根}+(2.94+0.075)\times2_{根}]\}\times2_{道}=189.78$ 小计：58.68+35.76+16.12+189.78=300.34
ii		主体	m	2580.6	A：L形 ①轴与A轴相交：$[(2.37+0.075)\times3_{根}\times2_{道}+(1.85+0.075)\times3_{根}\times3_{道}]\times2_{处}\times4_{层}=255.96$ ①轴与E轴相交：$[(2.37+0.075)\times3_{根}\times2_{道}+(2.15+0.075)\times3_{根}\times3_{道}]\times2_{处}\times4_{层}=277.56$ B：T形 ③轴与A轴相交：$\{[(1.42+0.075)\times2_{根}+(1.26+0.075)+(1.96+0.075)]\times1_{道}+[(1.05+0.075)\times2_{根}+(1.26+0.075)+(1.71+0.075)]\times3_{道}+[(2.24+0.075)\times2_{根}+(2.08+0.075)\times2_{根}]\times1_{道}\}\times2_{处}\times4_{层}=251.28$ ⑤轴与B轴相交：$\{[(1.60+0.075)\times2_{根}+(1.44+0.075)+(1.96+0.075)]\times1_{道}+[(1.23+0.075)\times2_{根}+(1.44+0.075)+(1.89+0.075)]\times3_{道}+[(2.24+0.075)\times2_{根}+(2.08+0.075)\times2_{根}]\times1_{道}\}\times2_{处}\times4_{层}=272.88$ ①轴与B轴相交：$\{[(1.72+0.075)\times2_{根}+(2.08+0.075)+(1.56+0.075)]\times3_{道}+[(2.24+0.075)\times2_{根}+(2.08+0.075)\times2_{根}]\times2_{道}\}\times2_{处}\times4_{层}=320.16$ ①轴与D轴相交：$[(2.24+0.075)\times2_{根}+(2.08+0.075)\times2_{根}]\times5_{道}\times2_{处}\times4_{层}=357.60$ ②轴与E轴相交：$\{[(1.95+0.075)\times2_{根}+(1.86+0.075)+(2.01+0.075)]\times3_{道}+[(2.24+0.075)\times2_{根}+(2.08+0.075)\times2_{根}]\times2_{道}\}\times2_{处}\times4_{层}=336.72$ ④⑥⑧轴与E轴相交：$\{[(6.44+0.075)\times2_{根}+(2.08+0.075)\times2_{根}+(2.94+0.075)\times2_{根}]\times2_{道}+[(0.90+0.075)\times2_{根}+(1.41+0.075)\times2_{根}]\times3_{道}+[(1.50+0.075)\times2_{根}+(1.41+0.075)+(2.01+0.075)]\times3_{道}\}\times4_{层}=326.64$ 中柱：$\{(2.02+0.075)\times2_{根}\times4_{道}+[(2.02+0.075)+(1.86+0.075)\times2_{根}]\}\times2_{处}\times4_{层}=181.80$ 小计：255.96+277.56+251.28+272.88+320.16+357.60+336.72+326.64+181.80=2580.6

（续）

序号	定额编号	分项工程	单位	工程量	计算式
iii		女儿墙	m	75.39	[(2.24+0.075)×10$_{处}$+(6.84+0.075)+(3.74+0.075)×2$_{处}$]×2$_{根}$=75.39
iv		出屋面楼梯间	m	63.44	(2.24+0.075)×2$_{根}$×2$_{处}$×4$_{道}$+⑤轴(1.48+0.075)×2$_{根}$×4$_{道}$+⑦轴(1.48+0.075)×2$_{根}$×3$_{道}$+(2.24+0.075)×2$_{根}$=63.44
3		加固筋总长	m	3019.77	合计（基础、主体、女儿墙及出屋面楼梯间）：300.34+2580.6+75.39+63.44=3019.77
4		加固筋总重	kg	670.39	$G=3019.77\times0.222=670.39$
	第三部分 混凝土及钢筋混凝土工程				
一		板			
1		C20混凝土平板	m^3	50.31	书房：板④共有8块 $V_1=(3.60-0.24)\times(3.00-0.24)\times0.08\times8=5.94$ 主卧：板⑥共有8块 $V_2=(3.60-0.24)\times(4.50-0.24)\times0.1\times8=11.45$ 次卧：板⑦共有8块 $V_3=(3.60-0.24)\times(3.30-0.24)\times0.08\times8=6.58$ 客厅：板②共有8块 $V_4=(3.90-0.24)\times(5.70-0.24)\times0.1\times8=15.99$ 厨房：板①共有8块 $V_5=(3.00-0.24)\times(2.10-0.24)\times0.08\times8=3.29$ 卫生间：板③共有8块 $V_6=(2.10-0.24)\times(4.20-0.24)\times0.08\times8=4.71$ 门厅：板⑤共有8块 $V_7=(0.90-0.24)\times(1.50-0.24)\times0.08\times8=0.53$ 楼梯间顶板：$V_8=(2.40-0.24)\times(5.10-0.24)\times0.09=0.95$ 楼梯间：1.26×(2.40−0.24)×0.08×4$_{层}$=0.87 小计：$V=5.94+11.45+6.58+15.99+3.29+4.71+0.53+0.95+0.87=50.31$
二		C20混凝土阳台	m^3	7.21	V=1.5×4.87×2$_{个}$×0.12$_{(平均厚)}$×3$_{层}$+1.60×4.87×0.125$_{(平均厚)}$×2$_{个}$=7.21
三		C20混凝土雨篷	m^3	0.27	$V=(1.2\times2.64+1.5\times0.9)\times0.06=0.27$
四		C20混凝土圈梁	m^3	23.10	
1		370外墙圈梁	m^3	11.62	外墙中心线长为55.12m，YPL1、YTL的长度为(2.16+4.50×2)m=11.16m，外墙圈梁长为(55.12−11.16)m=43.96m V=43.96×0.37×0.18−0.24×0.24×0.18×6$_{根}$)×4$_{层}$+出屋面楼梯间2.64×0.37×0.18−构造柱0.24×0.24×0.18×2$_{根}$=11.62
2		240外墙圈梁 出屋面楼梯间	m^3	0.45	圈梁长L=[5.10×2+2.16−1.44(YPL2)]m=10.92m 圈梁体积V=10.92×0.24×0.18−构造柱0.24×0.24×0.18×2$_{根}$=0.45

（续）

序号	定额编号	分项工程	单位	工程量	计算式
3		240 内墙圈梁	m^3	11.03	$V=(64.32\times0.24\times0.18-$构造柱$0.24\times0.24\times0.18\times2_{个})\times4_{层}=11.03$
五		C20 混凝土过梁	m^3	15.19	
1		门窗过梁	m^3	10.81	C－1：$V_1=(1.80+0.24\times2)\times0.18\times0.37\times24_{樘}=3.64$ C－2：$V_2=(1.50+0.24\times2)\times0.18\times0.37\times8_{樘}=1.05$ C－3：$V_3=(1.20+0.24\times2)\times0.18\times0.37\times16_{樘}=1.79$ C－4：$V_4=(1.50+0.24\times2)\times0.18\times0.37\times3_{樘}=0.40$ C－5：$V_5=(1.8+0.24\times2)\times0.18\times0.24=0.098$ M－1：$V_6=(0.90+0.24\times2)\times0.18\times0.24\times32_{樘}=1.91$ M－2：$V_7=(0.90+0.24\times2)\times0.18\times0.37\times8_{樘}=0.74$ M－3：$V_8=(0.75+0.24\times2)\times0.18\times0.24\times8_{樘}=0.43$ M－4：$V_9=(0.75+0.24\times2)\times0.18\times0.24\times8_{樘}+(0.75+0.24\times2)\times0.12\times0.24\times8=0.43+0.28=0.71$ M－5：$V_{10}=(0.90+0.24\times2)\times0.12\times0.24=0.04$ 小计：10.81m^3
2		其他	m^3	4.38	YPL1：$2.16\times0.37\times0.35=0.28$ YPL2：$1.44\times0.24\times0.30=0.10$ YTL1：$4.50\times0.37\times0.30\times6_{根}=3.00$ YTL2：$4.50\times0.37\times0.30\times2_{根}=1.00$ 小计：$0.28+0.10+3.00+1.00=4.38$ 其中 370，外墙上 4.28 m^3，240 外墙上 0.10 m^3
		合计	m^3	15.19	370 外墙上 11.90 m^3，240 外墙上 0.20 m^3，240 内墙上 3.57 m^3，120 内墙上 0.21 m^3
六		现浇单梁			
1		XGL	m^3	0.58	内墙圈梁满算，故 XGL 不计伸入墙内部分 $V=1.26_{长}\times0.24_{宽}\times0.24_{高}\times2_{根}\times4_{层}=0.58$
七		C20 混凝土构造柱	m^3	9.87	
1		370 外墙 GZ1	m^3	5.46	$V_1=0.24\times0.24\times12.00_{高}\times6_{根}+0.24\times0.24\times2.40_{高}\times2_{根}=4.42$ 马牙槎：$0.03\times2_{面}\times0.24\times11.28_{高}\times6_{根}+0.03\times2_{面}\times0.24\times2.22_{高}\times2_{根}=1.04$ 小计：$4.42+1.04=5.46$
2		240 外墙 GZ1	m^3	0.38	$V_2=(0.24\times0.24\times2.40+$马牙槎$0.03\times3_{面}\times0.24\times2.22)\times2_{根}=0.38$
3		240 内墙 GZ1	m^3	1.87	$V_3=(0.24\times0.24\times12.00+$马牙槎$0.03\times3_{面}\times0.24\times11.28)\times2_{根}=1.87$
4		240 外墙 GZ2	m^3	1.07	$V_4=(0.24\times0.24\times0.84+$马牙槎$0.03\times2_{面}\times0.24\times1.00)\times17_{根}=1.07$
		合计	m^3	9.87	$V=5.46+0.38+1.87+1.07+$基础部分$1.09=9.87$

（续）

序号	定额编号	分项工程	单位	工程量	计算式
八		C20混凝土栏板	m^3	4.82	V=二~四层阳台栏板(1.03−0.06)×0.08×(1.50×2+4.71)×$6_{个}$+屋顶阳台雨篷栏板0.90×0.08×(4.71+1.6×2)×$2_{个}$+ 雨篷上沿0.30×0.06×(2.64+1.2×2)=4.82
九		C20混凝土扶手	m^3	0.82	V=一层阳台0.27×0.05×(4.87+1.37×2)×$2_{个}$+二~四层阳台0.23×0.06×(4.87+1.27×2)×$6_{个}$=0.82
十		C20混凝土压顶	m^3	1.04	V=0.30×0.06×{[四层顶女儿墙(18.18+9.48)×2−2.64−4.87×2]+ 出屋面楼梯间(5.04+2.34)×2}=1.04
十一		C20混凝土楼梯	m^2	30.93	S=3.58×2.16×4=30.93
第四部分 门窗、木作工程					
一		木胶合板门扇制作、安装	m^2	99.10	M−1：0.792×2.37×$32_{樘}$=60.07 M−3、M−4：0.692×2.35×$24_{樘}$=39.03 小计：S=60.07+39.03=99.10
二		木胶合板门框制作、安装	m	356.40	M−1：(0.85+2.375) ×2×$32_{樘}$=206.40 M−3、M−4：(0.75+2.375) ×2×$24_{樘}$=150 小计：S=206.4+150=356.40
三		铝合金平开门	m^2	19.44	(M−2)0.9×2.4×$8_{樘}$+(M−6)0.9×2.4×$1_{樘}$=19.44
四		铝合金推拉窗	m^2	119.43	(C−1)1.8×1.5×24+(C−2)1.5×1.5×8+(C−3)1.2×1.5×16+(C−4)1.5×1.5×3+(C−5)0.9×1.2×1=119.43
五		外窗铁栅	m^2	26.11	C−1：1.75×1.45×$6_{樘}$=15.23 C−2：1.45×1.45×$2_{樘}$=4.21 C−3：1.15×1.45×$4_{樘}$=6.67 小计：S=15.23+4.21+6.67=26.11
六		楼梯扶手	m	21.28	L=[一层楼梯(0.78+2.34+1.82)+ 二~四层2.08×$2_{根}$×$3_{层}$+四层水平部分1.08]×1.15=21.28
第五部分 楼地面工程					
一		地面面积小计	m^2	156.75	客厅：(3.90−0.24)×(5.70−0.24)×$2_{间}$=39.97 门厅：0.90×(1.50−0.24)×$2_{间}$=2.27 书房：(3.00−0.24)×(3.60−0.24)×$2_{间}$=18.55 主卧：(4.50−0.24)×(3.60−0.24)×$2_{间}$=28.63 次卧：(3.30−0.24)×(3.60−0.24)×$2_{间}$=20.56 厨房：(3.00−0.24)×(2.10−0.24)×$2_{间}$=10.27 卫生间：[(2.10−0.24)×(4.20−0.24)−1.86×0.12]×$2_{间}$=14.28 楼梯间：(5.10−0.24)×(2.40−0.24)−台阶1.08×0.98=9.44 一层阳台：(1.50−0.12)×(4.87−0.24)×$2_{间}$=12.78 S=39.97+2.27+18.55+28.63+20.56+10.27+14.28+9.44+12.78=156.75

（续）

序号	定额编号	分项工程	单位	工程量	计算式
1		3:7 灰土	m^3	23.51	V = 156.75 × 0.15 = 23.51
2		C20 混凝土找平层	m^2	181.30	平均 45 厚 S = 24.55
3					40 厚 S = 155.75
4		水泥地面	m^2	9.44	S = 9.44（楼梯间面积）
5		地砖地面	m^2	146.25	S = 156.75 − 楼梯间 4.86 × 2.16 = 146.25
6		厨卫防水层	m^2	31.93	S = 24.55 + 四周卷起 150 高(2 × 1.86 + 3.96) × 2 × 2 × 0.15 + (2.76 + 1.86) × 2 × 2 × 0.15 = 31.93
二		楼面做法	m^2		二～四层房间面积与一层同，但阳台面积为(1.5 − 0.08) × (4.87 − 0.16) × $2_{间}$ = 13.38，楼梯间楼面部分为 1.50 × (2.40 − 0.24) = 3.24
1		20mm 厚水泥砂浆找平层	m^2	403.59	S = (39.97 + 2.27 + 18.55 + 28.63 + 20.56 + 10.27 + 14.28) × $3_{层}$ = 134.53 × 3 = 403.59
2		厨卫防水层	m^2	95.79	S = 31.93 × $3_{层}$ = 95.79
3		C20 混凝土找平层	m^2	73.65	平均 45mm 厚 S = 24.55 × $3_{层}$ = 73.65
4		地砖楼面	m^2	403.59	S = 水泥砂浆找平层面积 = 403.59
5		水泥楼面	m^2	53.10	阳台 13.38 × $3_{层}$ + 楼梯间 3.24 × $4_{层}$ = 53.10
三		散水	m^2	54.72	S = [(18.50 + 0.90 + 9.80 + 0.90) × 2 + 1.5 × 2 − 入口处 2.40] × 0.90 = 60.8 × 0.90 = 54.72
四		楼梯水泥砂浆	m^2	30.93	同楼梯面积 30.93
五		混凝土台阶	m^2	1.06	S = (0.78 + 0.30) × 0.98 = 1.06
六		水泥抹面	m^2	1.06	S = (0.78 + 0.30) × 0.98 = 1.06
七		墙基防潮层	m^2	35.83	S = 55.12 × 0.37 + 64.32 × 0.24 = 35.83
八		砖砌台阶	m^2	0.864	S = 1.44 × 0.60 = 0.864
九		台阶抹面	m^2	0.864	S = 1.44 × 0.60 = 0.864
第六部分 屋面、保温、隔热工程					
一		保温层	m^3	9.06	V = [18.00 × 9.30 + 阳台(4.87 − 0.16) × (1.85 − 0.08) × $2_{间}$ − 出屋面楼梯间墙体面积(5.10 × 2 + 2.16) × 0.24] × $0.05_{厚}$ = 181.11 × 0.05 = 9.06
二		1:6 水泥焦渣	m^3	19.56	S = 18.00 × 9.30 + 阳台 4.71 × (1.60 − 0.08) × 2 − 墙体面积 12.36 × 0.24 = 178.75 H = (9.30 × 0.50 × 2% × 0.5 + 0.03) = 0.0765 V = 178.75 × 0.0765 + 阳台处斜坡 25 × 0.50 × 0.05 × 4.71 × 2 = 19.56
三		水泥砂浆找平	m^2	181.11	S = 181.11
四		防水层	m^2	212.93	S = 181.11 + 弯起部分[(18.00 + 9.30) × 2 + (5.1 × 2 + 2.64) + (4.98 × 2 + 2.16)] × 0.4 = 212.93

（续）

序号	定额编号	分项工程	单位	工程量	计算式
五		涂料保护层	m^2	212.93	
六		架空隔热层	m^2	167.40	18.00×9.30=167.40
七		塑料落水管	m	51.80	$12.35\times4_{根}+2.40=51.80$
八		水斗	个	5	
九		弯头	个	5	
第七部分 抹灰、涂料工程					
一		外墙面水刷石			外墙长：L=(18.5+9.8)×2+(2.64+5.47)×2=72.82，其中阳台处墙长4.71×2=9.42 阳台栏板长：(1.5×2+4.87)×6+(1.6×2+4.87)×2=63.36
1		砖墙面水刷石	m^2	588.01	S=(56.60−9.42)×13.65+16.22×(2.9−0.14)=688.78 应扣除窗洞口：119.43−21.6+1.44×2.04=100.77 小计：S=688.78−100.77=588.01
2		阳台栏板	m^2	96.10	S=一层7.87×1.73×2+二~四层7.87×1.12×6+顶层8.07×0.99×2=96.10
二		墙面水泥砂浆			
1		阳台处墙面	m^2	82.26	$S=9.42\times2.85\times3_{层}+9.42\times2.84=107.29$ 扣除门窗面积：$(C-1)1.80\times1.50\times8_{樘}+(M-2)0.90\times2.40\times8_{樘}=38.88$ 增加侧壁C−1：$(1.80+1.50)\times2\times0.15\times8_{樘}=7.92$ M−2：$(0.90+2.40\times2)\times0.13\times8_{樘}=5.93$ 小计：S=107.29−38.88+7.92+5.93=82.26
2		女儿墙内侧	m^2	36.66	$S=[(18.00+9.30)\times2-2.64-4.87\times2]\times0.75_{高}+(4.98+2.16)\times2\times0.35_{高}=36.66$
3		栏板内侧（普通腰线）			
i		砖面	m^2	14.04	一层阳台栏板内侧：$(1.38\times2+4.63)\times0.95\times2_{间}=14.04$
ii		混凝土面	m^2	56.99	二~四层阳台栏板：$(1.42\times2+4.71)\times0.95\times6_{间}=43.04$ 顶层栏板：$(1.52\times2+4.71)\times0.90\times2_{间}=13.95$ 小计：S=43.04+13.95=56.99
三		内墙面			
1		厨房贴瓷砖	m^2	199.3	厨房墙面面积：$(1.86+2.76)\times2\times2.92\times8_{间}=215.85$ 扣除门窗面积：$(M-3)0.75\times2.40\times8_{樘}+(C-3)1.20\times1.50\times8_{樘}=14.40+14.40=28.80$ 增加侧壁：(M−3)(0.75+2.40×2)×0.13×8+(C−3)(1.20+1.50)×2×0.15×8=12.25 小计：S=215.85−28.80+12.25=199.3

（续）

序号	定额编号	分 项 工 程	单位	工程量	计 算 式
2		卫生间墙面贴瓷砖	m^2	319.4	卫生间墙面面积：[1.86×$4_{\text{面}}$+(4.20−0.36)×$2_{\text{面}}$]×2.92×$8_{\text{间}}$=353.20 扣除门窗面积：(M−4)0.75×2.40×$3_{\text{面}}$×$8_{\text{樘}}$+(C−3)1.20×1.50×$8_{\text{樘}}$=43.20+14.40=57.60 增加侧壁：(M−4)(0.75+2.40×2)×$3_{\text{面}}$×0.13×8+(C−3)(1.20−1.50)×2×0.15×8=23.8 小计：S=353.20−57.60+23.8=319.4
		合计厨卫	m^2	518.7	S=199.3+319.4=518.7
3		内墙面抹灰	m^2	308.98	客厅：[(3.66×2+5.46+4.2)×2.90×$8_{\text{间}}$=393.94 扣除门窗面积：[(M−1)0.90×2.40×$2_{\text{樘}}$+(M−3)0.75×2.40+(M−4)0.75×2.40+(C−1)1.80×1.50]×$8_{\text{间}}$=10.62×$8_{\text{间}}$=84.96
				36.92	门厅：[(0.90×2+1.26)×2.92−(M−1)0.90×2.40×$2_{\text{樘}}$]×$8_{\text{间}}$=36.92
				250.65	书房：[(2.76+3.36)×$2_{\text{面}}$×2.92−(M−1)0.90×2.40−(C−2)1.50×1.50]×$8_{\text{间}}$=250.65
				300.29	主卧：(3.36+4.26)×2×2.90×$8_{\text{间}}$=353.57 扣除门窗面积：[(M−1)0.90×2.40+(M−2)0.75×2.40+(C−1)1.80×1.50]×$8_{\text{间}}$=6.66×$8_{\text{间}}$=53.28
				261.06	次卧：[(3.36+3.06)×$2_{\text{面}}$×2.92−(M−1)0.90×2.40−(C−1)1.80×1.50]×$8_{\text{间}}$=261.06
				165.17	楼梯间：(4.86+2.16)×$2_{\text{面}}$×(14.30−0.12×4)=194.03 扣除门窗面积：(M−1)0.90×2.40×$8_{\text{樘}}$+(M−5)0.90×2.10+门洞1.44×2.04+(C−4)1.50×1.50×$3_{\text{樘}}$=28.86
				1323.07	小计：S=308.98+36.92+250.65+300.29+261.06+165.17=1323.07
四		天棚抹灰	m^2		
1		房间内抹灰	m^2	439.92	S=109.98×$4_{\text{层}}$=439.92
2		楼梯间抹灰	m^2	23.46	S=4.86×2.16+1.50×2.16×$4_{\text{层}}$=23.46
3		楼梯板底抹灰	m^2	40.21	S=30.93×1.3=40.21
		小计	m^2	502.99	S=439.32+23.46+40.21=502.99
4		厨卫水泥砂浆	m^2	98.20	S=24.55×$4_{\text{层}}$=98.20
5		雨篷板底水泥	m^2	4.52	S=1.20×2.64+0.90×1.50=4.52
6		阳台板底水泥	m^2	59.41	S=1.50×4.87×6+1.60×4.87×2=59.41
		小计	m^2	162.13	S=98.20+4.52+59.41=162.13

（续）

序号	定额编号	分项工程	单位	工程量	计算式
五		普通腰线	m^2		
1		压顶水泥抹面	m^2	23.46	0.41×[(18.00+9.30)×2−2.64+(5.1+2.4)×2−4.87×2]=23.46
2		扶手水泥砂浆	m^2	26.43	一层阳台：0.47×(1.38×2+4.63)×2=6.95 二~四层阳台：0.43×(1.42×2+4.71)×6=19.48
		小计	m^2	49.89	S=23.46+6.95+19.48=49.89
六		涂料			
1		内墙涂料	m^2	1936.90	S=1323.07+98.2+439.92+23.46+52.25=1936.90
2		外墙涂料	m^2	217.22	S=82.26+14.04+56.99+4.52+59.41=217.22
七		油漆			
1		栏杆油漆	kg	467.36	Φ16@100 L=［踏步67$_{级}$×2$_{根}$+拐弯增加8$_{处}$×2$_{根}$+水平围护24$_{根}$］根=174根 G=174×1.58×1.70=467.36
	第八部分 脚手架工程				
1		综合脚手架	m^2	768.86	按建筑面积计算 S=768.86
	第九部分 模板工程				
一		带形基础			
1		1-1、2-2剖面	m^2	27.56	S=55.12×0.25×2=27.56
2		3-3剖面	m^2	32.16	S=64.32×0.25×2=32.16
		小计	m^2	59.72	小计：27.56+32.16=59.72
二		构造柱			
1		240内墙GZ1	m^2	9.37	0.24×(14.84+1.85)×2$_{根}$+0.24×2.84×2$_{根}$=9.37
2		GZ2	m^2	5.60	0.24×0.84×21+0.24×2.84×2=5.60
		小计	m^2	14.97	小计：9.37+5.60=14.97
三		梁			
1		现浇过梁	m^2	7.26	S=1.26×0.24×3×8=7.26
2		预制过梁	m^3	10.70	V=10.70
3		现浇单梁	m^2	14.33	S=YTL 4.5×(0.2+0.14)×8$_{根}$+YPL(2.16+1.44)×(0.35+0.23)=14.33
4		圈梁	m^2	28.23	DQL：(55.12+64.32+2.16)×0.24×2=58.37 QL：43.96×(0.18+0.1)+64.32×0.1×2+10.92×(0.18+0.1)=28.23
四		平板	m^2	560.60	书房：5.94÷0.08=74.25；主卧：11.45÷0.1=114.5 次卧：6.58÷0.08=82.25；客厅：15.99÷0.1=159.9 厨房：3.29÷0.08=41.13；卫生间：5.71÷0.08=71.38 门厅：6.63；楼梯间顶板：10.56 小计：74.25+114.5+82.25+159.9+41.13+71.38+6.63+10.56=560.60

（续）

序号	定额编号	分项工程	单位	工程量	计算式
五		整体楼梯	m^2	30.93	同楼梯面积
六		雨篷	m^2	4.28	$S=1.2\times2.64\times1.5\times0.9=4.28$
七		阳台	m^2	59.41	$S=1.5\times4.87\times2\times3_{层}+1.6\times4.87\times2=59.41$
八		阳台栏板	m^2	118.22	$S=0.97\times(1.5\times2+4.71)\times6_{个}\times2_{面}+0.9\times(4.71+1.6\times2)\times2_{个}\times2_{面}=118.22$
第十部分　综合项目					
一		垂直运输	m^2	768.86	$S=$建筑面积$=768.86$

表 5-13　钢筋计算表

序号	构件名称	代号	直径	根数	长度/m 每根	长度/m 共长	质量/kg
一	现浇构件						
1	带形基础						
	1—1 断面		$\phi8$	109	1.555	169.495	$169.495\times0.395=66.95$
			$\phi6$	8	16.46	131.68	接头：$2\times30\times0.006\times0.222=0.08$ $131.68\times0.222+0.08=29.31$
	2—2 断面		$\phi8$	216	1.255	271.08	$271.08\times0.395=107.08$
			$\phi6$	7	38.66	270.62	接头：$5\times30\times0.006\times0.222=0.2$ $270.62\times0.222+0.2=60.28$
	3—3 断面		$\phi8$	358	1.255	449.29	$449.29\times0.395=177.47$
			$\phi6$	7	64.32	450.24	$450.24\times0.222=99.95$
2	DQL						
	DQL1		$\phi12$	6	55.12	330.72	接头：$7\times30\times0.012\times0.888=2.24$ $330.72\times0.888+2.24=295.92$
			$\phi6$	221	1.21	267.41	$267.41\times0.222=59.37$
	DQL2		$\phi12$	4	64.32	257.28	$257.28\times0.888=228.46$
			$\phi6$	258	0.95	245.1	$245.1\times0.222=54.41$
3	GZ		$\phi12$	32	13.2	422.4	接头：$52\times30\times0.012\times0.888=16.62$ $422.4\times0.888+16.61=391.71$
			$\phi6$	67×8	0.95	509.2	$509.2\times0.222=113.04$
4	圈梁						
	外墙		$\phi12$				$295.92\times4=1183.68$
			$\phi6$	277	1.21	35.17	$335.17\times0.222\times4=297.63$
	内墙		$\phi12$				$228.46\times4=913.84$
			$\phi6$	323	0.95	306.85	$306.85\times0.222\times4=272.48$
	屋顶梯间		$\phi12$	6	2.4	14.4	
				4	12.6	50.4	$64.8\times0.888=57.54$
			$\phi6$	1.21	12	14.52	

（续）

序号	构件名称	代号	直径	根数	长度/m		质量/kg
					每根	共长	
			0.95	64	60.8		75.32×0.222=16.72
5	GL						
	YPL1		ϕ14	3	2.64	7.92	7.92×1.21=9.58
			ϕ16	3	2.64	7.92	7.92×1.58=12.51
			ϕ6	14	1.43	20.02	20.02×0.222=4.44
			ϕ6	4	5.04	20.16	20.16×0.222=4.48
			ϕ10	19	2.12	40.28	40.28×0.617=24.85
	YPL2		ϕ14	2	1.5	3	3×1.21=3.63
			ϕ16	2	1.5	3	3×1.58=4.74
			ϕ6	5	1.19	5.95	5.95×0.222=1.32
			ϕ10	11	2.16	23.76	23.76×0.617=14.66
	XGL		ϕ16	3	1.89	5.67	5.67×8×1.58=71.67
			ϕ8	2	1.79	3.58	3.58×8×0.395=11.31
			ϕ6	16	0.95	15.2	15.2×8×0.222=27.0
	GL C-1		ϕ14	3	2.405	7.215	7.215×24×1.21=209.52
			ϕ8	2	2.33	4.66	4.66×24×0.395=44.18
			ϕ6	20	1.09	21.8	21.8×24×0.222=116.15
	C-2		ϕ14	3	2.105	6.315	6.315×8×1.21=61.13
			ϕ8	2	2.03	4.06	4.06×8×0.395=12.83
			ϕ6	18	1.09	19.62	19.62×8×0.222=34.85
	C-3		ϕ14	3	1.805	5.415	5.415×16×1.21=104.83
			ϕ8	2	1.73	3.46	3.46×16×0.395=21.87
			ϕ6	15	1.09	16.35	16.35×16×0.222=58.08
	C-4		ϕ14	3	2.105	6.315	6.315×3×1.21=22.92
			ϕ8	2	2.03	4.06	4.06×3×0.395=4.81
			ϕ6	18	1.09	19.62	19.62×3×0.222=13.07
	M-1		ϕ14	3	1.505	4.515	4.515×32×1.21=174.82
			ϕ8	2	1.43	2.86	2.86×32×0.395=36.15
			ϕ6	13	0.83	10.79	10.79×32×0.222=76.65
	M-2		ϕ14	3	1.505	4.515	4.515×8×1.21=43.71
			ϕ8	2	1.43	2.86	2.86×8×0.395=9.04
			ϕ6	13	1.09	14.17	14.17×8×0.222=25.17
	M-3		ϕ14	3	1.355	4.065	4.065×16×1.21=78.7
			ϕ8	2	1.28	2.56	2.56×16×0.395=16.18
			ϕ6	11	0.83	9.13	9.13×16×0.222=32.43

（续）

序号	构件名称	代号	直径	根数	长度/m		质量/kg
					每根	共长	
	M-4		ϕ14	3	1.355	4.065	4.065×8×1.21=39.35
			ϕ8	2	1.28	2.56	2.56×8×0.395=8.09
			ϕ6	11	0.59	6.49	6.49×8×0.222=11.53
	YTL2		ϕ14	3	4.75	14.25	14.25×8×1.21=137.94
			ϕ16	3	4.75	14.25	14.25×8×1.58=180.12
			ϕ6	66	1.45	95.7	
				8	8.25	66	
				11	6.79	74.69	
				12	8.25	99	[(95.7+66+74.69)×8+99]×0.222=441.81
	阳台扶手		ϕ8	3	8.25	24.75	24.75×2×0.395=19.55
			ϕ6	40	0.26	10.4	10.4×2×0.222=4.62
6	板						
	1~3层	1	ϕ8	15	2.2	33	
		13		15	3.7	55.5	
		3		18	3.1	55.8	
		6		25	5.8	145	
		9		21	2.2	46.2	
		17		23	4.6	105.8	
		21		23	3.4	78.2	
		18		61	3.7	225.7	
		2		35	0.8	28	
		7		19	1.25	23.75	
		8		20	1.29	25.8	
		10		20	0.84	16.8	
		3		26	2.1	54.6	
		14		17	1.05	17.85	
		12		34	1.2	40.8	
		22		35	1.1	38.5	991.3×6×0.395=2349.38
			ϕ14	2	2.1	4.2	4.2×6×1.21=30.49
		4	ϕ10	15	1.9	28.5	
		5		46	4.025	185.15	213.65×6×0.617=790.93
		15	ϕ12	39	2.2	85.8	
		16		4	2.55	10.2	
		20		36	3.83	137.88	233.83×6×0.888=1246.11
	顶层	1	ϕ8	18	2.2	39.6	

（续）

序号	构件名称	代号	直径	根数	长度/m		质量/kg
					每根	共长	
		12		18	3.7	66.6	
		11		23	3.1	71.3	
		6		25	5.8	145	
		9		23	2.2	50.6	
		17		23	4.6	105.8	
		21		23	3.4	78.2	
		19		18	1.2	21.6	
		13		52	1.05	54.6	
		2		35	0.8	28	
		3		28	1.9	53.2	
		7		19	1.25	23.75	738.25 ×2 ×0.395 =583.22
		10	$\phi 8$	20	1.4	28	28 ×0.395 =11.06
		5	$\phi 10$	37	4.025	148.925	148.925 ×2 ×0.617 =183.77
		4	$\phi 12$	48	2.3	110.4	
		14		32	2.2	70.4	
		8		12	2.3	27.6	
		16		4	2.55	10.2	
		15		7	2.1	14.7	
		20		36	4.03	145.08	378.38 ×2 ×0.888 =672.00
	分布筋		$\phi 6$	10	2.76	27.6	
				10	3.96	39.6	
				4	1.26	5.04	
				7	0.66	4.62	
				12	1.2	14.4	
				8	1.6	12.8	
				10	1.8	18	
				10	3.6	36	
				15	3.3	49.5	
				8	0.5	4	
				8	1.2	9.6	
				8	1.6	12.8	233.96 ×8 ×0.222 =415.51
7	楼梯		$\phi 8$	13	1.6	20.8	
				13	1.38	17.94	
				28	0.75	21	
				24	0.75	18	（20.8 ×4 +17.94 ×3 +21 ×4 +18 ×3） ×0.395 =108.63

（续）

序号	构件名称	代号	直径	根数	长度/m 每根	长度/m 共长	质量/kg
			ϕ6	7	2.16	15.12	
				6	2.16	12.96	(15.12×4+12.96×3)　×0.222=22.06
	梯顶		ϕ10	11	3.24	35.64	35.64×0.617=21.99
			ϕ12	28	2.4	67.2	67.2×0.888=59.67
			ϕ8	11	0.87	9.57	
				55	0.82	45.1	54.67×0.395=21.59
			ϕ6	11	4.86	53.46	
				8	2	16	
				8	3.7	29.6	99.06×0.222=21.99
	TB1		ϕ12	7	4.92	34.44	
				7	2.3	16.1	
				7	2.4	16.8	67.34×0.888=59.8
			ϕ6	38	1.08	41.04	41.04×0.222=9.11
	TB2		ϕ8	8	4.46	35.68	
				7	2.4	15.8	
				7	1.2	8.4	60.88×0.888=54.06
	TB3、4		ϕ10	8	1.66	13.28	
				10	3.59	35.9	49.18×6×0.617=182.06
			ϕ6	23	1.08	24.84	24.84×6×0.222=33.09
	TL		ϕ12	2	3.09	6.18	6.18×7×0.888=38.41
			ϕ16	2	2.99	5.98	5.98×7×1.58=66.14
			ϕ6	18	1.09	19.62	19.62×7×0.222=30.49
	DL		ϕ14	4	2.64	10.56	10.56×1.21=12.78
			ϕ6	11	1.17	12.87	12.87×0.222=2.86
8	女儿墙压顶		ϕ6	297	0.3	89.1	
				3	59.22	177.66	接头：7×30×0.006×0.222=0.28
							266.76×0.222+0.28=59.5
	小计：		ϕ6	净用量			2449.4
			ϕ6	总耗量			2449.4×1.03=2522.88
			ϕ8	净用量			3663.45
			ϕ8	总耗量			3663.45×1.03=3773.35
			ϕ10	净用量			1218.26
			ϕ10	总耗量			1218.26×1.03=1254.81
			ϕ12	净用量			5147.14

（续）

序号	构件名称	代号	直径	根数	长度/m		质量/kg
					每根	共长	
			ϕ12	总耗量			5147.14×1.03=5301.55
			ϕ14	净用量			930
			ϕ14	总耗量			930×1.03=957.9
			ϕ16	净用量			335.18
			ϕ16	总耗量			335.18×1.03=345.24
	合计		ϕ10以内	总耗量			7.551t
			ϕ10以外	总耗量			6.605t
二	预制构件						
	屋面隔热板		ϕ6	4	0.464	1.856	1.856×0.222×525=216.32
			ϕ6	净用量			216.32
			ϕ6	总耗量			216.32×1.02×1.015=223.95

表5-14　建筑工程预算表——单位工程费用表

序号	费用名称	取费说明	费率(%)	费用金额/元
1	直接、措施性成本	分部分项合计+措施项目合计		646377.37
2	规费	（人工费+机械费）×相应规费费率	一般建筑工程17%，土石方、垂直运输5%，装饰工程15%	25114.66
3	造价调整			0
4	独立费	独立费		0
5	税金	直接、措施性成本+规费+造价调整+独立费	3.45	23166.48
	工程造价	直接、措施性成本+规费+造价调整+独立费+税金		694658.51
含税工程造价：陆拾玖万肆仟陆佰伍拾捌元伍角壹分				

表5-15　建筑工程预算表——单位工程概预算表

序号	定额编号	子目名称	工程量		价值/元		其中/元		
			单位	工程量	综合单价	综合合价	人工费	材料费	机械费
1	A1-15	人工挖沟槽　三类土　深度（2m以内）	$100m^3$	2.73	1736.96	4741.9	4420.14	0	11.55
2	A1-44	回填土　夯填	$100m^3$	1.79	1110.69	1988.14	1522.4	0	335.68
3	A1-42	平整场地	$100m^2$	1.96	97.59	191.28	178.75	0	0
4	A1-96	人工运土方　运距20m以内	$100m^3$	0.13	631.4	82.08	76.71	0	0
5	A1-97	人工运土方　200m以内 每增加20m	$100m^3$	0.52	141.24	73.44	68.64	0	0
6	A3-1	砌砖　砖基础	$10m^3$	6.24	1911.53	11927.95	2735.62	8280.23	182.58

（续）

序号	定额编号	子目名称	工程量		价值/元		其中/元		
			单位	工程量	综合单价	综合合价	人工费	材料费	机械费
7	A3-2	砌砖 砖砌内外墙（墙厚）一砖以内	$10m^3$	0.33	2345.48	774.01	243.8	459.04	8.17
8	A3-3	砌砖 砖砌内外墙（墙厚） 一砖	$10m^3$	14.62	2136.92	31241.77	8760.3	19770.33	416.82
9	A3-4	砌砖 砖砌内外墙（墙厚） 一砖以上	$10m^3$	17.97	2136.84	38399.01	10451.35	24660.77	539.28
10	A3-28	砌砖 零星砌体	$10m^3$	0.17	2447.66	416.1	140.76	234.57	4.46
11	A3-29	砌砖 砌体内钢筋加固	t	0.65	6122.57	3979.67	723.32	3050.07	20.36
12	A3-33	砌砖 台阶 砖基层	$100m^2$	0.01	10476.91	104.77	44.47	47.78	1.12
13	A4-200	现浇钢筋混凝土（商品混凝土） 基础 带形基础 钢筋混凝土	$10m^3$	3.38	2700.8	9128.7	713.86	8199.27	29.68
14	A4-211	现浇钢筋混凝土（商品混凝土）柱 构造柱	$10m^3$	0.99	3273.71	3240.97	693	2353.67	16.85
15	A4-214	现浇钢筋混凝土（商品混凝土） 梁 单梁	$10m^3$	0.08	2836.61	226.93	25.98	193.05	1.12
16	A4-216	现浇钢筋混凝土（商品混凝土） 梁 圈梁	$10m^3$	3.14	3150.48	9892.51	1811.15	7594.56	27.19
17	A4-217	现浇钢筋混凝土（商品混凝土） 梁 过梁	$10m^3$	1.51	3367.89	5085.51	1084.78	3703.08	21.17
18	A4-227	现浇钢筋混凝土（商品混凝土） 板 平板	$10m^3$	5.03	2750.4	13834.51	1166.96	12278.93	77.51
19	A4-232	现浇钢筋混凝土（商品混凝土） 其他 阳台 直形	$10m^3$	0.72	3272.42	2356.14	455.9	1769.34	13.54
20	A4-234	现浇钢筋混凝土（商品混凝土） 其他 雨篷 直形	$10m^3$	0.03	3277.35	98.32	18.5	74.46	0.59
21	A4-236	现浇钢筋混凝土（商品混凝土） 其他 整体楼梯（投影面积）	$10m^2$	3.09	814.19	2515.85	457.32	1922.17	17.61
22	A4-240	现浇钢筋混凝土（商品混凝土） 其他 栏板 直形	$10m^3$	0.48	3159.81	1516.71	269.95	1167.84	9.14
23	A4-242	现浇钢筋混凝土（商品混凝土） 其他 压顶	$10m^3$	0.1	3440.22	344.02	73.44	249.84	1.9

（续）

序号	定额编号	子目名称	工程量		价值/元		其中/元		
			单位	工程量	综合单价	综合合价	人工费	材料费	机械费
24	A4-245	现浇钢筋混凝土（商品混凝土） 其他 扶手零星构件	$10m^3$	0.08	4488.26	359.06	125.98	199.68	1.52
25	A4-250	现浇钢筋混凝土（商品混凝土） 其他 散水 混凝土一次抹光	$100m^2$	0.55	5402.5	2971.38	1149.94	1512.61	17.07
26	A4-253	现浇钢筋混凝土（商品混凝土） 其他 台阶 混凝土基层	$100m^2$	0.01	6930.55	69.31	23.54	39.2	0.55
27	A4-329	钢筋制作、安装 现浇构件钢筋直径（mm）10以内	t	7.562	5268.44	39839.94	3953.41	34513.27	307.92
28	A4-330	钢筋制作、安装 现浇构件钢筋直径（mm）20以内	t	6.649	5088.02	33830.24	2061.19	30267.58	788.97
29	A4-332	钢筋制作、安装 预制构件钢筋直径（mm）10以内	t	0.22	5229.34	1150.45	108.94	1004.09	8.14
30	A4-376	成形钢筋场外运输	t	14.211	122.75	1744.4	397.91	112.98	907.23
31	B4-1借	普通木门 胶合板门扇 制作	$100m^2$	0.99	10891.45	10782.54	1154.34	8906.02	267.26
32	B4-2借	普通木门 胶合板门扇 安装	$100m^2$	0.99	631.49	625.18	473.62	0	0
33	B4-55借	普通木门 木门框单裁口 制作	100m	3.56	1696.52	6039.61	346.03	5451.21	99.72
34	B4-56借	普通木门 木门框单裁口 安装	100m	3.56	528.31	1880.78	815.95	800.47	2.46
35	B4-113借	铝合金门（成品）安装 平开门	$100m^2$	0.19	33969.04	6454.12	356.82	5965.32	13.48
36	B4-214借	铝合金窗（成品）安装 推拉窗	$100m^2$	1.19	30117.67	35840.03	2190.08	32829.65	90.51
37	A5-41	窗外护栏制作、安装（框外围面积）	$100m^2$	0.26	21154.58	5500.19	827.11	4057.19	327.29
38	B1-294借	铁花栏杆 钢筋	10m	21.3	1242.64	26468.23	3441.02	19141.25	2109.77
39	B1-312借	钢管扶手 $\phi50$ 圆管	10m	2.128	481.49	1024.61	93.84	840.54	45.6
40	B1-1借	垫层 素土	$10m^3$	8.19	207.05	1695.74	1056.51	49.63	190.58

（续）

序号	定额编号	子目名称	工程量		价值/元		其中/元		
			单位	工程量	综合单价	综合合价	人工费	材料费	机械费
41	B1-2 借换	垫层　灰土 3:7 用于基础垫层	$10m^3$	0.16	612.13	97.94	42.62	39.06	1.99
42	B1-2 借	垫层　灰土 3:7	$10m^3$	2.35	550.79	1294.36	521.7	573.64	24.3
43	B1-25 借换	垫层　商品混凝土用于基础垫层	$10m^3$	1.58	2672.53	4222.6	397.02	3673.59	18.88
44	B1-31 借	找平层　细石混凝土在硬基层上 30mm	$100m^2$	2.55	949.88	2422.19	812.94	1261.26	66.56
45	B1-32 借	找平层　细石混凝土在硬基层上　每增减 5mm	$100m^2$	6.07	156.69	951.11	335.06	475.58	25.19
46	B1-27 借	找平层　水泥砂浆在硬基层上　平面 20mm	$100m^2$	4.04	745.9	3013.44	1237.86	1279.43	75.79
47	B1-29 借	找平层　水泥砂浆在填充材料上　平面 20mm	$100m^2$	1.81	798.91	1446.03	568.34	638.46	43.46
48	A7-213	刚性防水　防水砂浆平面	$100m^2$	0.36	903.35	325.21	132.05	151.7	6.75
49	A7-193	涂膜防水　聚氨酯防水涂膜　刷涂膜二遍 2mm 厚　平面	$100m^2$	1.28	4298.69	5502.32	270.34	5164.4	0
50	B1-36 借	整体面层　水泥砂浆楼地面 20mm	$100m^2$	0.63	1152.62	726.15	348.77	250.18	11.82
51	B1-233 借	水泥砂浆楼梯	$100m^2$	0.29	3826.56	1109.7	698.09	175.3	9.79
52	B1-339 借	水泥砂浆台阶　混凝土表面	$100m^2$	0.01	2579.94	25.8	14.44	6.34	0.3
53	B1-98 借	块料面层　陶瓷地砖楼地面（水泥砂浆）	$100m^2$	5.5	11753.29	64643.1	6781.5	55200.15	372.24
54	B1-338 借	水泥砂浆台阶　砖表面	$100m^2$	0.01	2271.01	22.71	12.36	5.98	0.32
55	A7-49	屋面防水　防水层三元乙丙卷材防水	$100m^2$	1.81	5601.32	10138.39	314.22	9745.62	0
56	A7-97	屋面排水　塑料排水塑料水落管 $\phi110$	100m	5.18	3724.7	19293.95	4577.05	13572.64	0
57	A7-101	屋面排水　塑料排水塑料水斗　落水口直径 $\phi110$	10 个	0.5	350.01	175.01	59	101.26	0

（续）

序号	定额编号	子目名称	工程量		价值/元		其中/元		
			单位	工程量	综合单价	综合合价	人工费	材料费	机械费
58	A7-103	屋面排水　塑料排水　塑料弯头落水口（含箅子板）	10套	0.5	325.28	162.64	78.6	64.39	0
59	A7-112	屋面排水　阳台、雨篷排水　阳台、雨篷塑料管排水 $\phi20$	10个	0.9	17.83	16.05	5.94	8.62	0
60	A8-228	屋面保温　聚苯乙烯泡沫塑料板	$10m^3$	0.91	3643.5	3315.59	164.89	3109.47	0
61	A8-217	屋面保温　1:6　水泥炉渣	$10m^3$	1.37	1814.21	2485.47	340.31	1957.02	82.45
62	A8-230	屋面保温　加空隔热层混凝土板面层	$100m^2$	1.67	1054.73	1761.4	1152.97	310.8	7.52
63	B2-2 借	墙面抹灰　一般抹灰　石灰砂浆　墙面　标准砖	$100m^2$	13.23	1256.6	16624.82	9361.55	3835.24	327.57
64	B2-9 借	墙面抹灰　一般抹灰　水泥砂浆　墙面　标准砖	$100m^2$	1.19	1293.03	1538.71	814.91	427.66	26.79
65	B2-28 借	墙面抹灰　普通装饰抹灰　水刷石　墙面　标准砖	$100m^2$	6.28	2915.01	18306.26	10552.91	4152.52	169.62
66	B2-29 借	墙面抹灰　普通装饰抹灰　水刷石　墙面　混凝土	$100m^2$	0.96	2961.9	2843.42	1655.81	624.48	25.21
67	B2-138 借	墙面镶贴块料　内墙瓷砖　水泥砂浆粘贴 152×152	$100m^2$	5.17	10101.28	52223.62	14524.34	32585.99	352.65
68	B2-92 借	零星抹灰　一般抹灰　水泥砂浆　标准砖	$100m^2$	0.14	2742.41	383.94	245.62	55.29	3.36
69	B2-93 借	零星抹灰　一般抹灰　水泥砂浆　混凝土	$100m^2$	1.07	2789.28	2984.53	1924.72	411.05	24.89
70	B3-1 借	天棚抹灰　石灰砂浆　混凝土	$100m^2$	5.03	1086.54	5465.3	2993.86	1403.77	83.05
71	B3-5 借	天棚抹灰　水泥砂浆　混凝土	$100m^2$	1.62	1208.8	1958.26	1176.77	372.83	24.32
72	B5-225 借	金属面油漆　防锈漆一遍　其他金属面	t	0.47	130.66	61.41	21.78	32.66	0

（续）

序号	定额编号	子目名称	工程量		价值/元		其中/元		
			单位	工程量	综合单价	综合合价	人工费	材料费	机械费
73	B5-228 借	金属面油漆　二遍　其他金属面	t	0.47	197.04	92.61	39.76	40.12	0
74	B5-340 借	刮腻子、喷刷涂料　外墙涂料（JH801）抹灰面	100m²	2.17	1354.82	2939.96	598.05	1957.49	146.24
75	B5-333 借	刮腻子、喷刷涂料　内墙涂料　二遍成活	100m²	19.37	249.93	4841.14	3006.22	873.01	0
76	B5-334 借	刮腻子、喷刷涂料　内墙涂料　每增减一遍	100m²	19.37	111.14	2152.78	1340.4	383.53	0
77	A11-36	综合脚手架　多层建筑　混合结构　高度在15m以内　建筑面积3000m²以内	100m²	7.69	1198.7	9218	3651.21	3972.19	545.45
78	A12-4	现浇混凝土模板　基础　带形基础　钢筋混凝土（无梁式）	100m²	0.6	3217.31	1930.39	646.8	917.14	163.8
79	A12-22	现浇混凝土模板　柱　矩形柱	100m²	0.14	3420.1	478.81	194.04	205.65	24.49
80	A12-29	现浇混凝土模板　梁　圈梁　直形	100m²	0.87	2832.34	2464.14	1061.4	1043.4	75.19
81	A12-31	现浇混凝土模板　梁　过梁	100m²	0.07	5698.5	398.9	138.71	211.74	11.01
82	A12-27	现浇混凝土模板　梁　单梁	100m²	0.14	3452.85	483.4	207.31	189.18	28.06
83	A12-45	现浇混凝土模板　板　平板	100m²	5.61	2879.7	16155.12	5841.13	7415.07	1150.89
84	A12-52	现浇混凝土模板　其他　整体楼梯（投影面积）	10m²	3.09	1201.38	3712.26	1111.16	2210.65	90.14
85	A12-55	现浇混凝土模板　其他　阳台　直形（投影面积）	10m²	5.94	763.66	4536.14	1651.32	2074.19	318.21
86	A12-57	现浇混凝土模板　其他　雨篷　直形（投影面积）	10m²	0.45	567.18	255.23	97.02	108.2	20.61
87	A12-59	现浇混凝土模板　其他　栏板　直形	100m²	1.18	2466.72	2910.73	1025.66	1352.08	221.26
88	A13-1	建筑物垂直运输20m（6层）以内　混合结构　卷扬机	100m²	7.69	1214.99	9343.27	0	0	8732

表 5-16 建设工程预算表——措施项目计价表

序 号	项 目 名 称	费用金额/元
一	不可竞争措施项目	21250.78
1	安全防护、文明施工费	21250.78
二	可竞争措施项目	19236.18
10	冬雨期施工增加费	3728.18
11	夜间施工增加费	2167.95
12	生产工具用具使用费	2943.63
13	检验试验配合费	1727.13
14	工程定位复测场地清理费	2656.4
15	成品保护费	910.03
16	二次搬运费	3552.77
17	停水停电增加费	1550.09
	合计	40486.96

表 5-17 建设工程预算表——措施项目分项汇总表

序号	定额编号	子 目 名 称	工 程 量		价值/元		其中/元		
			单位	工程量	综合单价	综合合价	人工费	材料费	机械费
	一	安全防护、文明施工费				21250.78	4923.34	12728.98	1763.87
1	A17-1	一般土建工程安全防护、文明施工费	%	1	7982.85	7982.85	1787.51	4969.82	622.92
2	A17-1	土石方工程安全防护、文明施工费	%	1	1710.94	1710.94	405.13	1126.39	141.18
3	B10-1 借	装饰装修工程安全防护、文明施工费	%	1	11556.99	11556.99	2730.7	6632.77	999.77
	二	冬雨季施工增加费				3728.18	1010.6	1867.05	473.41
1	A16-59	一般土建工程冬雨期施工增加费	%	1	2115.9	2115.9	385.94	1151.05	385.94
2	A16-59	土石方工程冬雨期施工增加费	%	1	448.07	448.07	87.47	260.88	87.47
3	B9-7 借	装饰装修工程冬雨期施工增加费	%	1	1164.21	1164.21	537.19	455.12	
	三	夜间施工增加费				2167.95	1103.5	561.54	166.11
1	A16-60	一般土建工程夜间施工增加费	%	1	820.97	820.97	413.02	135.42	135.42
2	A16-60	土石方工程夜间施工增加费	%	1	163.69	163.69	93.61	30.69	30.69
3	B9-8 借	装饰装修工程夜间施工增加费	%	1	1183.29	1183.29	596.87	395.43	
	四	生产工具用具使用费				2943.63	473.41	1983.61	315.6

（续）

序号	定额编号	子目名称	工程量		价值/元		其中/元		
			单位	工程量	综合单价	综合合价	人工费	材料费	机械费
1	A16-61	一般土建工程生产工具使用费	%	1	1454.04	1454.04	385.94	650	257.29
2	A16-61	土石方工程生产工具使用费	%	1	303.3	303.3	87.47	147.32	58.31
3	B9-5 借	装饰装修工程生产工具用具使用费	%	1	1186.29	1186.29		1186.29	
	五	检验试验配合费				1727.13	540.01	900.94	107.97
1	A16-62	一般土建工程检验试验配合费	%	1	572.15	572.15	142.19	284.38	88.02
2	A16-62	土石方工程检验试验配合费	%	1	120.29	120.29	32.23	64.45	19.95
3	B9-6 借	装饰装修工程检验试验配合费	%	1	1034.69	1034.69	365.59	552.11	
	六	工程定位复测场地清理费				2656.4	1282.3	869.27	107.97
1	A16-63	一般土建工程工程定位复测场地清理费	%	1	683.86	683.86	291.15	209.9	88.02
2	A16-63	土石方工程工程定位复测场地清理费	%	1	139.53	139.53	65.99	47.57	19.95
3	B9-10 借	装饰装修工程场地清理费	%	1	1833.01	1833.01	925.16	611.8	
	七	成品保护费				910.03	406.96	323.91	74.75
1	A16-64	一般土建工程成品保护费	%	1	754.95	754.95	331.77	264.06	60.94
2	A16-64	土石方工程成品保护费	%	1	155.08	155.08	75.19	59.85	13.81
	八	二次搬运费				3552.77	1295.66	753.55	930.21
1	A16-65	一般土建工程二次搬运费	%	1	1371.1	1371.1	338.54		758.34
2	A16-65	土石方工程二次搬运费	%	1	266	266	76.73		171.87
3	B9-9 借	装饰装修工程二次搬运费	%	1	1915.67	1915.67	880.39	753.55	
	九	停水停电增加费				1550.09	688.52	373.05	240.86
1	A16-66	一般土建工程 临时停水停电费	%	1	490.9	490.9	196.36		196.36

（续）

序号	定额编号	子目名称	工程量		价值/元		其中/元		
			单位	工程量	综合单价	综合合价	人工费	材料费	机械费
2	A16-66	土石方工程临时停水停电费	%	1	95.23	95.23	44.5		44.5
3	B9-11借	装饰装修工程临时停水停电费	%	1	963.96	963.96	447.66	373.05	
合计						40486.96	11724.3	20361.9	4180.75

表5-18　建设工程预算表——主要材料价格表

序号	材料编码	材料名称	规格、型号	单位	单价/元
1	C00036	白色瓷砖	152×152	m^2	55
2	C00468	烘干木材（框料）		m^3	2200
3	C00469	烘干木材（扇料）		m^3	3200
4	C00714	铝合金平开门（含玻璃）		m^2	320
5	C00723	铝合金推拉窗（含玻璃）		m^2	280
6	C00973	三层胶合板		m^2	8.39
7	C01161	陶瓷地面砖	600×600	m^2	95
8	C01298	圆钢	ϕ18	kg	5.06
9	C01299	圆钢	ϕ20	kg	5.06
10	CL0001	组合钢模板		kg	4.6
11	CL0026	中砂		t	28
12	CL0038	支撑方木		m^3	2174.39
13	CL0265A2	水泥（砂浆用）	32.5	t	230
14	CL0305	生石灰		t	95
15	CL0319	三元乙丙丁基橡胶卷材		m^2	30
16	CL0398	木模板		m^3	1539.15
17	CL0520	聚苯乙烯泡沫塑料板		m^3	335
18	CL0526	聚氨酯乙料		kg	13
19	CL0529	聚氨酯甲料		kg	16
20	CL0676	钢筋	ϕ20以内	t	4500
21	CL0677	钢筋	ϕ10以内	t	4500
22	CL0696	钢材		t	5283.67
23	CL0835	标准砖	240×115×53	千块	210
24	CL0861	UPVC排水管	ϕ110	m	22
25	CLFBFB	材料费		元	1

表 5-19　建设工程预算表——单位工程材料价差表

序号	名称及规格	单位	数量	预算价	市场价	价差	价差合计
1	商品混凝土 C15	m^3	19.969	200	230	30	599.06
2	商品混凝土 C20	m^3	162.951	210	240	30	4888.54
3	白色瓷砖 152×152	m^2	535.095	35	55	20	10701.9
4	钢管 ϕ50	m	19.982	26.5	41	14.5	289.74
5	烘干木材（框料）	m^3	2.357	1925.32	2200	274.68	647.34
6	烘干木材（扇料）	m^3	2.073	2676.65	3200	523.35	1084.96
7	铝合金平开门（含玻璃）	m^2	18.050	230	320	90	1624.5
8	铝合金推拉窗（含玻璃）	m^2	113.050	180	280	100	11305
9	陶瓷地面砖 600×600	m^2	563.750	50	95	45	25368.75
10	中砂	t	309.726	25.16	28	2.84	879.62
11	水泥 32.5	t	0.006	220	230	10	0.06
12	水泥（混凝土用）32.5	t	4.199	220	230	10	41.99
13	水泥（砂浆用）32.5	t	60.427	220	230	10	604.27
14	生石灰	t	26.433	85	95	10	264.33
15	钢筋 ϕ20 以内	t	6.649	5061.8	4500	-561.8	-3735.41
16	钢筋 ϕ10 以内	t	8.452	5010	4500	-510	-4310.27
17	钢筋 ϕ10 以内	kg	7.928	5.01	4.5	-0.51	-4.04
18	标准砖 240×115×53	千块	210.269	200	210	10	2102.69
	小计						52353.03
	合计						52353.03

第六章

建筑工程工程量清单编制

建筑工程工程量清单是由建设工程招标人组织编制，对招标工程的全部项目按统一的项目编码、工程量计算规则、项目划分和计量单位进行计算，用来表示建筑工程的分部分项工程项目、措施项目、其他项目、规费项目和税金项目的名称及相应数量等的明细清单。工程量清单可以由招标人自行编制，也可以委托有资质的招标代理机构或咨询单位编制，是构成招标文件的重要组成部分。

第一节　工程量清单组成及项目划分

一、工程量清单组成及作用

1. 工程量清单组成

根据住房和城乡建设部2013年颁布实施的GB 50500—2013《建设工程工程量清单计价规范》，工程量清单由分部分项工程量清单、措施项目清单、其他项目清单、规费项目清单和税金项目清单组成。

（1）分部分项工程量清单　分部分项工程量清单必须载明拟建工程的全部分项实体工程项目编码、项目名称、项目特征、计量单位和工程量。分部分项工程量清单为不可调整的闭口清单，投标人对招标文件提供的该清单必须逐一计价，对清单所列内容不允许进行任何改动。投标人如果认为清单内容有遗漏或错误，只能通过质疑的方式由清单编制人作统一的修改更正，并将补充或更正后的工程量清单发至所有投标人。

（2）措施项目清单　措施项目清单明确了为完成工程项目施工，发生于该工程施工准备和施工过程中技术、生活、安全、环境等方面的非工程实体项目。措施项目清单为可调整清单，应根据拟建工程的实际情况进行列项。投标人对招标文件中所列项目可根据企业自身特点进行适当的变更增减。

（3）其他项目清单　其他项目清单主要体现招标人提出的一些与拟建工程有关的特殊要求。主要包括暂列金额、暂估价（包括材料暂估单价、工程设备暂估单价、专业工程暂估价）、计日工、总承包服务费等内容。

（4）规费项目清单　规费项目清单包括工程排污费、住房公积金、社会保险费（包括养老保险费、失业保险费、医疗保险费、工伤保险费、生育保险费）。规费项目清单应根据省级政府或省级有关部门的规定列项。

(5) 税金项目清单 税金项目清单包括营业税、城市维护建设税、教育费附加、地方教育附加。应根据税务部门的规定列项。

2. 工程量清单作用

1) 工程量清单为投标人的投标竞争提供了一个平等和共同的基础。工程量清单是由招标人编制，将要求投标人完成的工程项目及其相应工程实体数量全部列出，为投标人提供拟建工程的基本内容、实体数量和质量要求等的基础信息。这样，在建设工程的招标投标中，投标人的竞争活动就有了一个共同基础，投标人机会均等。工程量清单使所有参加投标的投标人均是在拟完成相同的工程项目、相同的工程实体数量和质量要求的条件下进行公平竞争，每一个投标人所掌握的信息和受到待遇是客观、公正和公平的。工程量清单是建设工程计价的依据。在招标投标过程中，招标人根据工程量清单编制招标工程的标底价格；投标人按照工程量清单所表述的内容，依据企业定额计算投标价格，自主填报工程量清单所列项目的单价与合价。

2) 工程量清单是进行工程索赔和现场签证的依据。

3) 工程量清单是工程付款和结算的依据。在工程的施工阶段，发包人根据承包人是否完成工程量清单规定的内容以及投标时在工程量清单中所报的单价作为支付工程进度款和进行结算的依据。

二、工程量清单项目划分

工程量清单在具体的项目划分上与现行的工程预算定额有一定的区别。工程量清单项目的工程内容是以最终产品为对象，按实际完成一个综合实体项目所需工程内容列项，其工程量计算规则是根据主体工程项目设置的，综合了清单项目的全部工程内容。定额项目主要是以施工过程为对象划分的。

分部分项工程量清单应包括项目编码、项目名称、项目特征、计量单位和工程量，这五个要件在分部分项工程量清单的组成中缺一不可。

(一) 工程量清单项目划分原则

1) 清单项目划分要清晰、简洁、概括，便于投标报价、计量和支付。编制清单，关键是划分“项目”，要做到简单明了，既具有高度的概括性，条目简明，又不漏掉项目和应计价的内容。

2) 与采用的计量办法、技术规范保持一致。不同的计量办法或技术规范，对分部分项工程的划分以及各分部分项所包含的内容不完全相同；对具体工程的质量标准、工程性质等要求不同，工程量清单也不同。

3) 以永久工程即可形成工程实体的分部分项为对象，保持招标的竞争性。工程费用可分成实体工程费用和施工措施项目费用两类，但清单立项一般应以形成实体工程的分部分项为对象，而将施工方法、辅助性手段等措施性工作为附属工程不单独列项，有利于投标人提出科学、先进的施工方案，保持投标的竞争性。

4) 保持合同的公平性，促进合同的良好管理。工程细目可大可小。细目大可减少计量，但包容性太大难以发挥单价合同的优势，不便于工程变更的处理；另外，也会使得支付周期延长，最终影响合同的正常履行和合同的公平。细目小会增加工程量计量，易发生重复和遗漏。

（二）工程量清单项目编码设置

工程量清单项目编码共五级，以十二位阿拉伯数字表示，其设置规定为：一、二位为工程分类顺序码，清单计价规范总共把建设工程分为9大类，分别为房屋建筑与装饰（代码为01）、安装、市政、园林、矿山、仿古、构筑物、城市轨道交通、爆破工程；三、四位为专业工程顺序码；五、六位为分部工程顺序码；七、八、九位为分项工程项目名称顺序码；十至十二位为清单项目名称顺序码，应根据拟建工程的工程量清单项目名称和项目特征设置。图6-1所示以房屋建筑与装饰工程为例说明了工程量清单项目的划分，房屋建

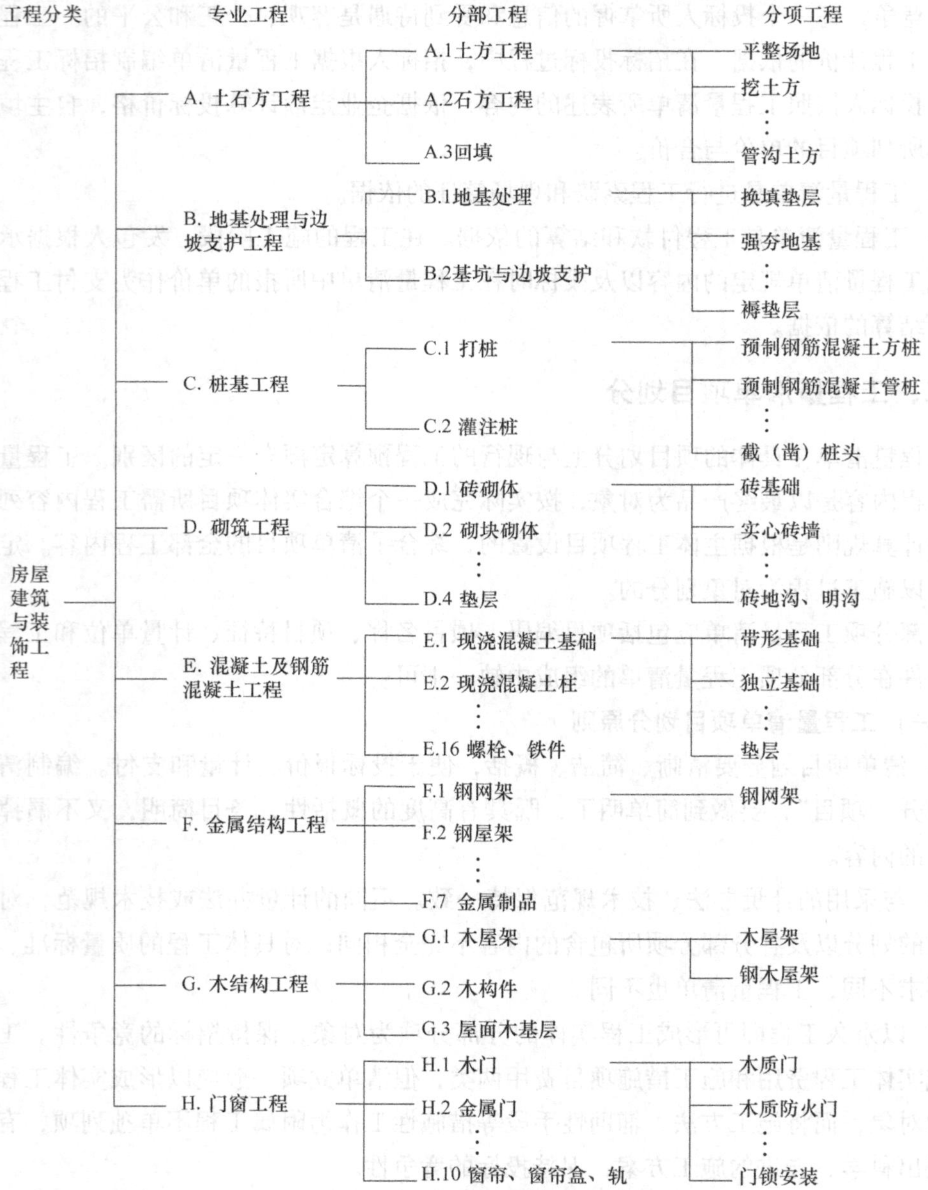

图6-1 房屋建筑与装饰工程工程量清单项目划分结构图

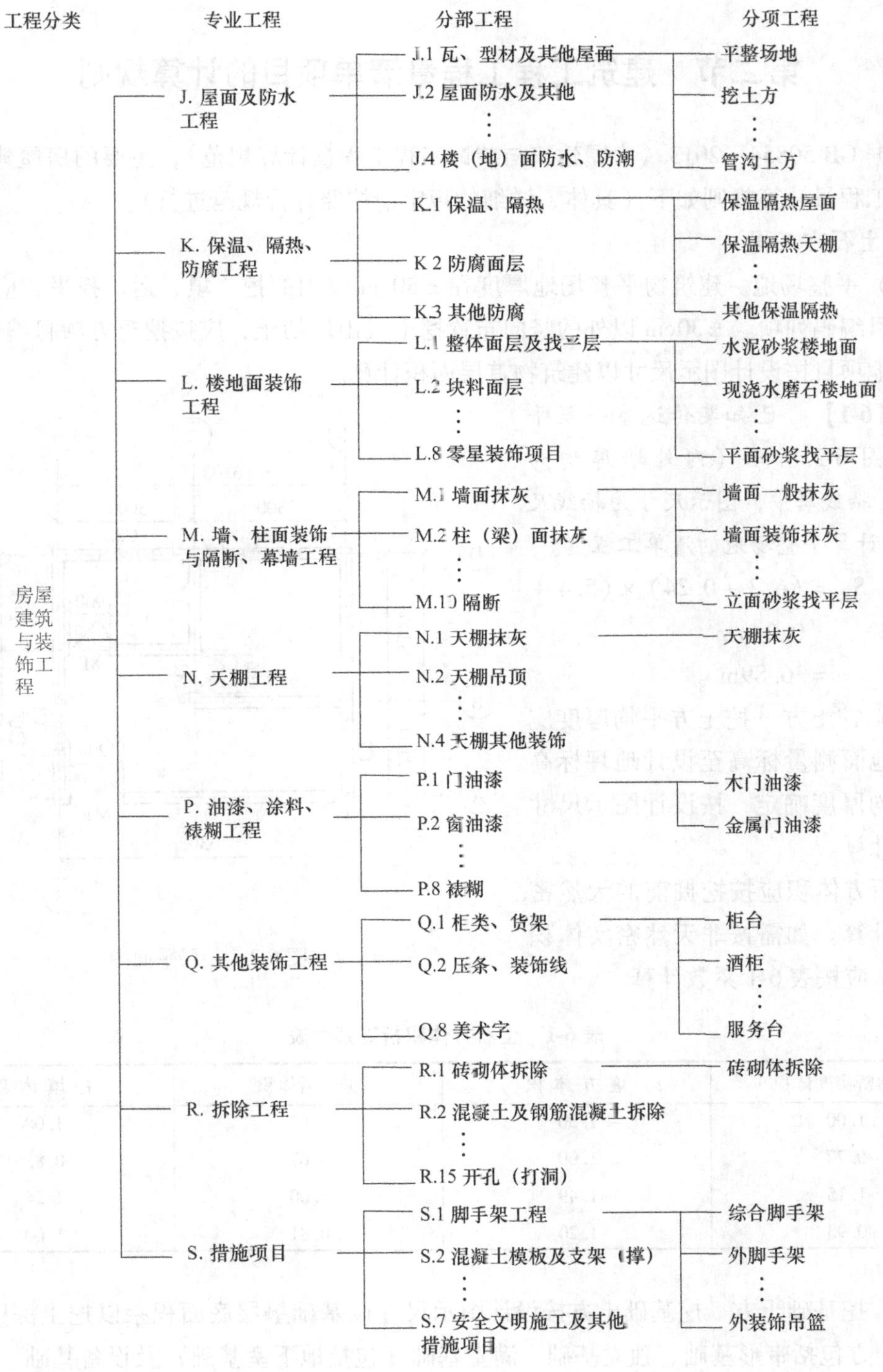

图 6-1　房屋建筑与装饰工程工程量清单项目划分结构图（续）

筑与装饰工程共分为 17 个专业工程，每个专业工程又分为不等数量的分部工程，每个分部工程下面又分为不等的多个分项工程。例如某分项工程量清单编码为 010103002001，则其含义为：房屋建筑与装饰工程—土石方工程—回填—余方弃置—第一项。

第二节 建筑工程工程量清单项目的计算规则

根据 GB 50854—2013《房屋建筑与装饰工程工程量计算规范》，主要的房屋建筑与装饰工程工程量计算规则如下（具体、详细的规定请按照计价规范进行）。

1. 土石方工程

（1）平整场地　建筑物平整场地厚度在 ±30cm 以内的挖、填、运、找平，应按平整场地项目编码列项。±30cm 以外的竖向布置挖土或山坡切土，应按挖土方项目编码列项。平整场地项目按设计图示尺寸以建筑物首层面积计算。

【例 6-1】　已知某传达室一层平面图如图 6-2 所示（内外墙厚均为 240mm，轴线居中，图示尺寸为轴线尺寸）。试计算平整场地的清单工程量。

解： $S_{清}=(6.3+0.24)\times(5.4+0.24)\text{m}^2$

$=36.89\text{m}^2$。

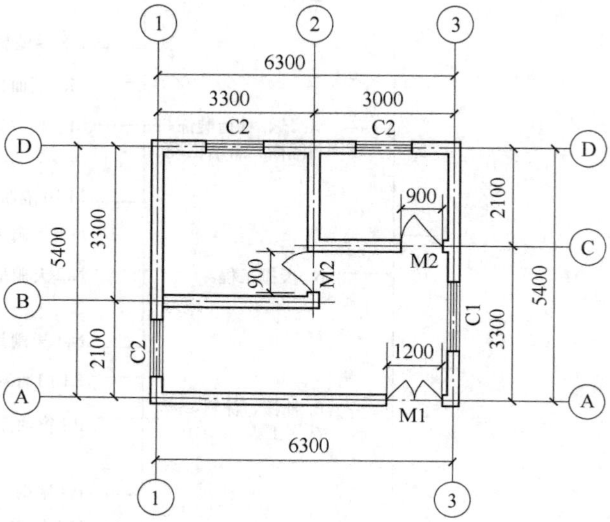

图 6-2　一层平面图

（2）挖土方　挖土方平均厚度应按自然地面测量标高至设计地坪标高间的平均厚度确定，按设计图示尺寸以体积计算。

土石方体积应按挖掘前的天然密实体积计算。如需按非天然密实体积折算时，应按表 6-1 系数计算。

表 6-1　土石方体积折算系数表

天然密实度体积	虚方体积	夯实后体积	松填体积
1.00	1.30	0.87	1.08
0.77	1.00	0.67	0.83
1.15	1.49	1.00	1.24
0.93	1.20	0.81	1.00

（3）挖基础土方　挖基础土方按设计图示尺寸以基础垫层底面积乘以挖土深度计算。挖基础土方包括带形基础、独立基础、满堂基础（包括地下室基础）及设备基础、人工挖孔桩等的挖方。带形基础应按不同底宽和深度，独立基础和满堂基础应按不同底面积和深度分别编码列项。

基础土方、石方开挖深度应按基础垫层底表面标高至交付施工场地标高确定，无交付施工场地标高时，应按自然地面标高确定。

【例 6-2】　如【例 6-1】中工程设计采用砖条形基础，3∶7 灰土垫层 300mm 厚，垫层宽800mm，室外地坪标高-0.300m，垫层底标高-1.55m，场地为二类土。试编制挖基础土方工程量清单。

解：外墙中心线长=(6.3+5.4)×2m=23.4m

内墙基槽净长线=(3.3+3.3+3.0-0.4×4)m=8m

挖基础土方清单工程量=0.8×(1.55-0.3)×(23.4+8)m=31.4m^3

编制工程量清单，如表6-2所示。

表6-2　分部分项工程量清单表

序号	项目编码	项目名称	项目特征描述	计量单位	工程量
	010101003001	挖沟槽土方	1. 土壤类别：二类土 2. 基础类型：砖条基 3. 垫层底宽：800mm 4. 挖土深度：2m以内 5. 弃土运距：投标人自行考虑	m^3	31.4

(4) 管沟土（石）方　管沟土（石）方工程量应按设计图示尺寸以管道中心线长计算。有管沟设计时，平均深度以沟垫层底表面标高至交付施工场地标高计算；无管沟设计时，直埋管深度应按管底外表面标高至交付施工场地标高的平均高度计算。不扣除各类井的长度。

(5) 土石方回填　土石方回填按设计图示尺寸以体积计算 。场地回填以回填面积乘以平均回填厚度；室内回填以主墙间净面积乘以回填厚度；基础回填以挖方体积减去设计室外地坪以下埋没的基础体积（包括基础垫层及其他构筑物)。

(6) 其他规定

1）湿土的划分应按地质资料提供的地下常水位为界，地下常水位以下为湿土。

2）挖方出现流砂、淤泥时，可根据实际情况由发包人与承包人双方认证。

【例6-3】　某工程柱下独立基础如图6-3和图6-4所示，共18个。已知：土壤类别为四类土，室外地坪标高-0.30m，垫层顶面标高-3.6m；设计基础垫层为C15混凝土，独立基础及独立柱为C30混凝土。混凝土使用商品混凝土，基础回填土为夯填，土方挖、填计算均按天然密实土考虑。试编制±0.000以下的土石方工程工程量清单。

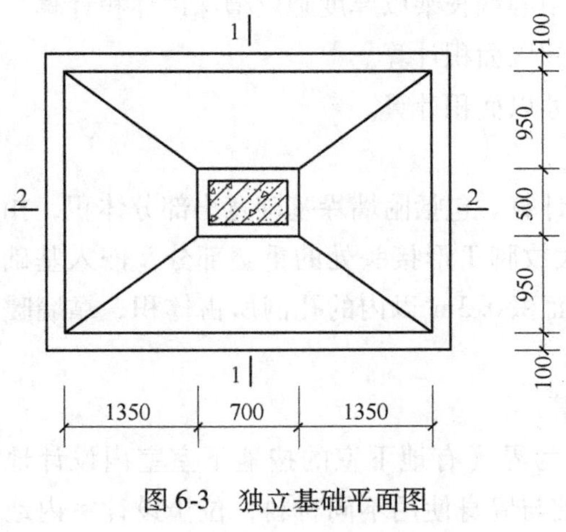

图6-3　独立基础平面图

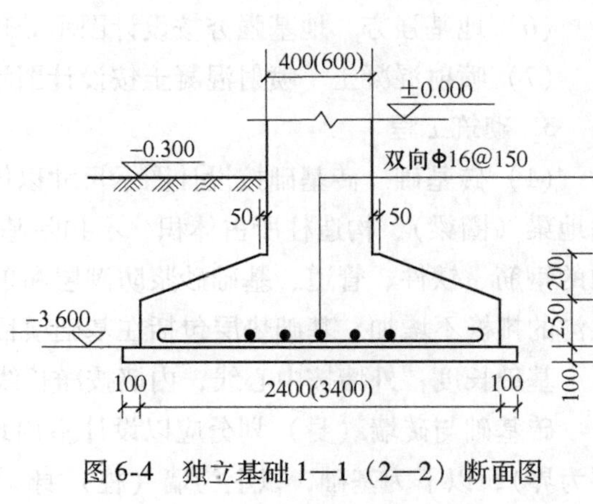

图6-4　独立基础1—1（2—2）断面图

解：挖独立基础土方清单工程量：$V_{挖清单}=(3.6\times2.6\times3.4\times18)m^3=572.83m^3$

$V_{独基}=\{3.4\times2.4\times0.25\times18+0.2\div6\times[3.4\times2.4+(3.4+0.7)\times(2.4+0.5)+0.7\times0.5]\times18\}m^3=48.96m^3$

$V_{垫层}=3.6\times2.6\times0.1\times18m^3=16.85m^3$

基础土方回填：$V_{填清单}=V_{挖清单}-V_{独基}-V_{垫层}-V_{埋柱}=[572.83-48.96-16.85-0.4\times0.6\times(3.6-0.3-0.45)(室外地坪以下)\times18]m^3=494.71m^3$

该项目土石方工程包括挖独立基础土方和基础土方回填两项，工程量清单编制如表6-3所示。

表6-3 分部分项工程量清单表

序号	项目编码	项目名称	项目特征描述	计量单位	工程量
1	010101004001	挖独立基础土方	1. 土壤类别：四类土 2. 基础类型：独立基础 3. 垫层底面积：3.6m×2.6m 4. 挖土深度：3.4m 5. 弃土运距：投标人自行考虑	m^3	572.83
2	010103001001	基础土方回填	1. 土质要求：一般土壤 2. 密实度要求：按规范要求夯填 3. 运距：投标人自行考虑	m^3	494.71

2. 地基处理、边坡支护与桩基础工程

（1）预制钢筋混凝土桩　预制钢筋混凝土桩按设计图示尺寸以桩长（包括桩尖）、体积或根数计算。

（2）钢管桩　钢管桩按设计图示规定以质量或根数计算。

（3）混凝土灌注桩　混凝土灌注桩按设计图示尺寸以桩长（包括桩尖）、体积或根数计算。

（4）其他桩　其他桩包括砂石灌注桩、灰土挤密桩、旋喷桩、喷粉桩，按设计图示尺寸以桩长（包括桩尖）计算。

（5）地下连续墙　地下连续墙按设计图示墙中心线长乘以厚度乘以槽深以体积计算。

（6）地基强夯　地基强夯按设计图示处理范围以面积计算。

（7）喷射混凝土　喷射混凝土按设计图示尺寸以面积计算。

3. 砌筑工程

（1）砖基础　砖基础按设计图示尺寸以体积计算。包括附墙垛基础宽出部分体积，扣除地梁（圈梁）、构造柱所占体积，不扣除基础大放脚T形接头处的重叠部分及嵌入基础内的钢筋、铁件、管道、基础砂浆防潮层和单个面积$0.3m^2$以内的孔洞所占体积，靠墙暖气沟的挑檐不增加。基础垫层包括在基础项目内。

基础长度：外墙按中心线，内墙按净长线计算。

砖基础与砖墙（身）划分应以设计室内地坪为界（有地下室的按地下室室内设计地坪为界），以下为基础，以上为墙（柱）身。基础与墙身使用不同材料，位于设计室内地坪±300mm以内时以不同材料为界，超过±300mm，应以设计室内地坪为界。砖围墙应以设计室外地坪为界，以下为基础，以上为墙身。

【例6-4】　已知【例6-1】中某建筑物的平面图如图6-2所示，内、外墙基础断面如图6-5所示，其垫层底标高−1.55m，室外地坪−0.30m，基础设计采用MU10标准砖，M7.5水泥砂浆砌筑，墙基防潮层20mm厚1∶2防水砂浆（防水粉5%）。试依据GB 50854—2013《房屋建筑与装饰工程工程量计算规范》计算±0.00以下砖基础清单工程量。

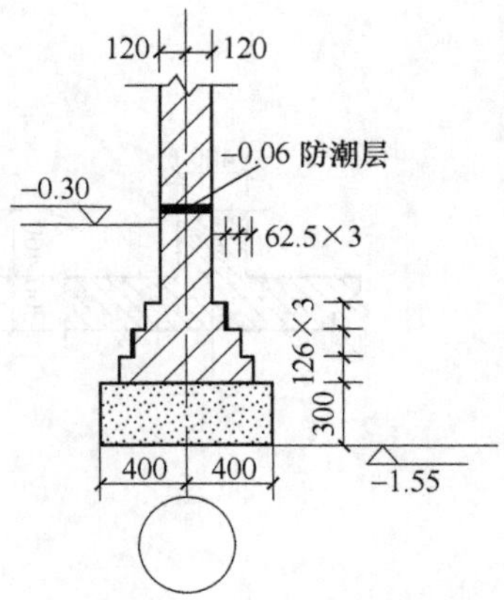

图6-5　基础断面图

解：外墙中心线：(6.3+5.4)×2m=23.4m

内墙净长线：(3.3+3.3+3.0−0.12×4)m=9.12m

砖基础断面积：$(0.24\times1.25+0.0625\times0.126\times6\times2)\text{m}^2=0.3945\text{m}^2$

砖基础的体积：$(23.4+9.12)\times0.3945\text{m}^3=12.83\text{m}^3$

则砖基础工程量清单为12.83m^3。

（2）实心砖墙　实心砖墙按设计图示尺寸以体积计算，扣除门窗洞口、过人洞、空圈、嵌入墙内的钢筋混凝土柱、梁、圈梁、挑梁、过梁及凹进墙内的壁龛、管槽、暖气槽、消火栓箱所占体积，不扣除梁头、板头、檩头、垫木、木楞头、沿缘木、木砖、门窗走头、砖墙内加固钢筋、木筋、铁件、钢管及单个面积0.3m^2以内的孔洞所占体积。凸出墙面的腰线、挑檐、压顶、窗台线、虎头砖、门窗套的体积也不增加。凸出墙面的砖垛并入墙体体积内计算。

1）墙长度。外墙按中心线，内墙按净长计算。

2）墙高度。

① 外墙：斜（坡）屋面无檐口天棚者算至屋面板底；有屋架且室内外均有天棚者算至屋架下弦底另加200mm；无天棚者算至屋架下弦底另加300mm，出檐宽度超过600mm时按实砌高度计算；平屋面算至钢筋混凝土板底。

② 内墙：位于屋架下弦者，算至屋架下弦底；无屋架者算至天棚底另加100mm；有钢筋混凝土楼板隔层者算至楼板顶；有框架梁时算至梁底。

③ 女儿墙：从屋面板上表面算至女儿墙顶面（如有混凝土压顶时算至压顶下表面）。

④ 内、外山墙：按其平均高度计算。

3）围墙。高度算至压顶上表面（如有混凝土压顶时算至压顶下表面），围墙柱并入围墙体积内计算。

4. 混凝土及钢筋混凝土工程

（1）现浇混凝土基础　现浇混凝土基础包括带形基础、独立基础、满堂基础、设备基础、桩承台基础、垫层等，按设计图示尺寸以体积计算，不扣除构件内钢筋、预埋铁件和伸入承台基础的桩头所占体积。

【例6-5】　混凝土满堂基础如图6-6所示，试计算满堂基础清单工程量。

解：基础体积包括底板体积和梁体积，应分别计算。

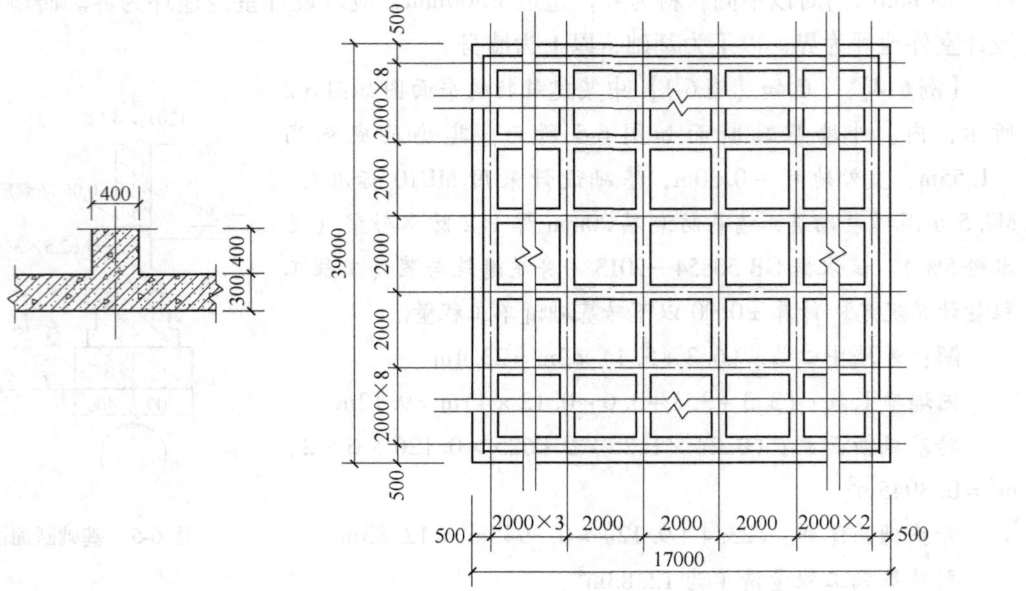

图6-6 满堂基础示意图

底板体积：$17\times39\times0.3\text{m}^3=198.90\text{m}^3$

计算梁体积时，梁与梁交接处体积不能重复计算，具体计算方法很多，此处介绍两种思路。

① 面积扣减法：$[(16+0.2\times2)\times(38+0.2\times2)-1.6\times1.6\times8\times19]\times0.4\text{m}^3$

$=96.26\text{m}^3$

② 梁长扣减法：$(0.4\times0.4\times38.4\times9+0.4\times0.4\times1.6\times8\times20)\text{m}^3=96.26\text{m}^3$

满堂基础清单工程量：$(198.90+96.26)\text{m}^3=295.16\text{m}^3$

(2) 现浇混凝土柱　现浇混凝土柱包括异形柱和矩形柱，按设计图示尺寸以体积计算，不扣除构件内钢筋、预埋铁件所占体积。柱高按以下规定计算：

1）有梁板的柱高，应自柱基上表面（或楼板上表面）至上一层楼板上表面之间的高度计算。

2）无梁板的柱高，应自柱基上表面（或楼板上表面）至柱帽下表面之间的高度计算。

3）框架柱的柱高，应自柱基上表面至柱顶高度计算。

4）构造柱按全高计算，嵌接墙体部分并入柱身体积计算。

5）依附柱上的牛腿和升板的柱帽，并入柱身体积计算。

(3) 现浇混凝土梁　现浇混凝土梁包括基础梁、矩形梁、弧形梁、拱形梁、圈梁、过梁、异形梁等，按设计图示尺寸以体积计算，不扣除构件内钢筋、预埋铁件所占体积，伸入墙内的梁头、梁垫并入梁体积内计算。梁长按以下规定计算：

1）梁与柱连接时，梁长算至柱侧面。

2）主梁与次梁连接时，次梁长算至主梁侧面。

(4) 现浇混凝土墙　现浇混凝土墙包括弧形墙和直形墙，按设计图示尺寸以体积计算，不扣除构件内钢筋、预埋铁件所占体积，扣除门窗洞口及单个面积 0.3m^2 以外的孔洞所占体积，墙垛及凸出墙面部分并入墙体体积内计算。

(5) 现浇混凝土板

1) 有梁板、无梁板、栏板、拱板、薄壳板、平板等，按设计图示尺寸以体积计算，不扣除构件内钢筋、预埋铁件及单个面积 0.3m^2 以内的孔洞所占体积。有梁板（包括主、次梁与板）按梁、板体积之和计算，无梁板按板和柱帽体积之和计算，各类板伸入墙内的板头并入板体积内计算，薄壳板的肋、基梁并入薄壳体积内计算。

2) 天沟、挑檐板和其他板按设计图示尺寸以体积计算。

3) 雨篷和阳台板按设计图示尺寸以墙外部分体积计算，包括伸出墙外的牛腿和雨篷反挑檐的体积。

现浇挑檐、天沟板、雨篷、阳台与板（包括屋面板、楼板）连接时，以外墙外边线为分界线；与圈梁（包括其他梁）连接时，以梁外边线为分界线。外边线以外为挑檐、天沟、雨篷或阳台。

(6) 现浇混凝土楼梯　现浇混凝土楼梯包括弧形楼梯和直形楼梯，按设计图示尺寸以水平投影面积计算，不扣除宽度小于 500mm 的楼梯井，伸入墙内部分不计算。整体楼梯（包括直形楼梯、弧形楼梯）水平投影面积包括休息平台、平台梁、斜梁和楼梯的连接梁。当整体楼梯与现浇楼板无梯梁连接时，以楼梯的最后一个踏步边缘加 300mm 为界。

(7) 现浇混凝土其他构件

1) 电缆沟、地沟按设计图示以中心线长度计算。

2) 散水、坡道按设计图示尺寸以面积计算，不扣除单个 0.3m^2 以内的孔洞所占面积。

3) 其他构件按设计图示尺寸以体积计算，不扣除构件内钢筋、预埋铁件所占体积。

(8) 预制混凝土柱　预制混凝土柱包括异形柱和矩形柱，按设计图示尺寸以体积计算，不扣除构件内钢筋、预埋铁件所占体积。或者按设计图示尺寸以“数量”计算。

(9) 预制混凝土梁　预制混凝土梁包括矩形梁、风道梁、过梁、拱形梁、鱼腹式吊车梁、异形梁等，按设计图示尺寸以体积计算，不扣除构件内钢筋、预埋铁件所占体积。

(10) 预制混凝土屋架　预制混凝土屋架包括折线型屋架、薄腹屋架、门式刚架屋架、天窗架屋架、组合屋架等，按设计图示尺寸以体积计算，不扣除构件内钢筋、预埋铁件所占体积。

(11) 预制混凝土板　预制混凝土板包括平板、空心板、槽形板、网架板、大型板、带肋板、折线板等，按设计图示尺寸以体积计算，不扣除构件内钢筋、预埋铁件及单个尺寸 300mm×300mm 以内的孔洞所占体积，扣除空心板空洞体积。

(12) 预制混凝土楼梯　按设计图示尺寸以体积计算，不扣除构件内钢筋、预埋铁件所占体积，扣除空心踏步板空洞体积。

(13) 其他预制构件　其他预制构件包括烟道、垃圾道、通风道、水磨石构件、其他构件等，按设计图示尺寸以体积计算，不扣除构件内钢筋、预埋铁件及单个尺寸 300mm×300mm 以内的孔洞所占体积，扣除烟道、垃圾道、通风道的孔洞所占体积。

(14) 混凝土构筑物　混凝土构筑物包括储水（油）池、储仓、水塔、烟囱等，按设计图示尺寸以体积计算，不扣除构件内钢筋、预埋铁件及单个面积0.3m^2以内的孔洞所占体积。

（15）钢筋工程

1）现浇混凝土钢筋、预制构件钢筋、钢筋笼、钢筋网片等，按设计图示钢筋（网）长度（面积）乘以单位理论质量计算。

2）先张法预应力钢筋按设计图示钢筋长度乘以单位理论质量计算。

3）后张法预应力钢筋、预应力钢丝、预应力钢绞线等，按设计图示钢筋（丝束、绞线）长度乘以单位理论质量计算。钢筋（丝束、绞线）的长度按以下规定计算：

① 低合金钢筋两端均采用螺杆锚具时，钢筋长度按孔道长度减0.35m计算，螺杆另行计算。

② 低合金钢筋一端采用镦头插片、另一端采用螺杆锚具时，钢筋长度按孔道长度计算，螺杆另行计算。

③ 低合金钢筋一端采用镦头插片、另一端采用帮条锚具时，钢筋增加0.15m计算；两端均采用帮条锚具时，钢筋长度按孔道长度增加0.3m计算。

④ 低合金钢筋采用后张混凝土自锚时，钢筋长度按孔道长度增加0.35m计算。

⑤ 低合金钢筋（钢铰线）采用JM、XM、QM型锚具，孔道长度在20m以内时，钢筋长度增加1m计算；孔道长度在20m以上时，钢筋（钢铰线）长度按孔道长度增加1.8m计算。

⑥ 碳素钢丝采用锥形锚具，孔道长度在20m以内时，钢丝束长度按孔道长度增加1m计算；孔道长度在20m以上时，钢丝束长度按孔道长度增加1.8m计算。

⑦ 碳素钢丝束采用镦头锚具时，钢丝束长度按孔道长度增加0.35m计算。

5. 金属结构工程

（1）钢屋架、钢网架、钢托架、钢桁架等构件　按设计图示尺寸以质量计算，不扣除孔眼的质量，焊条、铆钉、螺栓等不另增加质量。

（2）钢柱

1）空腹柱和实腹柱按设计图示尺寸以质量计算，不扣除孔眼的质量，焊条、铆钉、螺栓等不另增加质量。依附在钢柱上的牛腿及悬臂梁等并入钢柱工程量内计算。

2）钢管柱按设计图示尺寸以质量计算，不扣除孔眼的质量，焊条、铆钉、螺栓等不另增加质量。钢管柱上的节点板、加强环、内衬管、牛腿等并入钢管柱工程量内计算。

（3）钢梁和钢吊车梁　按设计图示尺寸以质量计算，不扣除孔眼的质量，焊条、铆钉、螺栓等不另增加质量。制动梁、制动板、制动桁架、车挡并入钢吊车梁工程量内计算。

（4）压型钢板楼板、墙板

1）压型钢板楼板按设计图示尺寸以铺设水平投影面积计算，不扣除柱、垛及单个0.3m^2以内的孔洞所占面积。

2）压型钢板墙板按设计图示尺寸以铺挂面积计算，不扣除单个0.3m^2以内的孔洞所占面积，包角、包边、窗台泛水等不另增加面积。

（5）钢构件

1）钢支撑、钢檩条、钢天窗架、钢挡风架、钢栏杆、钢平台、钢走道、钢梯、钢墙架等，按设计图示尺寸以质量计算，不扣除孔眼的质量，焊条、铆钉、螺栓等不另增加质量。

2）钢支架和零星钢构件按设计图示尺寸以质量计算，不扣除孔眼的质量，焊条、铆钉、螺栓等不另增加质量。

（6）金属网栏　按设计图示尺寸以框外围展开面积计算。

6. 屋面及防水工程

（1）瓦、型材屋面

1）瓦屋面和型材屋面按设计图示尺寸以斜面积计算，不扣除房上烟囱、风帽底座、风道、小气窗、斜沟等所占面积。小气窗的出檐部分不增加面积。

2）膜结构屋面按设计图示尺寸以需要覆盖的水平面积计算。

（2）屋面防水

1）屋面卷材防水和屋面涂膜防水按设计图示尺寸以面积计算。斜屋顶（不包括平屋顶找坡）按斜面积计算，平屋顶按水平投影面积计算。不扣除房上烟囱、风帽底座、风道、屋面小气窗和斜沟所占面积。屋面的女儿墙、伸缩缝和天窗等处的弯起部分，并入屋面工程量内。

2）屋面刚性防水按设计图示尺寸以面积计算，不扣除房上烟囱、风帽底座、风道等所占面积。

3）屋面排水管按设计图示尺寸以长度计算。如设计未标注尺寸，以檐口至设计室外散水上表面垂直距离计算。

4）屋面天沟、檐沟按设计图示尺寸以面积计算。镀锌薄钢板和卷材天沟按展开面积计算。

（3）墙、地面防水、防潮

1）卷材防水、涂膜防水、砂浆防水（潮）按设计图示尺寸以面积计算。

① 地面防水。按主墙间净空面积计算，扣除凸出地面的构筑物、设备基础等所占面积，不扣除间壁墙及单个 $0.3m^2$ 以内的柱、垛、烟囱和孔洞所占面积。

② 墙基防水。外墙按中心线，内墙按净长乘以宽度计算。

2）变形缝按设计图示以长度计算。

【例 6-6】　某工程平屋面及檐沟做法如图 6-7 ~ 图 6-9 所示，室外地坪 −0.300m，列出屋面及防水工程的工程量清单项目，并计算出相应的工程量。

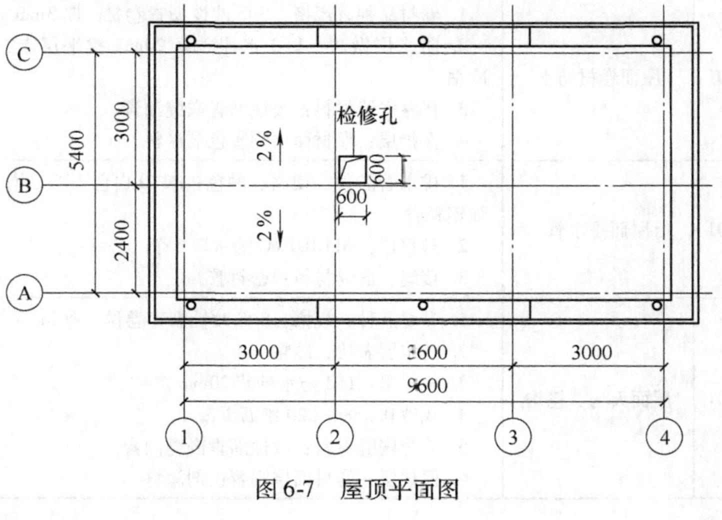

图 6-7　屋顶平面图

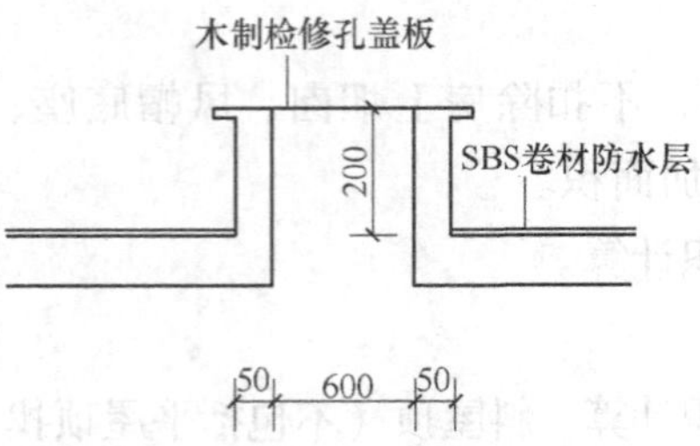

图 6-8 检修孔详图

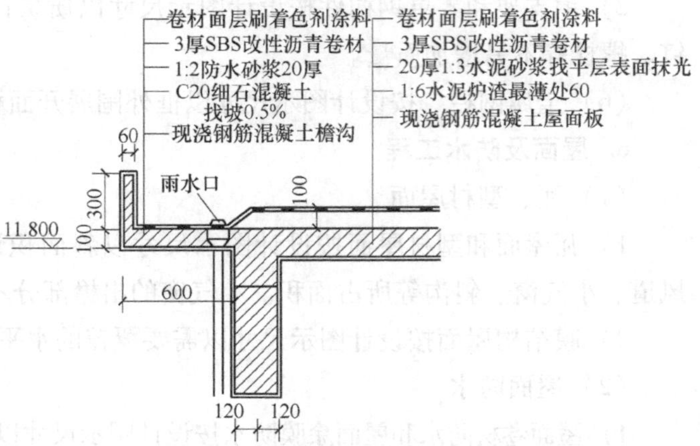

图 6-9 屋面、檐沟卷材防水做法

解： 1）屋面卷材防水清单工程量平屋面部分算至外墙外边线，并扣检修孔面积：

$[(9.6+0.24)\times(5.4+0.24)-0.7\times0.7]\text{m}^2=55.01\text{m}^2$

检修孔处弯起面积 $=0.7\times4\times0.2\text{m}^2=0.56\text{m}^2$

清单工程量 $=(55.01+0.56)\ \text{m}^2=55.57\text{m}^2$

2）屋面排水管清单工程量，按檐口至设计室外地面垂直距离计算。

清单工程量 $=(11.8+0.1+0.3)\times6\text{m}=73.20\text{m}$

3）屋面天沟、檐沟属于卷材天沟，清单工程量应按照展开面积计算。

外墙外边线 $L_{外}=[(9.6+0.24)+(5.4+0.24)]\times2\text{m}=30.96\text{m}$

清单工程量 $=[30.96\times0.1+(30.96+8\times0.27)\times0.54+(30.96+8\times0.54)\times0.3+(30.96+8\times0.57)\times0.06]\text{m}^2=33.70\text{m}^2$

编制工程量清单，如表 6-4 所示。

表 6-4 分部分项工程量清单表

序号	项目编码	项目名称	项目特征描述	计量单位	工程量
1	010902001001	屋面卷材防水	1. 卷材品种、规格：SBS 改性沥青卷材，厚 3mm 2. 防水层做法：1∶3 水泥砂浆 20mm 找平层上，冷粘 3. 接缝嵌缝材料：改性沥青嵌缝油膏 4. 保护层：卷材面层刷着色剂涂料	m^2	55.57
2	010902004001	屋面排水管	1. 排水管品种、规格、颜色：ϕ110 白色 UPVC 增强塑料管 2. 排水口：ϕ110UPVC 雨水口 6 个 3. 接缝、嵌缝材料：密封胶	m	73.20
3	010902005001	屋面天沟、檐沟	1. 卷材品种、规格：SBS 改性沥青卷材，厚 3mm 2. 防水层做法：冷粘 3. 找平层：1∶2 防水砂浆 20mm 4. 找坡 0.5%：C20 细石混凝土 5. 接缝嵌缝材料：改性沥青嵌缝油膏 6. 保护层：卷材面层刷着色剂涂料	m^2	33.70

7. 防腐、隔热、保温工程

（1）防腐面层

1）防腐混凝土面层、防腐砂浆面层、防腐胶泥面层、玻璃钢防腐面层等均按设计图示尺寸以面积计算。平面防腐扣除凸出地面的构筑物、设备基础等所占面积。立面防腐砖垛等突出部分按展开面积并入墙面积内。

2）聚氯乙烯板面层、块料防腐面层均按设计图示尺寸以面积计算。

① 平面防腐。扣除凸出地面的构筑物、设备基础等所占面积。

② 立面防腐。砖垛等凸出部分按展开面积并入墙面积内。

③ 踢脚板防腐。扣除门洞所占面积并相应增加门洞侧壁面积。

（2）其他防腐

1）隔离层和防腐涂料按设计图示尺寸以面积计算。

① 平面防腐。扣除凸出地面的构筑物、设备基础等所占面积。

② 立面防腐。砖垛等凸出部分按展开面积并入墙面积内。

2）砌筑沥青浸渍砖按设计图示尺寸以体积计算。

（3）隔热、保温

1）保温隔热屋面、保温隔热天棚、隔热楼地面按设计图示尺寸以面积计算，扣除 $0.3m^2$ 以上孔洞及占位面积。

2）保温隔热墙按设计图示尺寸以面积计算，扣除门窗洞口、$0.3m^2$ 以上孔洞及占位面积。门窗洞口侧壁需做保温时，并入保温墙体工程量内。

3）保温柱按设计图示以保温层中心线展开长度乘以保温层高度计算。

8. 门窗工程

1）木门、金属门、金属卷帘门、特种门、电子感应门、电动伸缩门等，以樘计量，按设计图示数量计算；也可按平方米计量，以设计图示洞口尺寸以面积计算。

2）木窗、金属窗，以樘计量，按设计图示数量计算；也可按平方米计量，以设计图示洞口尺寸以面积计算。

9. 楼地面装饰工程

（1）整体面层及找平层

1）水泥砂浆楼地面、现浇水磨石楼地面、细石混凝土楼地面、自流坪楼地面等整体面层，按设计图示尺寸以面积计算。应扣除凸出地面的构筑物、设备基础、室内铁道、地沟等所占的面积，不扣除间壁墙及 $0.3m^2$ 以内柱、垛、附墙烟囱及孔洞所占的面积。但门洞、空圈和暖气包槽、壁龛的开口部分也不增加。

2）平面砂浆找平层，按设计图示尺寸以面积计算。

（2）块料、橡塑面层

1）块料、石材等楼地面，按设计图示尺寸以面积计算。门洞、空圈、暖气包槽、壁龛的开口部分并入相应的工程量内。

2）橡塑面层，按设计图示尺寸以面积计算。门洞、空圈、暖气包槽、壁龛的开口部分并入相应的工程量内。

（3）其他材料面层 地毯楼地面，竹、木（复合）地板，金属复合地板，防静电活动地板等，按设计图示尺寸以面积计算。门洞、空圈、暖气包槽、壁龛的开口部分并入相应的工程量内。

（4）踢脚线

1）水泥砂浆踢脚线，按设计图示尺寸以面积或延长米计算。

2）石材等块料踢脚线，按设计图示尺寸以面积或延长米计算。

（5）台阶装饰 按设计图示尺寸以台阶（包括最上层踏步边沿加300mm）水平投影面积计算。

10. 墙、柱面装饰与隔断、幕墙工程

（1）抹灰

1）墙面一般、装饰抹灰，按设计图示尺寸以面积计算。扣除墙裙、门窗洞口及单个大于0.3m^2的孔洞面积，不扣除踢脚线、挂镜线和墙与构件交接处的面积，门窗洞口及孔洞侧壁不增加面积。

2）柱（梁）面抹灰：柱面抹灰按设计图示柱断面周长乘高度以面积计算；梁面抹灰按设计图示梁断面周长乘长度以面积计算。

（2）块料面层

1）柱面、梁面镶贴块料均按设计图示尺寸以镶贴面积计算。

2）干挂石材钢骨架，区别骨架种类、规格，按设计图示尺寸以质量计算。

（3）墙、柱（梁）饰面

1）墙饰面，按设计图示墙净长乘以净高以面积计算。扣除门窗洞口及单个0.3m^2以上的孔洞所占面积。

2）柱（梁）饰面，按设计图示饰面外围尺寸以面积计算。柱帽、柱墩并入相应柱饰面工程量内。

（4）幕墙工程

1）带骨架幕墙，按设计图示框外围尺寸以面积计算。与幕墙同种材质的窗所占面积不扣除。

2）全玻幕墙，按设计图示尺寸以面积计算，带肋全玻幕墙按展开面积计算。

（5）隔断

1）木隔断、金属隔断、玻璃隔断等，按设计图示框外围尺寸以面积计算。扣除单个0.3m^2以上的孔洞所占面积；浴厕门的材质与隔断相同时，门的面积并入隔断面积内。

2）成品隔断，以平方米计量时，按设计图示框外围尺寸以面积计算；以间计算时，按设计间的数量计算。

11. 天棚工程

（1）天棚抹灰 按设计图示尺寸以水平投影面积计算。不扣除间壁墙、垛、柱、附墙烟囱、检查口和管道所占的面积，带梁天棚、梁两侧抹灰面积并入天棚面积内，板式楼梯底面抹灰按斜面积计算，锯齿形楼梯底板抹灰按展开面积计算。

（2）天棚吊顶

1）吊顶天棚，按设计图示尺寸以水平投影面积计算。天棚面中的灯槽及跌级、锯齿形、吊挂式、藻井式天棚面积不展开计算。不扣除间壁墙、检查口、附墙烟囱、柱垛和管道所占面积，扣除单个 $0.3m^2$ 以外的孔洞、独立柱及与天棚相连的窗帘盒所占的面积。

2）格栅吊顶、吊筒吊顶、悬挂吊顶等，按设计图示尺寸以水平投影面积计算。

12. 油漆、涂料、裱糊工程

（1）油漆工程

1）门油漆，按设计图示数量或设计图示单面洞口面积计算。

2）窗油漆，按设计图示数量或设计图示单面洞口面积计算。

3）木材面油漆，按设计图示尺寸以面积计算。

4）金属面油漆，按设计图示尺寸以质量计算或按设计展开面积以平方米计算。

（2）喷刷涂料

墙面、天棚喷刷涂料，按设计图示尺寸以面积计算；金属构件刷防火涂料，可按设计图示尺寸以质量计算，也可按设计展开面积计算。

（3）裱糊

墙纸裱糊、织锦缎裱糊，均按设计图示尺寸以面积计算。

第三节　工程量清单编制

一、工程量清单的编制依据

工程量清单应由具有编制能力的招标人或受其委托，具有相应资质的工程造价咨询人编制。其编制依据主要有：

1）清单计价规范。

2）国家或省级、行业建设主管部门颁发的计价依据和办法。

3）建设工程设计文件。

4）与建设工程项目有关的标准、规范、技术资料。

5）招标文件及其补充通知、答疑纪要。

6）施工现场情况、工程特点及常规施工方案。

7）其他相关资料。

二、工程量清单的编制方法

工程量清单应由招标人填写，采用计价规范规定的统一格式。工程量清单格式由封面、扉页、总说明、分部分项工程量清单、措施项目清单、其他项目清单、规费项目清单、税金项目清单组成。

1. 封面

工程造价文件是工程造价管理活动中体现国家规章、规定的主要载体，工程造价文件封面须有招标人、造价咨询人盖章方能生效。

2. 扉页

招标人自行编制工程量清单时，编制人员必须是在招标人单位注册的造价人员。由招标人盖单位公章，法定代表人或其授权人签字或盖章；当编制人是注册造价工程师时，由其签字盖执业专用章；当编制人是造价员时，由其在编制人栏签字盖专用章，并应由注册造价工程师复核，在复核人栏签字盖执业专用章。

招标人委托工程造价咨询人编制工程量清单时，编制人员必须是在工程造价咨询人单位注册的造价人员。工程造价咨询人盖单位资质专用章，法定代表人或其授权人签字或盖章；当编制人是注册造价工程师时，由其签字盖执业专用章；当编制人是造价员时，由其在编制人栏签字盖专用章，并应由注册造价工程师复核，在复核人栏签字盖执业专用章。扉页格式见表6-5。

表6-5 扉页

________________工程	
招 标 工 程 量 清 单	
招标人：________________ （单位盖章）	造价咨询人：________________ （单位资质专用章）
法定代表人 或其授权人：________________ （签字或盖章）	法定代表人 或其授权人：________________ （签字或盖章 ）
编制人：________________ （造价人员签字盖专用章）	复核人：________________ （造价工程师签字盖专用章）
编制时间：　　年　　月　　日	复核时间：　　年　　月　　日

3. 总说明

总说明应按下列内容填写：

1）工程概况：建设规模、工程特征、计划工期、施工现场实际情况、自然地理条件、环境保护要求等。

2）工程招标和分包范围。

3）工程量清单编制依据。

4）工程质量、材料、施工等的特殊要求。

5）其他需要说明的问题。

4. 分部分项工程和单价措施项目清单

分部分项工程量清单为完成分部分项工程量所需的实体项目，单价措施项目清单为可计单价的措施项目清单。分部分项工程和单价措施项目清单格式见表6-6所示。

表 6-6　分部分项工程和单价措施项目清单

工程名称：　　　　　　　　　　　　　　　标段：　　　　　　　　　　　　　　　第　页　共　页

序　号	项目编码	项目名称	项目特征描述	计量单位	工程量

1）分部分项工程和单价措施项目清单应包括项目编码、项目名称、项目特征、计量单位和工程量。

2）分部分项工程和单价措施项目清单应根据专业工程量计算规范规定的项目编码、项目名称、项目特征、计量单位和工程量计算规则进行编制。

3）工程量的有效位数应遵守下列规定：以“t”为单位，应保留三位小数，第四位小数四舍五入；以“m^3”“m^2”“m”“kg”为单位，应保留两位小数，第三位小数四舍五入；以“个”“项”等为单位，应取整数。

4）分部分项工程量清单项目特征应按规范中规定的项目特征，结合拟建工程项目的实际情况予以描述。工程量清单的项目特征是确定一个清单项目综合单价不可缺少的重要依据，在编制工程量清单时，必须对项目特征进行准确和全面的描述，但有些项目特征用文字往往又难以准确和全面的描述清楚。因此为达到规范、简捷、准确、全面描述项目特征的要求，在描述工程量清单项目特征时应按以下原则进行。

① 项目特征描述的内容应按相关专业工程工程量清单计算规范中的规定，结合拟建工程的实际，能满足确定综合单价的需要。

② 若采用标准图集或施工图能够全部或部分满足项目特征描述的要求，项目特征描述可直接采用详见××图集或××图号的方式。对不能满足项目特征描述要求的部分，仍应用文字描述。

5）编制工程量清单时如出现规范中未包括的项目，编制人应作补充，并报省级或行业工程造价管理机构备案，省级或行业工程造价管理机构应汇总报住房和城乡建设部标准定额研究所。补充项目的编码由相关规范的顺序码与 B 和三位阿拉伯数字组成，如房屋建筑与装饰工程，应从 01B001 起顺序编制，同一招标工程的项目不得重码。工程量清单中需附有补充项目的名称、项目特征、计量单位、工程量计算规则、工程内容。

5. 总价措施项目清单

总价措施项目清单应根据拟建工程的实际情况列项。房屋建筑与装饰工程专业总价措施项目见表 6-7。若出现本规范未列的项目，可根据工程实际情况补充。

表 6-7　总价措施项目一览表

工程名称：　　　　　　　　　　　　　　　标段：　　　　　　　　　　　　　　　第　页　共　页

序号	项目编码	项目名称	计算基础	费率（%）	金额/元	调整费率（%）	调整后金额/元
		安全文明施工费					
		夜间施工增加费					

（续）

序号	项目编码	项目名称	计算基础	费率（%）	金额/元	调整费率（%）	调整后金额/元
		二次搬运费					
		冬雨期施工增加费					
		已完工程及设备保护费					
		合计					

6. 其他项目清单

其他项目清单宜按照下列内容列项：

1）暂列金额。暂列金额是招标人在工程量清单中暂定并包括在合同价款中的一笔款项，用于工程合同签订时尚未确定或者不可预见的所需材料、工程设备、服务的采购，施工中可能发生的工程变更、合同约定调整因素出现时的合同价款调整以及发生的索赔、现场签证确认等的费用。

2）暂估价。包括材料暂估单价、专业工程暂估价。暂估价是指招标阶段直至签订合同协议时，招标人在招标文件中提供的用于支付必然要发生但暂时不能确定价格的材料以及专业工程的金额。

3）计日工。计日工是为了解决现场发生的零星工作的计价而设立的。计日工对完成零星工作所消耗的人工工时、材料数量、施工机械台班进行计量，并按照计日工表中填报的适用项目的单价进行计价支付。计日工适用的所谓零星工作一般是指合同约定之外的或者因变更而产生的、工程量清单中没有相应项目的额外工作，尤其是那些时间不允许事先商定价格的额外工作。

4）总承包服务费。总承包服务费是为了解决招标人在法律、法规允许的条件下进行专业工程发包，以及自行供应材料、设备，并需要总承包人对发包的专业工程提供协调和配合服务，对供应的材料、设备提供收、发和保管服务以及进行施工现场管理时发生，并向总承包人支付的费用。招标人应预计该项费用并按投标人的投标报价向投标人支付该项费用。

其他项目清单格式如表6-8～表6-13所示。

表6-8 其他项目清单与计价汇总表

工程名称： 标段： 第 页 共 页

序号	项目名称	金额/元	结算金额/元	备注
1	暂列金额			
2	暂估价			
2.1	材料（工程设备）暂估价			
2.2	专业工程暂估价/结算价			
3	计日工			

（续）

序　号	项目名称	金额/元	结算金额/元	备　注
4	总承包服务费			
5	索赔与现场签证			
合　计				

表 6-9　暂列金额明细表

工程名称：　　　　　　　　　　　标段：　　　　　　　　　　　第　页　共　页

序　号	项目名称	计量单位	暂定金额/元	备　注
1				
2				
3				
合　计				

注：此表由招标人填写，如不能详列，也可只列暂定金额总额，投标人应将上述暂列金额计入投标总价中。

表 6-10　材料（工程设备）暂估单价及调整表

工程名称：　　　　　　　　　　　标段：　　　　　　　　　　　第　页　共　页

序号	材料（工程设备）名称、规格、型号	计量单位	数　量	暂估/元	确认/元	差额±/元	备　注

注：此表由招标人填写，并在备注栏说明暂估价的材料、工程设备拟用在哪些清单项目上，投标人应将上述材料暂估单价计入工程量清单综合单价报价中。

表 6-11　专业工程暂估价及结算价表

工程名称：　　　　　　　　　　　标段：　　　　　　　　　　　第　页　共　页

序号	工程名称	工程内容	暂估金额/元	结算金额/元	差额±/元	备　注
合　计						

注：此表“暂估金额”由招标人填写，投标人应将暂估金额计入投标总价中。结算时按合同约定结算金额填写。

表 6-12　计日工表

工程名称：　　　　　　　　　　　标段：　　　　　　　　　　　第　页　共　页

编　号	项目名称	单　位	暂定数量	综合单价/元	合价/元
一	人　工				
1					

（续）

编 号	项目名称	单 位	暂定数量	综合单价/元	合价/元
2					
人工小计					
二	材 料				
1					
2					
3					
材料小计					
三	施工机械				
1					
2					
施工机械小计					
四、企业管理费和利润					
总 计					

注：此表项目名称、数量由招标人填写，编制招标控制价时，单价由招标人按有关计价规定确定；投标时，单价由投标人自主报价，计入投标总价中。

表6-13 总承包服务费计价表

工程名称： 标段： 第 页 共 页

序号	项目名称	项目价值/元	服务内容	计算基础	费率（%）	金额/元
1	发包人发包专业工程					
2	发包人提供材料					
合 计						

7. 规费项目清单、税金项目清单

规费是根据国家法律、法规规定，由省级政府或省级有关权力部门规定施工企业必须缴纳的，应计入建筑安装工程造价的费用。编制人对《建筑安装工程费用项目组成》未包括的规费项目，在编制规费项目清单时应根据省级政府或省级有关权力部门的规定列项。

税金是指国家税法规定的应计入建筑安装工程造价内的营业税、城市维护建设税、教育费附加和地方教育附加。

规费项目清单、税金项目清单格式如表6-14所示。

表6-14 规费、税金项目清单与计价表

工程名称： 标段： 第 页 共 页

序 号	项目名称	计算基础	计算基数	计算费率（%）	金额/元
1	规费	定额人工费			
1.1	社会保险费	定额人工费			

（续）

序　号	项目名称	计算基础	计算基数	计算费率（%）	金额/元
(1)	养老保险费	定额人工费			
(2)	失业保险费	定额人工费			
(3)	医疗保险费	定额人工费			
(4)	工伤保险费	定额人工费			
(5)	生育保险费	定额人工费			
1.2	住房公积金	定额人工费			
1.3	工程排污费	定额人工费			
2	税金	分部分项工程费＋措施项目费＋其他项目费＋规费－按规定不计税的工程设备金额			
		合　计			

第七章

工程量清单计价

第一节　工程量清单计价概述

一、工程量清单计价的基本过程

工程量清单计价是根据《建设工程工程量清单计价规范》（以下若无特别说明，均指GB 50500—2013）及专业工程工程量计算规范的要求及施工图计算各个清单项目的工程量，形成工程量清单，再根据招标文件中的工程量清单和有关要求、施工现场实际及拟定的施工方案或施工组织设计，依据定额资料、工程造价信息和经验数据计算得到工程造价。工程量清单计价的基本过程如图7-1所示。

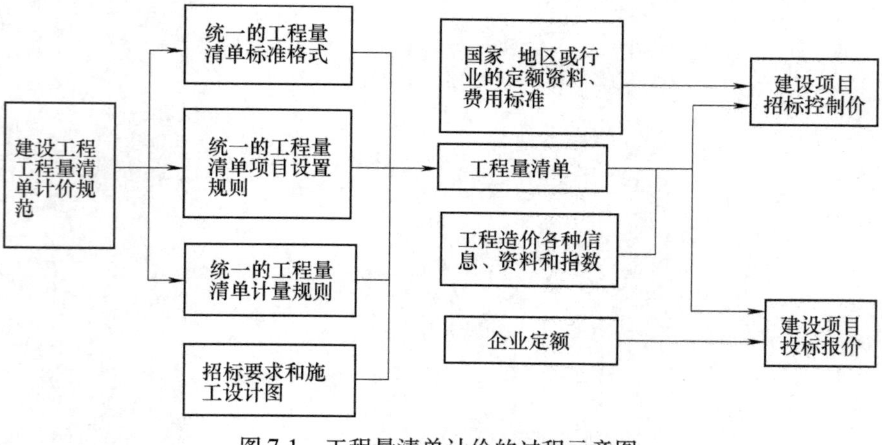

图7-1　工程量清单计价的过程示意图

《建设工程工程量清单计价规范》3.1.1条强制性条文规定：“使用国有资金投资的建设工程发承包，必须采用工程量清单计价。”该规范的3.1.2条规定：“非国有资金投资的建设工程，宜采用工程量清单计价。”后一条款包括三层含义：①对于非国有资金投资的工程建设项目，是否采用工程量清单方式计价由项目业主自主确定；②当确定采用工程量清单计价时，则应执行《建设工程工程量清单计价规范》；③对于确定不采用工程量清单方式计价的非国有投资工程建设项目，可不执行工程量清单计价的专门性规定，但仍应执行《建设工程工程量清单计价规范》中关于工程价款调整、工程计量和价款支付、索赔与现场签证、竣工结算以及工程造价争议处理等条文。

从工程量清单计价的过程示意图中可以看出，其基本过程可以分为两个阶段：工程量清单的编制和利用工程量清单来编制投标报价（招标控制价）。

招标人的主要任务：正确编制工程量清单；按当时当地的有关定额、费用标准、资源市场价格等计价依据，合理确定工程招标控制价。

投标人的主要任务：根据招标人提供的工程量清单，结合现场实际和施工组织设计或施工方案，按照企业定额资源消耗水平、资源市场价及其他造价资料，自主确定投标报价。

二、工程量清单计价的特点

与传统定额计价模式相比，招标投标阶段采用工程量清单计价模式具有如下特点。

（1）招标人为投标人提供了共同的竞争平台　招标人提供的工程量清单，是投标人报价的共同平台，可以减少投标人计算工程量的重复劳动和失误，有利于提高工作效率。

（2）有利于企业自主报价　工程量清单计价模式下，投标人投标报价不必依靠统一的预算定额，而是按照企业的施工组织设计、企业定额、人材机市场价及企业自主确定的管理费水平、利润水平计算投标价。

（3）有利于业主在极限竞争状态下获得最合理的工程造价　清单计价模式下，采用经评审最低价中标评标方法，增加了综合实力强、社会信誉好企业的中标机会，更能体现招标的宗旨。

（4）有利于实现风险的合理分担　采用工程量清单计价方式后，招标人提供工程量清单，对清单的准确性负责，投标人则根据工程量清单和企业自身情况填报价格。这种模式下，招标人也要承担工程量变化的风险；投标人对报价的准确性和完备性负责。这种格局符合风险合理分担的一般原则。

（5）实行最高限价制度　招标控制价是招标人根据国家或省级、行业建设主管部门发布的有关计价依据和办法，按照施工图计算的对招标工程限定的最高工程造价。实施工程量清单计价的工程招标时，为避免投标人串标、哄抬标价，招标人应编制招标控制价并在招标文件中予以公布，同时规定若投标人报价超过招标控制价，其投标将作废标处理。

（6）有利于激发企业创新工艺、提高管理水平的积极性　清单计价模式下，企业的竞争力通过较低的投标价来体现，要想在低价的情况下保证一定的利润，必须不断改进，革新施工工艺，改善施工组织和管理，以逐步降低企业成本，增强企业竞争力。

第二节　工程量清单计价与定额计价的联系与区别

一、清单计价与定额计价模式的联系

清单计价模式是在定额计价模式基础上发展起来的、适应市场经济条件的新计价模式，两种计价模式之间具有一定的传承性。

1）目标相同。两种计价模式目标都是准确确定工程造价。

2）计价程序主线相同。两种计价模式都要经过识图、计算工程量、套用定额、计算费用、汇总造价等主要程序。

3）重点相同。准确计算工程量是两种计价模式共同的重点，这项工作涉及知识面宽，计算依据多，技术含量高。

4）发生费用基本相同。两种计价模式都要计算人工费、材料费、施工机具使用费、企业管理费、利润、规费、税金。

5）计费方法基本相同。计费方法是指确定应计算哪些费用、计费基数是什么、计费费率是多少等。两种计价模式中都有如何取费、取费基数、取费费率的规定。

二、清单计价与定额计价模式的区别

1. 计价依据不同

两种计价模式的计价依据不同，见表7-1。

表7-1 两种计价模式的计价依据

项 目	定额计价	清单计价
定额依据	按照政府主管部门颁发的预算定额	按照企业定额或选择其他合适的定额计算各项消耗量
人、材、机单价	预算定额基价或政府指导价	市场价（投标人据实际情况确定）
费用项目计算	根据政府主管部门颁发的费用计算程序规定的项目和费率计算	按照《建设工程工程量清单计价规范》及专业工程工程量计算规范的规定，并结合拟建项目和本企业的具体情况由企业自主确定实际的费用项目和费率

2. 费用划分不同

两种计价模式的费用划分不同，详见第三章第三节。

3. 计价特性不同

定额计价模式确定的工程造价具有计划价格的特性，工程量清单计价模式确定的工程造价具有市场价格的特性。

第三节 工程量清单计价文件编制

一、工程量清单计价一般规定

（一）清单计价下的建筑安装工程造价组成与计算

采用工程量清单计价模式，建筑安装工程造价计算方法见表7-2。

表7-2 建筑安装工程造价计算方法

序 号	费用名称	计算方法
建筑安装工程造价	分部分项工程费	Σ各项清单工程量×分部分项工程综合单价
	措施项目费	以综合单价计价的措施项目费＝Σ措施项目工程量×措施项目综合单价
		以“项”计价的措施项目费＝计算基础×费率
	其他项目费	暂列金额＋暂估价＋计日工＋总承包服务费
	规费	计算基础×费率
	税金	（分部分项工程费＋措施项目费＋其他项目费＋规费）×税率

（二）分部分项工程量清单计价

1. 综合单价的组成内容

按照《建筑工程施工发包与承包计价管理办法》（建设部令第107号）规定，工程计价方法包括工料单价法和综合单价法。综合单价法计价，分部分项工程单价采用全费用单价，其内容包括完成规定计量单位的合格产品所需要的人工费、材料费、施工机具使用费、企业管理费、利润和一定范围内的风险费用。

清单计价模式下，分部分项工程量清单项目和可以计算工程量的措施项目应采用综合单价计价。《建设工程工程量清单计价规范》规定："综合单价指完成一个规定计量单位的分部分项工程量清单项目或措施清单项目所需的人工费、材料费、施工机械使用费、企业管理费与利润，以及一定范围内的风险费用。"这里"综合"有两层含义：一是包含完成一个规定计量单位分部分项工程量清单项目或措施清单项目所需要的全部工程内容；二是包含完成一个规定计量单位分部分项工程量清单项目或措施清单项目所需要的除规费和税金外的全部费用。具体来说，综合单价应包括以下内容：

1）清单项目对应主项工程的一个清单计量单位人工费、材料费、机械费、企业管理费、利润。

2）与该主项一个清单计量单位所组合的各项工程（附项）的人工费、材料费、机械费、企业管理费、利润。

3）在不同条件下施工需增加的人工费、材料费、机械费、企业管理费、利润。

4）招标文件要求投标人承担的人工、材料、施工机械动态价格调整与相应的企业管理费、利润调整及其他风险费用。

综上所述，《建设工程工程量清单计价规范》定义的综合单价是一个不完全的全费用单价，工程造价管理实践中应注意区别其与全费用单价的费用构成，本书中提到的综合单价，如不作特殊说明，均特指《建设工程工程量清单计价规范》定义的综合单价。

2. 综合单价的计算

（1）清单工程量和参与组价工程量　综合单价计算时需区分清单工程量和参与组价工程量这两个概念。清单工程量是指按照《建设工程工程量清单计价规范》等规范、施工设计文件计算出的分部分项工程量清单项目、措施清单项目的工程数量。参与组价工程量是指投标人（招标人或其委托工程造价咨询人）根据工程量清单、施工设计文件、施工组织设计、预算或企业定额及相应的工程量计算规则计算出的，用以满足清单计价项目而计算出的工程数量。清单工程量和参与组价工程量的对比见表7-3。

表7-3　清单工程量和参与组价工程量对比

项　目	清单工程量	参与组价工程量	备　注
工程内容	一般以一个"综合实体"考虑，每项包括了较多的工程内容，据此规定了工程量计算规则	一般按照施工工序进行设置，每项包括的工程内容较少，据此规定了工程量计算规则	

（续）

项　目	清单工程量	参与组价工程量	备　注
作用对象	清单工程量计算规则是针对清单项目主项工程计量设置的规则，不对主项工程以外的附项工程的计量进行规范和约束	为满足清单计价要求，针对清单项目所包括的工程内容，设置较详细的工程量计算规则（与设计、施工方案、选用定额有关）	
计算方法	清单工程量均以工程实体的净量为准	完成相应的清单项目，采用预算、企业定额规则或实际施工时必须完成的工程量	

清单项目一般以一个“综合实体”考虑，包括了较多的工程内容，计价时，可能出现一个清单项目对应多个企业定额（或预算定额）项目的情况，这时需要分别计算各个定额项目的工程量。即便是一个清单项目对应一个定额项目时，也可能由于定额工程量计算规则或施工方案规定与《建设工程工程量清单计价规范》及专业工程工程量计算规范的工程量计算规则不一致，需要重新计算确定工程量。

综合单价的计算应根据设计要求，可参考预算定额或企业定额。在进行分部分项综合单价分析计算时，清单工程量为工程实体工程量。若采用定额中计量单位、工程量计算规则与《建设工程工程量清单计价规范》及专业工程工程量计算规范不一致时，应按《建设工程工程量清单计价规范》及专业工程工程量计算规范规定的计量单位和计算的清单工程量进行折算。如采用定额基价进行单价分析时，工程量应按定额工程量计算规则进行计算。定额计价的工程量计量单位与清单工程量计量单位可能不同，在报价时应将其价值按清单工程量分摊，计入综合单价中。

（2）综合单价计算的数学模型　综合单价应包含完成单位清单项目相应的全部工程内容除规费、税金之外的各种费用。通常计算清单项目综合单价有两种思路：综合费用法和含量系数法。

1）综合费用法。综合费用法的思路是先计算完成清单项目全部工程量需要实际施工的所有工程内容的人工费、材料费、施工机械使用费、企业管理费、利润及一定的风险费，再除以清单工程量得到综合单价。具体计算步骤如下：

① 主项参与组价工程量×主项工料机单价＝主项定额量的人、材、机费用。

② 附项参与组价工程量×附项工料机单价＝附项定额量的人、材、机费用。

上述两式中，工料机单价＝Σ定额用工量×人工单价＋Σ定额材料量×材料单价＋Σ定额机械台班量×机械台班单价。

③ 参与组价工程量的人、材、机费用＝Σ（主项定额量的人、材、机费用＋附项定额量的人、材、机费用）。

④ 参与组价工程量综合费用＝参与计价工程量的人、材、机费用＋企业管理费＋利润＋风险费。

⑤ 综合单价＝参与组价工程量综合费用÷清单工程量。

2）含量系数法。含量系数法的思路是先计算完成单位清单项目需要实际施工的各项工程内容的计价工程量，再计算清单项目工料机单价，最后计取企业管理费、利润及一定的风险费，得到综合单价。具体计算步骤如下：

$$主（附）项含量系数 = \frac{主（附）项参与组价工程量}{清单工程量}$$

$$清单项目工料机单价 = \sum（主项含量系数 \times 主项工料机单价 + 附项含量系数 \times 附项工料机单价）$$

$$清单项目综合单价 = 工料机单价 + 单位清单项目管理费 + 单位清单项目利润 + 单位清单项目风险费$$

【例7-1】 某投标人根据本书第六章【例6-2】表6-2投标该工程，施工方案采用人工开挖，垫层顶开始放坡，坡度系数0.5，不增加工作面，槽边堆土35.74m^3，其余土方采用双轮车弃运至50m内。试计算挖条形基础土方综合单价。

解： 该项目的完成包括二类土人工挖槽（2m以内）与双轮车运土50m内两项工程内容。依据预算定额工程量计算规则得出：

挖槽参与组价工程量 $=[0.8\times0.3+(0.8+0.5\times0.95)\times0.95]\times(23.4+8)\text{m}^3=45.57\text{m}^3$

运土参与组价工程量 $=(45.57-35.74)\text{m}^3=9.83\text{m}^3$

投标人依据其企业定额人材机消耗量、人材机可获取价格、管理费率和利润率，基于综合费用法，列表7-4计算挖条形基础土方的综合单价。

表7-4 挖条形基础土方的综合单价计算

定额编号				A1-11		A1-100		合计	
定额项目名称				人工挖槽，二类土，2m以内		单（双）轮车运土方50m内			
定额计量单位				100m^3		100m^3			
参与组价工程量				0.4557		0.0983			
工料机名称		单位	单价	定消	小计	定消	小计	总耗	金额
人	综合用工三类	工日	30.00	34.350	15.653	15.850	1.558	17.211	516.33
机	电动夯实机	台班	23.50	0.180	0.082			0.082	1.93
工料机合计									518.26
其中，人工费+机械费									518.26
管理费、利润				（人工费+机械费）×（4%+3%）					36.28
综合费用				工料机合计+管理费+利润					554.54
综合单价				综合费用÷清单工程量（31.4m^3）					17.66

3. 工程量在招标阶段的作用及其在竣工结算中的确定原则

招标文件中的工程量清单标明的工程量是投标人投标报价的共同基础，竣工结算的工程量按发、承包双方在合同中约定应予计量且实际完成的工程量确定。

招标文件中的工程量清单标明的工程量是招标人根据拟建工程设计文件预计的工程量，既是投标人投标报价的共同基础，又是对投标人投标报价进行评审的平台，但是不能作为承包人在履行合同义务中应予完成的实际和准确的工程量。发承包双方进行工程竣工结算的工程量应按照发、承包双方认可的实际完成工程量确定，而不是招标文件中工程量清单中所列的工程量。

（三）措施项目清单计价

（1）可以计算工程量的措施项目　措施项目清单计价应根据拟建工程的施工组织设计，可以计算工程量的措施项目应按分部分项工程量清单的方式采用综合单价计价。

（2）以“项”为单位的措施项目　该类措施项目计价时，应计取人工费、材料费、施工机械使用费、企业管理费、利润和一定范围内的风险，不计取规费和税金。

（3）安全文明施工费　措施项目清单中的安全文明施工费应按照国家或省级、行业建设主管部门的规定计价，不得作为竞争性费用（《建设工程工程量清单计价规范》强制性条文3.1.5）。

根据《中华人民共和国安全生产法》《中华人民共和国建筑法》《建设工程安全生产管理条例》《安全生产许可证条例》等法律、法规的规定，2005年6月7日，原建设部办公厅印发了“关于印发《建筑工程安全防护、文明施工措施费用及使用管理规定》的通知”（建办［2005］89号），将安全文明施工费用纳入国家强制性管理范围，规定“投标方安全防护、文明施工措施的报价，不得低于依据工程所在地工程造价管理机构测定费率计算所需费用总额的90%。”2006年12月8日，财政部、国家安全生产监督管理总局印发《高危行业企业安全生产费用财务管理暂行办法》（财企［2006］478号）第八条规定：“建筑施工企业提取的安全费用列入工程造价，在竞标时，不得删减。”根据以上规定，并考虑安全生产、文明施工的管理与要求日益提高，《建设工程工程量清单计价规范》规定了措施项目清单中的安全文明施工费不得作为竞争性费用，招标人不得要求投标人对于该项费用进行优惠，投标人也不得将该项费用参与市场竞争。

安全文明施工费应按照国家或省级建设行政主管部门或行业建设主管部门规定的费用标准计价。

【例7-2】　某省定额规定：安全防护、文明施工费按照建设工程项目的实体部分与可竞争措施项目的人工费与机械费之和乘以定额给定的系数或自己测算的系数计算。若分部分项工程费中人工费加机械费300万元；可竞争措施项目包括混凝土、钢筋混凝土模板及支架50万元，其中人工费加机械费15万元；脚手架费20万元，其中人工费加机械费6万元；垂直运输费40万元，其中人工费加机械费12万元。若参考该省定额安全文明施工费系数10.90%，试求该工程在编制招标控制价时应考虑的安全文明施工费是多少。

解：$(300+15+6+12)$ 万元 $\times 10.90\% = 36.297$ 万元

（四）其他项目清单计价

在编制招标控制价、投标报价、竣工结算时，计算其他项目费的要求并不一样，因此在工程实施的不同阶段，其他项目清单应根据工程特点和《建设工程工程量清单计价规范》相应规定计价。

招标人在工程量清单中提供了暂估价的材料和专业工程属于依法必须招标的，由承包人和招标人共同通过招标确定材料单价与专业工程分包价。若材料不属于依法必须招标的，经发、承包双方协商确认单价后计价。若专业工程不属于依法必须招标的，由发包人、总承包人与分包人按有关计价依据进行计价。

根据《工程建设项目货物招标投标投标办法》（国家发改委、建设部等七部委 27 号令）第五条规定：“以暂估价形式包括在总承包范围内的货物达到国家规定规模标准的，应当由总承包中标人和工程建设项目招标人共同依法组织招标。”

实践中，对于如何进行材料或专业分包工程共同招标，一直缺少统一的认识。下面给出一种共同招标的操作原则：由施工总承包人作为招标人，采购合同应当由总承包人签订。其原因：一是属于总承包范围内的材料设备，采购主体是总承包人；二是总承包范围内的工程的质量、安全和工期的责任主体是一元化的，均归于总承包人；三是避免出现两方作为共同招标人、一方作为合同主体的法律难题。

建设项目招标人可以通过合同约定相关的程序，来保证招标人对此类招标组织的参与、决策和控制，以有效约束总承包人，实现共同招标。具体的合同约定应体现以下原则：一是由总承包人作为招标项目的招标人；二是建设项目招标人的参与主要体现在对相关项目招标文件、评标标准和方法等能够体现招标目的和招标要求的文件进行审批，未经审批不得发出招标文件，甚至可以在招标文件中明确约定，相关招标项目的招标文件只有经过建设项目招标人审批并加盖其法人印章后才能生效；三是评标时建设项目招标人可以依照《工程建设项目货物招标投标办法》规定，作为共同的招标组织者，可以派代表进入评标委员会参与评标。否则，中标结果对建设项目招标人没有约束力，并且，建设项目招标人有权拒绝对相应项目拨付工程款，对相关工程拒绝验收。

需要指出的是，对于达到现行法规规定的规模标准的重要材料设备，应当依法共同招标，其范围还包括延续到专业分包合同中的重要材料设备。

总承包招标时，专业工程设计深度往往是不够的，一般需要交由专业设计人设计。国际上，出于提高可建造性考虑，一般由专业承包人负责设计，以纳入其专业技能和专业施工经验。这类专业工程交由专业分包人完成是国际工程的良好实践，目前在我国工程建设领域也已经比较普遍。通过建设项目招标人与施工总承包人共同组织的招标，可以公开、透明地合理确定这类暂估价的实际开支金额。

对未达到法律、法规规定的规模标准的材料设备，需要约定定价的程序，需要与材料样品报批程序相互衔接。

（五）规费和税金计价

规费和税金都是工程造价的组成部分，但是其费用内容和计取标准都不是发、承包人能自主确定的，更不由市场竞争决定的。《建设工程工程量清单计价规范》规定“规费和税金应按国家或省级、行业建设主管部门的规定计算，不得作为竞争性费用”（强制性条文 3.1.6）。

例如，河北省规定的规费组成及计费基数如表 7-5 所示。

表7-5　规费组成及计费基数

序号	规费名称	计费基数
1	养老保险费	人工费+机械费
2	医疗保险费	
3	失业保险费	
4	生育保险费	
5	住房公积金	
6	工伤保险费	
7	危险作业意外伤害保险	
8	工程排污费	
9	河道工程修建维护管理费	
10	职工教育经费	

（六）工程风险确定原则

《建设工程工程量清单计价规范》规定：建设工程发承包，必须在招标文件、合同中明确计价中的风险内容及其范围，不得采用无限风险、所有风险或类似语句来规定风险内容及范围。

这里所说的风险是工程建设施工阶段发、承包双方在招标投标活动和合同履约及施工中所面临涉及工程计价方面的风险。在工程建设施工发包中实行风险共担和合理分摊原则是实现建设市场交易公平性的具体体现，是维护建设市场正常秩序的措施之一。

在工程施工阶段，发承包双方都面临许多风险，但不是所有的风险以及无限度的风险都应由承包人承担，而是应按照风险共担的原则，对风险进行合理分摊。其具体体现则是在招标文件或合同中对发、承包双方各自应承担的风险内容及其风险范围或幅度进行界定和明确，而不能要求承包人承担所有风险或无限度风险。

根据国际惯例并结合我国社会主义市场经济条件下的工程建设的实际情况，发、承包双方对施工阶段的风险宜采用如下分摊原则。

1）由于下列因素出现，影响合同价款调整的，应由发包人承担：

① 国家法律、法规、规章和政策发生变化。

② 省级或行业建设主管部门发布的人工费调整，但承包人对人工费或人工单价的报价高于发布的除外。

③ 由政府定价或政府指导价管理的原材料等价格进行了调整。

2）由于市场物价波动影响合同价款的，应由发承包双方合理分摊。承包人采购材料和工程设备的，应在合同中约定主要材料、工程设备价格变化的范围或幅度；当没有约定，且材料、工程设备单价变化超过5%时，超过部分的价格应按照《建设工程工程量清单计价规范》附录A的方法计算调整材料、工程设备费。

3）由于承包人使用机械设备、施工技术以及组织管理水平等自身原因造成施工费用增加的，应由承包人全部承担。

二、招标控制价

（一）工程建设项目招标控制价编制和使用的原则

1）《建设工程工程量清单计价规范》规定："国有资金投资的建设工程招标，招标人必须编制招标控制价"。国有资金投资的工程在进行招标时，根据《中华人民共和国招标投标法》第二十二条规定："招标人设有标底的，标底必须保密"。但由于实行工程量清单招标后，由于招标方式的改变，标底保密这一法律规定已不能起到有效遏止哄抬标价的作用，我国有的地区和部门已经发生了在招标项目上所有投标人的报价均高于标底的现象，致使中标人的中标价高于招标人的预算，对招标工程的项目业主带来了困扰。因此，为有利于客观、合理地评审投标报价和避免哄抬标价，造成国有资产流失，招标人应编制招标控制价，作为招标人能够接受的最高交易价格。

2）"招标控制价超过批准的概算时，招标人应将其报原概算审批部门审核"。我国对国有资金投资项目的投资控制实行的是投资概算控制制度，项目投资原则上不能超过批准的投资概算。因此，国有资金投资的工程在招标过程中，当招标人编制的招标控制价超过批准的概算时，招标人应当将超过概算的招标控制价报原概算审批部门重新审核。

3）"投标人的投标报价高于招标控制价的，其投标应予以拒绝。"根据《中华人民共和国政府采购法》第二条和第四条的规定，财政性资金投资的工程属政府采购范围，政府采购工程进行招标投标的，适用招标投标法。国有资金投资的工程，其招标控制价相当于政府采购中的采购预算。《中华人民共和国政府采购法》第三十六条规定："在招标采购中，出现下列情形之一的，应予废标……（三）投标人的报价均超过了采购预算，采购人不能支付的"。根据政府采购法第三十六条的精神，《建设工程工程量清单计价规范》规定在国有资金投资工程的招标投标活动中，投标人的投标报价不能超过招标控制价，否则，其投标将被拒绝。

（二）招标控制价编制人和编制依据

1. 对编制人要求

"招标控制价应由具有编制能力的招标人，或受其委托具有相应资质的工程造价咨询人编制"。招标控制价应由招标人负责编制，但当招标人不具备编制招标控制价的能力时，则应委托具有相应工程造价咨询资质的工程造价咨询人编制。此处所说的具有相应资质的工程造价咨询人是指根据《工程造价咨询企业管理办法》（建设部令第149号）的规定，依法取得工程造价咨询企业资质，并在其资质许可的范围内接受招标人的委托，编制招标控制价的工程造价咨询企业。即取得甲级工程造价咨询资质的咨询人可承担各类建设项目的招标控制价编制，取得乙级（包括乙级暂定）工程造价咨询资质的咨询人，则只能承担5000万元以下的招标控制价的编制。

此外，需要说明的是工程造价咨询人不得同时接受招标人和投标人对同一工程的招标控制价和投标报价的编制。

2. 招标控制价编制依据

1）《建设工程工程量清单计价规范》。

2）国家或省级、行业建设主管部门颁发的计价定额和计价办法。

3）建设工程设计文件及相关资料。

4）拟定的招标文件及招标工程量清单。

5）与建设项目相关的标准、规范、技术资料。

6）施工现场情况、工程特点及常规施工方案。

7）工程造价管理机构发布的工程造价信息。当工程造价信息没有发布时，参照市场价。

8）其他相关资料。

（三）招标控制价汇总计算

在建筑安装工程交易阶段，招标控制价是按招标文件规定，完成工程量清单所列项目的全部费用，其内涵可从以下几方面来理解：①费用项目组成上包括分部分项工程费、措施项目费、其他项目费和规费、税金；②包括完成工程量清单中每个分项工程所含全部工程内容的费用；③包括完成工程量清单中每项工程内容所需的全部费用；④包括工程量清单中没有体现的施工中又必须发生的工程内容所需的费用；⑤考虑由于约定范围内风险而增加的费用。

招标控制价的计算是一个逐级组合汇总的过程：单位工程招标控制价 = 分部分项工程费 + 措施项目费 + 其他项目费 + 规费 + 税金；单项工程招标控制价 = ∑单位工程招标控制价；工程项目招标控制价 = ∑单项工程招标控制价。可以看出，工程项目招标控制价汇总计算的基础是分别计算单位工程的分部分项工程费、措施项目费、其他项目费、规费和税金。

1. 分部分项工程费计价

$$分部分项工程费 = \sum 分部分项工程量 \times 综合单价$$

采用的分部分项工程量应是招标文件中工程量清单提供的工程量；综合单价应根据工程量清单中的分部分项工程量清单项目的特征描述及有关要求、行业建设主管部门颁发的计价定额和计价办法等编制依据计算生成。

为使招标控制价与投标报价所包含的内容一致，综合单价中应包括招标文件中招标人要求投标人承担的风险内容及其范围（幅度）产生的风险费用，可以风险费率的形式进行计算。招标文件提供了暂估单价的材料，按暂估的单价计入综合单价。

2. 措施项目费计价

措施项目费分为以综合单价计价的措施项目费、以“项”为单位的措施项目费、安全文明施工费，分别按照工程量清单计价一般规定中措施项目费计价方法计价。

3. 其他项目费计价

（1）暂列金额　为保证工程施工建设的顺利实施，应对施工过程中可能出现的各种不确定因素对工程造价的影响，在招标控制价中需估算一笔暂列金额。暂列金额可根据工程的复杂程度、设计深度、工程环境条件（包括地质、水文、气候条件等）进行估算，一般以分部分项工程费的10%～15%作为参考。

（2）暂估价　暂估价包括材料暂估价和专业工程暂估价。材料暂估单价应按工程造价管理机构发布的工程造价信息中的材料单价计算；工程造价信息未发布的材料单价，其单价参考市场价格估算。专业工程暂估价应分不同的专业，按有关计价规定进行估算。

（3）计日工　计日工包括计日工人工、材料和施工机械。在编制招标控制价时，对计日工中的人工单价和施工机械台班单价应按省级、行业建设主管部门或其授权的工程造价管理机构公布的单价计算；材料应按工程造价管理机构发布的工程造价信息中的材料单价计算，工程造价信息未发布材料单价的材料，其价格应按市场调查确定的单价计算。

（4）总承包服务费　编制招标控制价时，招标人应根据招标文件列出的内容和向总承包人提出的要求，参照下列标准估算总承包服务费：

1）招标人仅要求对分包的专业工程进行总承包管理和协调时，按分包的专业工程估算造价的1.5%计算。

2）招标人要求对分包的专业工程进行总承包管理和协调，并同时要求提供配合服务时，根据招标文件列出的配合服务内容和提出的要求，按分包的专业工程估算造价的3%～5%计算。

3）招标人自行供应材料的，按招标人供应材料价值的1%计算。

4. 规费和税金

规费和税金应按国家或省级、行业建设主管部门规定的标准计算。

（四）招标控制价的管理

1. 招标控制价的公布和备查

招标控制价应在招标时公布，不应上浮或下调，招标人应将招标控制价及有关资料报送工程所在地工程造价管理机构备查。招标控制价的编制特点和作用决定了招标控制价不同于标底，无需保密。为体现招标的公开、公平、公正性，防止招标人有意抬高或压低工程造价，给投标人以错误信息，因此规定招标人应在招标文件中如实公布招标控制价，不得对所编制的招标控制价进行上浮或下调。招标人在招标文件中公布招标控制价时，应公布招标控制价各组成部分的详细内容，不得只公布招标控制价总价，并应将招标控制价报工程所在地工程造价管理机构备查。

2. 投标人的投诉权

投标人经复核认为招标人公布的招标控制价未按照《建设工程工程量清单计价规范》的规定进行编制的，应在招标控制价公布后5天内向招标投标监督机构和工程造价管理机构投诉。招标投标监督机构应会同工程造价管理机构对投诉进行处理，发现确有错误的，应责成招标人修改。

《建设工程工程量清单计价规范》在赋予投标人对招标人不按本规范的规定编制招标控制价进行投诉的权利的同时，要求招标投标监督机构和工程造价管理机构承担并履行对未按《建设工程工程量清单计价规范》规定编制招标控制价的行为进行监督处理的责任。

三、投标价

（一）投标价的确定与填写原则

1. 投标价自主确定，但不得低于成本

投标价应由投标人或受其委托具有相应资质的工程造价咨询人编制。投标价由投标人自主确定，但不得低于成本，且必须执行《建设工程工程量清单计价规范》的强制性条文（如不能将不可竞争性费用参与竞争）。

投标人自主报价是市场竞争形成价格的体现。《中华人民共和国反不正当竞争法》第十一条规定："经营者不得以排挤竞争对手为目的，以低于成本的价格销售商品。"《中华人民共和国招标投标法》第三十三条规定："投标人不得以低于成本的报价竞标"。《评标委员会和评标方法暂行规定》（2001年国家计委等七部委第12号令）第二十一条规定："在评标过程中，评标委员会发现投标人的报价明显低于其他投标报价或者在设有标底时明显低于标底，使得其投标报价可能低于其个别成本的，应当要求该投标人作出书面说明并提供相关证明材料。投标人不能合理说明或者不能提供相关证明材料的，由评标委员会认定该投标人以低于成本报价竞标，其投标应作废标处理。"根据上述法律、法规规定，《建设工程工程量清单计价规范》规定投标价不得低于成本。

2. 按招标人提供的工程量清单填报价格

实行工程量清单招标，招标人在招标文件中提供工程量清单，其目的是使各投标人在投标报价中具有共同的竞争平台。因此，为避免出现差错，要求投标人在投标报价中填写的工程量清单的项目编码、项目名称、项目特征、计量单位、工程数量必须与招标人招标文件中提供的一致。

工程量清单与计价表中列明的所有需要填写的单价和合价，投标人均应填写，未填写的单价和合价，视为此项费用已包含在工程量清单的其他单价和合价中，在施工过程中此项费用得不到支付，在竣工结算时，此项费用将不被承认。

（二）投标报价编制依据

《建筑工程施工发包与承包计价管理办法》（建设部令第107号）第十条规定"投标报价应当依据工程量清单、工程计价有关规定、企业定额和市场价格信息等编制。"结合建筑市场的实际情况，《建设工程工程量清单计价规范》明确了以下投标报价编制依据：

1）《建设工程工程量清单计价规范》。

2）国家或省级、行业建设主管部门颁发的计价办法。

3）企业定额，国家或省级、行业建设主管部门颁发的计价定额和计价办法。

4）招标文件、招标工程量清单及其补充通知、答疑纪要。

5）建设工程设计文件及相关资料。

6）施工现场情况、工程特点及投标时拟定的施工组织设计或施工方案。

7）与建设项目相关的标准、规范等技术资料。

8）市场价格信息或工程造价管理机构发布的工程造价信息。

9）其他相关资料。

上述投标报价编制依据的规定体现了投标报价的基本特点：第一，《建设工程工程量清单计价规范》和国家或省级、行业建设主管部门颁发的计价办法应当执行；第二，使用定额应是企业定额，也可以使用国家或省级、行业建设主管部门颁发的计价定额；第三，采用价格应是市场价格，也可以使用工程造价管理机构发布的工程造价信息。第一个特点体现了政府的宏观调控要求，后两个特点则体现了企业自主报价的要求。

（三）投标价汇总计算

投标价包括应按招标文件规定完成工程量清单所列项目的全部费用，其汇总计算流程与招标控制价汇总流程相同，但是各单位工程分部分项工程费、措施项目费、其他项目费计算依据不同。

1. 分部分项工程费报价

分部分项工程费报价的核心是确定综合单价。计算综合单价的主要依据包括：

（1）工程量清单项目特征描述　工程量清单中项目特征的描述决定了清单项目的实质，直接决定了工程的价值，是投标人确定综合单价最重要的依据。在招标投标过程中，当出现招标文件中分部分项工程量清单特征描述与设计图不符时，投标人应以分部分项工程量清单的项目特征描述为准，确定投标报价的综合单价。当施工中施工图或设计变更与工程量清单项目特征描述不一致时，发、承包双方应按实际施工的项目特征，依据合同约定重新确定综合单价。

（2）企业定额　企业定额是施工企业根据本企业具有的管理水平、拥有的施工技术和施工机械装备水平而编制的，完成一个规定计量单位的工程项目所需的人工、材料、施工机械台班等的消耗标准，是施工企业内部进行施工管理的标准，也是施工企业投标报价时确定综合单价的依据之一。

（3）资源可获取价格　综合单价中的人工费、材料费、机械费是以企业定额的人、材、机消耗量乘以相应人、材、机的实际价格得出的，因此投标人拟投入的人、材、机等资源的可获取价格直接影响综合单价高低。

（4）企业管理费、利润率　企业管理费费率可由投标人根据本企业近年的企业管理费核算数据自行测定，当然也可以参照当地造价管理部门发布的平均参考值。

利润率可由投标人根据本企业当前盈利情况、施工水平、拟投标工程的竞争情况以及企业当前经营策略自主地确定。

（5）风险费用　招标文件中要求投标人承担的风险费用，投标人应在综合单价中给予考虑，通常以风险费率的形式进行计算。风险费率的测算应根据招标人要求结合投标企业当前风险控制水平进行定量测算。在施工过程中，当出现的风险内容及其范围（幅度）在招标文件规定的范围（幅度）内时，综合单价不得变动，工程价款不作调整。

（6）材料暂估价　招标文件中提供了暂估单价的材料，按暂估的单价进入综合单价。

2. 措施项目费报价

措施项目费报价时应注意：

1）措施项目的内容应考虑齐全。首先，应依据招标人提供的措施项目清单和投标人投标时拟定的施工组织设计或施工方案，以确定材料的二次搬运、夜间施工、大型机具进出场及安拆、混凝土模板与支架、脚手架、施工排水、施工降水、垂直运输机械等项目。其次，参阅相关的施工规范与工程验收规范，确定施工技术方案没有表述的，但是为了实现施工规范与工程验收规范要求而必须发生的技术措施。另外，还需考虑招标文件中提出的某些必须通过一定的技术措施才能实现的要求，或设计文件中一些不足以写进技术方案的，但是要通过一定的技术措施才能实现的内容。

2）措施项目费的计价方式应根据招标文件的规定，可以计算工程量的措施清单项目采用综合单价方式报价，其余的措施清单项目采用以“项”为计量单位的方式报价。

3）措施项目费由投标人自主确定，但其中安全文明施工费应按国家或省级、行业建设主管部门的规定确定。

3. 其他项目费报价

1）暂列金额应按招标人在其他项目清单中列出的金额填写，不得变动。

2）暂估价不得变动和更改。材料暂估价应按招标人在其他项目清单中列出的单价计入综合单价；专业工程暂估价应按招标人在其他项目清单中列出的金额填写。

3）计日工按招标人在计日工表中列出的项目和数量（招标人估算的），自主确定综合单价并计算计日工费用。对于计日工表中招标人填写的项目与数量，投标人不得随意更改，且必须进行报价。如果不报价，招标人有权认为投标人就未报价内容无偿为自己服务。当投标人认为招标人列项不全时，投标人可自行增加列项并确定本项目的工程数量及计价。

4）总承包服务费应依据招标人在招标文件中列出的分包专业工程内容和供应材料、设备情况，按照招标人提出的协调、配合与服务要求和施工现场管理需要自主确定。

4. 规费和税金报价

规费和税金应按国家或省级、行业建设主管部门的规定计算，不得作为竞争性费用。规费和税金的计取标准是依据有关法律、法规和政策规定制定的，具有强制性。投标人是法律、法规和政策的执行者，不能改变，更不能指定，必须按照法律、法规、政策的有关规定执行。

实行工程量清单招标，投标人的投标总价应当与分部分项工程费、措施项目费、其他项目费和规费、税金的合计金额相一致，即投标人在进行工程量清单招标的投标报价时，不能进行投标总价优惠（或降价、让利），投标人对投标报价的任何优惠（或降价、让利）均应反映在相应清单项目的综合单价中。

第四节　工程量清单计价实例

一、投标报价步骤

1. 计算初步投标价

投标人应根据招标文件的要求及相关计价依据计算初步投标价。采用工程量清单计价时，初步投标价包括分部分项工程费、措施项目费、其他项目费、规费和税金。

2. 校正、调整初步投标价

初步投标价计算完成后需要对其进行核查，校正计算方面的错误。校正完成后，分析单价是否存在偏高或偏低的情况，是否存在与招标文件要求或企业拟定施工组织设计不符合的情况，并对其进行调整，得到基础投标价。如拟建工程采用单价合同，投标人还可以运用不平衡报价法，调整内部各个项目的报价，达到既不提高总价，又不影响中标，且能在结算时获得额外利润的目的。

3. 投标决策

以初步投标价为中等水平投标价，在此基础上，考虑减少一部分预期盈利或降低风险费率，得到低标价；考虑增加盈利或提高风险费率，得到高标价。结合竞争对手情况、企业经营情况等影响决策的因素，运用决策树等决策方法选择中标价、低标价、高标价之中的一个作为最终投标价。

本书侧重于工程计价原理和方法，主要介绍工程量清单计价模式下投标人初步投标报价的计算，对于投标技巧应用与投标决策方法可参考相关资料。工程量清单计价模式下，投标报价基本步骤如图7-2所示。

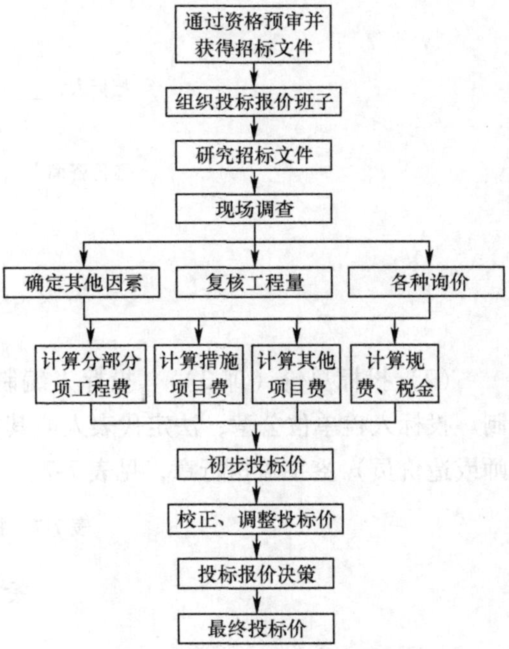

图7-2　投标报价基本步骤

二、投标报价使用表格

投标报价使用的表格包括：扉-3投标总价扉页、表-01工程计价总说明、表-02建设项目招标控制价/投标报价汇总表、表-03单项工程招标控制价/投标报价汇总表、表-04单位工程招标控制价/投标报价汇总表、表-08分部分项工程和单价措施项目清单与计价表、表-09综合单价分析表、表-10综合单价调整表、表-11总价措施项目清单与计价表、表-12其他项目清单与计价汇总表、表-12-1暂列金额明细表、表-12-2材料（工程设备）暂估单价及调整表、表-12-3专业工程暂估价及结算价表、表-12-4计日工表、表-12-5总承包服务费计价表、表-12-6索赔与现场签证计价汇总表、表-13规费、税金项目计价表。

三、投标报价实例

1. 封面、扉页

（1）招标工程量清单（封-1） 招标人自行或委托工程造价咨询人编制工程量清单时，由招标人单位或工程造价咨询单位注册的造价人员编制。招标人盖单位公章，工程造价咨询人盖单位公章。见表7-6。

表7-6 招标工程量清单（封-1）

××综合实验楼工程

招 标 工 程 量 清 单

招标人：××单位

（单位盖章）

造价咨询人：××单位

（单位盖章）

××××年×月×日

（2）投标总价（扉-3） 投标人编制投标报价时，由投标人单位注册的造价人员编制。投标人盖单位公章，法定代表人或其授权人签字或盖章；编制的造价人员（造价工程师或造价员）签字盖执行章，见表7-7。

表7-7 投标总价（扉-3）

投 标 总 价

招 标 人：××大学

工 程 名 称：××大学综合实验楼

投 标 总 价(小写)：19101589 元

（大写）：壹仟玖佰壹拾万壹仟伍佰捌拾玖元

投 标 人：××建筑公司 单位公章

（单位盖章）

法定代表人
或其授权人：××建筑公司法定代表人

（签字或盖章）

编 制 人：×××签字盖造价工程师或造价员章

（造价人员签字盖专用章）

时 间：××××年×月×日

2. 工程计价总说明（表-01）

工程计价总说明的内容应包括：① 工程概况，如建设规模、工程特征、计划工期、合同工期、实际工期、施工现场及变化情况、施工组织设计的特点、自然地理条件、环境保护要求等；②编制依据等。工程计价总说明见表 7-8。

表 7-8　总说明（表-01）

总　说　明

工程名称：××大学综合实验楼　　　　第 1 页　共 1 页

1. 工程概况：本工程为框架结构，地基处理采用水泥土桩，建筑层数五层，建筑面积 12000m²，计划工期 320 日历天。

2. 工程招标范围：施工图范围内建筑工程、装饰装修工程、安装工程。

3. 工程量清单编制依据：

（1）××大学综合实验楼施工设计图。

（2）《建设工程工程量清单计价规范》。

4. 其他需要说明的问题：

（1）招标人供应现浇构件的全部钢筋，HPB300 光圆钢筋单价暂定 4000 元/t，HRB335 螺纹钢筋单价暂定 3800 元/t。承包人应在施工现场对招标人供应的钢筋进行验收及保管和使用发放。招标人供应钢筋的价款支付，由招标人按每次发生的金额支付给承包人，再由承包人支付给供应商。

（2）中厅钢网架另进行专业发包。总承包人应配合专业工程承包人完成以下工作：

1）按专业工程承包人的要求提供施工工作面并对施工现场进行统一管理，对竣工资料进行统一整理汇总。

2）为专业工程承包人提供垂直运输机械和焊接电源接入点，并承担垂直运输费和电费。

3. 汇总表

《建设工程工程量清单计价规范》规定了不同计价阶段使用的 6 个汇总表表样。

工程计价汇总表：①建设项目招标控制价/投标报价汇总表（表-02），见表 7-9；②单项工程招标控制价/投标报价汇总表（表-03），见表 7-10；③单位工程招标控制价/投标报价汇总表（表-04），见表 7-11。

表 7-9　建设项目招标控制价/投标报价汇总表（表-02）

建设项目投标报价汇总表

工程名称：××大学综合实验楼工程　　　　第 1 页　共 1 页

序号	单项工程名称	金额/元	其中		
			暂估价/元	安全文明施工费/元	规费/元
1	综合实验楼工程	19101589	3620000	590080	790622
合　计		19101589	3620000	590080	790622

注：1. 本表适用于工程项目招标控制价或投标报价的汇总。

2. 本表说明：本工程仅为一栋综合实验楼，故单项工程即为工程项目。

表 7-10　单项工程招标控制价/投标报价汇总表（表-03）

单项工程投标报价汇总表

工程名称：××大学综合实验楼工程　　　　第1页　共1页

序号	单项工程名称	金额/元	其中		
			暂估价/元	安全文明施工费/元	规费/元
1	建筑工程	**13041589**	3620000	332340	**506132**
2	装饰装修工程	4320000		180014	187920
3	给水排水工程	480000		21442	26640
4	暖气工程	300000		13401	16650
5	电气工程	960000		42883	53280
合　计		19101589	3620000	590080	790622

注：1. 本表适用于单项工程招标控制价或投标报价的汇总。暂估价包括分部分项工程中的暂估价和专业工程暂估价。

2. 本表说明：①安全文明施工费费率：装饰装修工程13.89%，安装工程14.89%；规费费率：装饰装修工程14.5%，安装工程18.5%。②装饰装修、给水排水、暖气、电气工程的安全文明施工费、规费的计算基数均按“人工费＋机械费”考虑，经计算基数分别是1296000元、144000元、90000元、288000元。

表 7-11　单位工程招标控制价/投标报价汇总表（表-04）

单位工程投标报价汇总表

工程名称：××大学综合实验楼建筑工程　　　　第1页　共1页

序　号	汇总内容	金额/元	其中：暂估价/元
1	分部分项工程	**9195000**	3460000
1.1	A 土石方工程	400000	
1.2	C 桩基工程	750000	
1.3	D 砌筑工程	1765000	
1.4	E 混凝土及钢筋混凝土工程	5000000	3460000
1.5	F 金属结构工程	100000	
1.6	J 屋面及防水工程	400000	
1.7	K 防腐、隔热、保温工程	780000	
2	措施项目	**1883827**	
2.1	安全文明施工费	332340	
3	其他项目	**1021700**	160000
3.1	暂列金额	800000	
3.2	专业工程暂估价	160000	160000
3.3	计日工	19100	
3.4	总承包服务费	42600	
4	规费	**506132**	
5	税金	**434930**	
投标报价合计＝1＋2＋3＋4＋5		**13041589**	3620000

注：本表适用于单位工程招标控制价或投标报价的汇总，如无单位工程的划分，单项工程汇总也使用本表汇总。

由于招标控制价和投标报价包含的内容相同，只是对价格的处理不同，所以，对招标控制价和投标报价汇总表的设计使用同一表格。

另外，需要说明的是，投标报价汇总表与投标函中投标报价金额应当一致。因为，投标函是投标文件最重要的组成文件，其他部分都是投标函的支持性文件，投标函是必须经过投标人签字画押，并且在开标会上必须当众宣读的文件。如果投标报价汇总表的投标总价与投标函填报的投标总价不一致，应以投标函中填写的大写金额为准，通常招标人宜在“投标人须知”中预先作出这一要求，以避免出现争议。

4. 分部分项工程和措施项目计价表

（1）分部分项工程和单价措施项目清单与计价表（表-08）　分部分项工程和单价措施项目清单与计价表是编制招标控制价、投标报价、竣工结算的最基本用表。

编制投标报价时，投标人对分部分项工程和单价措施项目清单与计价表中的“项目编码”“项目名称”“项目特征”“计量单位”“工程量”均不应作改动。“综合单价”“合价”自主决定填写，对其中的“暂估价”栏，投标人应将招标文件中提供了暂估材料单价的暂估价进入综合单价，并应计算出暂估单价的材料在“综合单价”及其“合价”中的具体数额，因此，为更详细反映暂估价情况，也可在表中增设一栏“综合单价”其中的“暂估价”，见表 7-12。

表 7-12　分部分项工程和单价措施项目清单与计价表（表-08）

分部分项工程和单价措施项目清单与计价表

工程名称：××大学综合实验楼建筑工程　　标段：　　　　第 1 页　共 1 页

序号	项目编码	项目名称	项目特征描述	计量单位	工程量	金额/元		
						综合单价	合价	其中：暂估价
			A 土石方工程					
1	010101001001	平整场地	Ⅱ、Ⅲ类土综合，土方就地挖填找平	m^2	2800	0.98	2744	
		其他略						
			分部小计				400000	
			C 桩基工程					
		略						
			D 砌筑工程					
			略					
			E 混凝土和钢筋混凝土工程					
	010515001001	现浇构件钢筋	HPB300 圆钢 $\phi10$、$\phi8$	t	194.175	5006.78	972192	800000
	010515001002	现浇构件钢筋	HRB335 螺纹筋，$\phi12 \sim \phi20$	t	446.602	4592.05	2050818	1748000
	010515001003	现浇构件钢筋	HRB335 螺纹筋，$\phi22 \sim \phi25$	t	233.010	4406.61	1026784	912000
			（其他略）					
			分部小计					
			本页小计					
			合　计				9195000	3460000

（2）综合单价分析表（表-09）　工程量清单单价分析表是评标委员会评审和判别综合单价组成和价格完整性、合理性的主要基础，对因工程变更调整综合单价也是必不可少的基础价格数据来源。采用经评审的最低投标价法评标时，该分析表的重要性更加突出。

工程量清单综合单价分析表反映了构成每一个清单项目综合单价的各个价格要素的价格及主要的“工、料、机”消耗量，见表7-13。投标人在投标报价时，需要对每一个清单项目进行组价，为了使组价工作具有可追溯性（回复评标质疑时尤其需要），需要表明每一个数据的来源。该分析表实际上是投标人投标组价工作的一个阶段性成果文件，通常可借助计算机辅助报价系统自动生成。

该分析表一般随投标文件一同提交，作为竞标价的工程量清单的组成部分，以便中标后作为合同文件的附属文件。投标人须知中需要规定该分析表的提交方式。规定时应考虑是否有必要对该分析表的合同地位给予定义。

表7-13　综合单价分析表（表-09）

工程名称：××大学综合实验楼建筑工程　　　标段：　　　第1页　共1页

<table>
<tr><td colspan="2">项目编码</td><td colspan="2">010515001001</td><td colspan="2">项 目 名 称</td><td colspan="3">现浇构件钢筋</td><td colspan="2">计量单位</td><td>t</td></tr>
<tr><td colspan="12">清单综合单价组成明细</td></tr>
<tr><td rowspan="2">定额编号</td><td rowspan="2">定额名称</td><td rowspan="2">定额单位</td><td rowspan="2">数量</td><td colspan="4">单价/元</td><td colspan="4">合价/元</td></tr>
<tr><td>人工费</td><td>材料费</td><td>机械费</td><td>管理费和利润</td><td>人工费</td><td>材料费</td><td>机械费</td><td>管理费和利润</td></tr>
<tr><td>A4-329</td><td>现浇构件钢筋</td><td>t</td><td>1</td><td>522.80</td><td>4184.04</td><td>40.72</td><td></td><td>522.80</td><td>4184.04</td><td>40.72</td><td>259.22</td></tr>
<tr><td></td><td></td><td></td><td></td><td></td><td></td><td></td><td></td><td></td><td></td><td></td><td></td></tr>
<tr><td colspan="2">人工单价/元</td><td colspan="6">小　　计</td><td>522.80</td><td>4184.04</td><td>40.72</td><td>259.22</td></tr>
<tr><td colspan="2">40元/工日</td><td colspan="6">未计价材料费</td><td colspan="4"></td></tr>
<tr><td colspan="8">清单项目综合单价</td><td colspan="4">5006.78</td></tr>
<tr><td rowspan="5">材料费明细</td><td colspan="5">主要材料名称、规格、型号</td><td>单位</td><td>数量</td><td>单价/元</td><td>合价/元</td><td>暂估单价/元</td><td>暂估合价/元</td></tr>
<tr><td colspan="5">光圆钢筋 $\phi 10$ 以内</td><td>t</td><td>1.03</td><td></td><td></td><td>4000</td><td>4120</td></tr>
<tr><td colspan="5">镀锌钢丝</td><td>kg</td><td>10.037</td><td>6.38</td><td>64.04</td><td></td><td></td></tr>
<tr><td colspan="7">其　他　材　料　费</td><td>—</td><td></td><td>—</td><td></td></tr>
<tr><td colspan="7">材　料　费　小　计</td><td>—</td><td>64.04</td><td>—</td><td>4120</td></tr>
</table>

注：1. 如不使用省级或行业建设主管部门发布的计价依据，可不填定额项目、编号等。
2. 招标文件提供了暂估单价的材料，按暂估的单价填入表内“暂估单价”栏及“暂估合价”栏。
3. 本表说明：①管理费和利润取“人工费＋机械费”的46%；②钢筋按照暂定单价4000元/t，计入综合单价；③假定钢筋结算时刚好按照暂定单价结算。

编制投标报价时，可使用省级或行业建设主管部门发布的计价定额，也可不使用此种定额。使用时在综合单价分析表中填写定额名称；不使用时不用填写。

5. 总价措施项目清单与计价表（表-11）

总价措施项目清单与计价表适用于以“项”计价的措施项目。编制工程量清单时，表-11中的项目可根据工程实际情况进行增减。编制招标控制价时，计费基础、费率应按省级或行业建设主管部门的规定计取。编制投标报价时，除“安全文明施工费”必须按《建设工程工程量清单计价规范》的强制性规定，按省级、行业建设主管部门的规定计取外，其他措施项目均可根据投标施工组织设计自主报价，见表7-14。

表7-14 总价措施项目清单与计价表（表-11）

工程名称：××大学综合实验楼建筑工程　　标段：　　第1页 共1页

序号	项目名称	计算基础	费率（%）	金额/元	调整费率（%）	调整后金额/元	备注
1	安全文明施工费	人工费+机械费	10.90	332340			
2	夜间施工增加费	人工费+机械费	1.01	30795			
3	二次搬运费	人工费+机械费	1.62	49394			
4	冬雨期施工增加费	人工费+机械费	2.84	86591			
5	已完工程及设备保护费	人工费+机械费	0.5	15245			
	合计			514365			

编制人：　　复核人：

注：1. 按施工方案计算的措施费，若无“计算基础”“费率”的数值，也可只填“金额”数值，但应在备注栏说明施工方案出处或计算方法。

2. “计算基础”可为“定额基价”“定额人工费”或“定额人工费+定额机械费”。

3. 本表说明：表中措施费计算基础采用“人工费+机械费”=3048988元，计算过程略。

6. 其他项目计价表

《建设工程工程量清单计价规范》规定了其他项目计价的9种表格。

（1）其他项目清单与计价汇总表（表-12）　使用表-12时，由于计价阶段的差异，应注意：

1）编制工程量清单，应汇总“暂列金额”和“专业工程暂估价”，以提供给投标人报价。

2）编制招标控制价，应按有关计价规定估算“计日工”和“总承包服务费”。如工程量清单中未列“暂列金额”和“专业工程暂估价”，应按有关规定编列。

3）编制投标报价，应按招标文件工程量清单提供的“暂列金额”和“专业工程暂估价”填写金额，不得变动。“计日工”“总承包服务费”自主确定报价，见表7-15。

表7-15 其他项目清单与计价汇总表（表-12）

工程名称：××大学综合实验楼建筑工程　　标段：　　第1页 共1页

序号	项目名称	金额/元	结算金额/元	备注
1	暂列金额	300000		明细详见表-12-1
2	暂估价	160000		
2.1	材料（工程设备）暂估价/结算价	—		明细详见表-12-2

（续）

序　号	项目名称	金额/元	结算金额/元	备　注
2.2	专业工程暂估价/结算价	160000		明细详见表-12-3
3	计日工	19100		明细详见表-12-4
4	总承包服务费	42600		明细详见表-12-5
5	索赔与现场签证	—		
	合　计	1021700		—

注：材料暂估单价进入清单项目综合单价，此处不汇总。

4）编制或核对竣工结算，“专业工程暂估价”按实际分包结算价填写，“计日工”“总承包服务费”按双方认可的费用填写，如发生“索赔”或“现场签证”费用，按双方认可的金额计入该表。

（2）暂列金额明细表（表-12-1）　暂列金额在实际履约过程中可能发生，也可能不发生。表-12-1要求招标人能将暂列金额与拟用项目列出明细，但如确实不能详列也可只列暂定金额总额，见表7-16，投标人应将上述暂列金额计入投标总价中。

表7-16　暂列金额明细表（表-12-1）

工程名称：××大学综合实验楼建筑工程　　　标段：　　　第1页　共1页

序　号	项目名称	计量单位	暂定金额/元	备　注
1	工程量清单中漏项或非承包人原因工程变更引起的新增清单项目	项	200000	
2	工程量清单工程量偏差或非承包人原因引起的工程量变化	项	200000	
3	政策性调整或价格风险	项	200000	
4	其他		200000	
	暂列金额合计		800000	
说明：投标人应将上述暂列金额计入投标总价中。				

注：此表由招标人填写，也可只列暂定金额总额，投标人应将上述暂列金额计入投标总价中。

对于工程量清单中给出的暂列金额及拟用项目，投标人只需要直接将工程量清单中所列的暂列金额纳入投标总价，并且不需要在工程量清单中所列的暂列金额以外再考虑任何其他费用。

上述的暂列金额，尽管包含在投标总价中（也将包含在中标人的合同总价中），但并不属于承包人所有和支配，是否属于承包人所有受合同约定的开支程序的制约。如在合同履行过程中，暂定项目入口钢结构雨篷确定要实施，由发包人和承包人按照合同约定的共同招标操作程序和原则选择专业分包人负责完成，才能决定该项目的最终价款。

（3）材料暂估单价表（表-12-2）　暂估价是在招标阶段预见肯定要发生，只是因为标准不明确或者需要由专业承包人完成而暂时无法确定具体价格。暂估价数量和拟用项目应当在表-12-2备注栏给予补充说明。

《建设工程工程量清单计价规范》要求招标人针对每一类暂估价给出相应的拟用项目，即按照材料或工程设备的名称分别给出，这样的材料设备暂估价能够纳入到项目综合单价中。某综合实验楼材料暂估单价表见表7-17。

表7-17　材料暂估单价表（表-12-2）

工程名称：××大学综合实验楼建筑工程　　　　标段：　　　　第1页　共1页

序号	材料（工程设备）名称、规格、型号	计量单位	数量		暂估/元		确认/元		差额±/元		备　注
			暂估	确认	单价	合价	单价	合价	单价	合价	
1	HPB300 圆钢 $\phi10$、$\phi8$	t	200		4000						用于主体结构现浇混凝土构件钢筋（010515001001）
2	HRB335 螺纹钢 $\phi12\sim\phi25$	t	700		3800						用于主体结构现浇混凝土构件钢筋（010515001002、010515001003）

注：1. 此表由招标人填写“暂估单价”，并在备注栏说明暂估价的材料、工程设备拟用在哪些清单项目上，投标人应将上述材料暂估单价计入工程量清单综合单价报价中。

2. 本表说明：本例假设表中两种类型的钢筋为甲方提供，给出暂估单价。

（4）专业工程暂估价及结算价表（表-12-3）　专业工程暂估价应在表内填写工程名称、工程内容、暂估金额，投标人应将专业工程暂估金额计入投标总价。某综合实验楼专业工程暂估价及结算价表如表7-18所示。表中所列专业工程暂估价，是指分包人实施专业分包工程的除规费、税金外的完整价（即包含了该分包工程中所有供应、安装、完工、调试、修复缺陷等全部工作），但不包括合同约定的承包人应承担的总包管理、协调、配合和服务责任所对应的总承包服务费用。

表7-18　专业工程暂估价及结算价表（表-12-3）

工程名称：××大学综合实验楼建筑工程　　　　标段：　　　　第1页　共1页

序号	工程名称	工程内容	暂估金额/元	结算金额/元	差额±/元	备　注
1	大厅钢网架	合同图样中标明的钢网架的制作、运输、安装	160000			
		合　计	160000			

注：此表“暂估金额”由招标人填写，投标人应将上述专业工程暂估金额计入投标总价中。

（5）计日工表（表-12-4）

1）编制工程量清单时，“项目名称”“计量单位”“暂估数量”由招标人填写。

2）编制招标控制价时，人工、材料、机械台班单价由招标人按有关计价规定填写并计算合价。

3）编制投标报价时，人工、材料、机械台班单价由投标人自主确定，按已给暂估数量计算合价计入投标总价中，见表7-19。

表7-19　计日工表（表-12-4）

工程名称：××大学综合实验楼建筑工程　　　　标段：　　　　第1页　共1页

编号	项目名称	单　位	暂定数量	实际数量	综合单价/元	合价/元	
						暂定	实际
一	人工						
1	普工	工日	150		43.8	6570	
2	技工（综合）	工日	100		58.4	5840	
人工小计						12410	
二	材料						
1	钢筋（规格、型号综合）	t	1		4000	4000	
2	水泥42.5	t	4		230	920	
3	中砂	t	10		26	260	
4	碎石（5～40mm）	t	15		36	540	
5	标准砖（240mm×115mm×53mm）	千块	1		200	200	
材料小计						5920	
三	施工机械						
1	滚筒式混凝土搅拌机500L以内	台班	3		170	510	
2	灰浆搅拌机（200L）	台班	2		110	220	
4	混凝土振捣器平板式	台班	2		20	40	
施工机械小计						770	
四、企业管理费和利润						—	
总　计						19100	

注：此表项目名称、数量由招标人填写，编制招标控制价时，单价由招标人按有关计价规定确定；投标时，单价由投标人自主报价，按暂定数量计算合价计入投标总价中。结算时，按发承包双方确认的实际数量计算合价。

（6）总承包服务费计价表（表-12-5）

1）编制工程量清单时，招标人应将拟定进行专业分包的专业工程、自行采购的材料设备等确定清楚，填写项目名称、服务内容，以便投标人确定报价，见表7-20。

表7-20　总承包服务费计价表（表-12-5）

工程名称：××大学综合实验楼建筑工程　　　　标段：　　　　第1页　共1页

序号	项目名称	项目价值/元	服务内容	计算基础	费率（%）	金额/元
1	发包人发包专业工程	160000	1. 按专业工程承包人的要求提供施工工作面并对施工现场进行统一管理，对竣工资料进行统一整理汇总 2. 为专业工程承包人提供垂直运输机械和焊接电源接入点，并承担垂直运输费和电费		5	8000
2	发包人供应材料	3460000	对发包人供应的材料进行验收及保管和使用发放		1	34600
	合计	—	—		—	42600

2）编制招标控制价时，招标人按有关计价规定计价。

3）编制投标报价时，由投标人根据工程量清单中的总承包服务内容自主确定报价。

7. 规费、税金项目计价表（表-13）

按住建部、财政部印发的《建筑安装工程费用项目组成》（建标［2013］44号）列举的规费项目列项，见表7-21。在施工实践中，有的规费项目，如工程排污费，并非每个工程所在地都要征收，实践中可作为按实计算的费用处理。

表7-21　规费、税金项目计价表（表-13）

工程名称：××大学综合实验楼建筑工程　　　　标段：　　　　第1页　共1页

序号	项目名称	计算基础	计算基数	计算费率（%）	金额/元
1	规费	定额人工费			
1.1	社会保险费	定额人工费			
(1)	养老保险费	定额人工费			
(2)	失业保险费	定额人工费			
(3)	医疗保险费	定额人工费			
(4)	工伤保险费	定额人工费			
(5)	生育保险费	定额人工费			
1.2	住房公积金	定额人工费			
1.3	工程排污费	按工程所在地环境保护部门收取标准，按实计入			
2	税金	分部分项工程费＋措施项目费＋其他项目费＋规费－按规定不计税的工程设备金额			
合计					

编制人（造价人员）：　　　　复核人（造价工程师）：

第八章

建筑工程施工预算

第一节　概　　述

建筑安装施工企业为了能取得较好的经济效益，必须加强成本管理，缩短建设周期，确保工程质量。而做好施工预算的编制工作，是施工企业加强成本管理、降低工程成本的重要环节之一。

一、施工预算的概念

施工预算是为适应施工企业加强成本管理和经济核算的需要，达到节约人工、材料和机械台班以及提高企业经济效益的目的，按照企业管理和队、组核算的要求，在施工图预算的控制下，根据施工图、施工定额（劳动定额、地区材料消耗定额和施工机械台班定额）、施工组织设计，考虑挖掘企业内部潜力，在开工前由施工单位编制，供企业内部使用的一种预算。它规定了单位工程或分部、分层、分段工程的人工、材料、施工机械台班的消耗量标准和直接费付出的标准，是施工企业基层的成本计划文件，是与施工图预算和实际成本进行分析对比的基础资料。在单位工程施工预算中，各分项反映出来的是人工、材料和机械台班的需要量，故又把施工预算称为实物量预算。

二、施工预算的作用

1）施工预算是施工企业编制施工作业计划、劳动力计划和材料需要量计划的依据。施工企业的劳动、材料和计划部门，根据施工预算，能准确地确定出相应的劳动力需要量、材料需要量，从而为有计划地调配劳动力、组织材料采购和供应、编制施工进度计划提供可靠的依据。

2）施工预算是基层施工单位签发施工任务单和限额领料单的依据。施工企业的施工部门，根据施工预算，可以确定施工任务单和限额领料单上的产量定额和计件单位，以便向各工人班组下达施工任务。

3）施工预算是计算计件工资、超额奖金和开展定包、实行按劳分配的依据。施工企业实行计件工资和全优超额奖金等，都是以施工定额的规定标准为根据。实行计件工资，能充分体现多劳多得的分配原则，从而克服好坏不分的现象，充分调动工人的生产积极性。

4）施工预算是施工企业开展经济活动分析、进行“两算”对比的依据，是促进实施施工技术组织措施的有效方法。施工企业的经营部门，根据施工预算，能与施工图预算进行对比。通过对比，研究经营决策，落实增产节约措施，促使企业推行各种形式的经济责任制和加快技术进步，以降低工程成本，提高企业的经济效益。

综上所述，施工预算是施工企业内部加强管理、实行内部经济责任、进行现场施工成本管理与成本核算、提高经济效益的重要工具，是促进企业管理强有力的杠杆。

三、施工预算的编制依据

1）经过会审的施工图、会审记录以及有关的标准图集等技术资料。施工图必须经过建设单位、设计单位、监理单位和施工单位共同会审，并且还需有会审记录。如果施工图未经会审，或虽已会审而无会审记录，则据此编制的施工预算，可能与实际施工工程不尽相符。此外，施工图中所采用的一些标准构件，需从相应的标准图集中去查阅，故标准图也是不可缺少的。

2）现行的施工定额和有关补充定额，或全国建筑安装工程统一劳动定额和地区材料消耗定额、机械台班使用定额。施工定额是编制施工预算的主要依据之一，但目前全国尚无统一的包括人工、材料和机械在内的施工定额。有的省市根据本地区的情况编制了适用于本地区的施工定额，为编制施工预算创造了有利条件。但也有部分地区至今尚未编制施工定额。在这种情况下，编制施工预算时，人工、材料和施工机械部分可分别执行现行的全国《建筑安装工程统一劳动定额》、地区《建筑安装工程材料消耗定额》和《建筑安装工程机械台班使用定额》来进行计算。

3）经批准的施工组织设计或施工方案。施工组织设计或施工方案中确定的施工方法、施工顺序、施工机械、技术组织措施、现场平面布置等内容，可供施工预算具体计算时采用。没有施工组织设计或施工方案的具体内容，施工预算中的许多项目的内容就无法正确确定。例如，土方的开挖是采用人工开挖还是机械开挖；运土是人力还是车运；脚手架的材料是木制还是金属，单排还是双排；吊装机械是井架还是塔式起重机；混凝土预制构件是现场预制还是工厂预制；模板是钢模还是木模等。它们都与施工预算的定额工料机有极密切的关系。所以，这些条件必须事先确定，然后才可随之确定其工料机的消耗量。

4）当地现行的人工工资标准、材料预算价格或实际采购价格、机械台班单价。这三种“价”是计算人工费、材料费和机械费所不可缺少的依据。

5）建筑安装工程施工图预算。施工图预算书中的许多数据，如工程量以及相应的人工费、材料费、机械费、人工和主要材料的预算消耗量等，都可为施工预算的编制提供许多可比数据。因此，施工图预算书是编制施工预算的重要依据。

6）其他费用规定。其他有关费用包括气候影响、停水停电、机具维修、基础因下雨塌方，以及不可预见的零星用工等，企业可以通过测算，确定一个综合系数来计算，由企业内部包干使用，多不退，少不补，一次包死。该项费用的计算应根据本地区、本企业的规定执行。

7）其他工具书和资料。其他工具书和资料包括建筑材料手册、预算工作手册以及施工现场的实际勘察和测量资料等。

四、施工预算的内容

施工预算的主要内容包括：编制说明，工程量，施工中消耗的人工、材料和机械台班数量及费用，预制构件和配件等。

施工预算书由编写说明和计算表格两大部分组成。

（一）编制说明

编制说明要以简短的文字，说明施工预算的编制依据、对施工图的审查意见及存在问题与处理办法等。主要包括以下内容：

1）编制依据。说明采用的有关施工图、施工定额、人工工资标准、材料价格、机械台班单价、施工组织设计或施工方案以及图样会审记录等。

2）工程范围、工程性质、建设地点、施工期限及现场勘察的主要资料。

3）根据现场勘察资料所考虑的因素。

4）在施工中所采取的主要技术措施。如冬、雨期施工中的技术措施等。

5）暂估项目和遗留项目有哪些，并说明其原因。

6）工程中尚存在亟需解决的问题和以后的处理办法。

7）其他需要说明的问题。

（二）计算表格

1. 工程量计算表

工程量计算表是施工预算的基础表。它主要反映分部分项工程名称、工程数量、计算式。其表格形式见表8-1。

表8-1 工程量计算表

单位工程名称： 第 页

序 号	工程项目名称	单 位	数 量	计 算 式

制表： 审核：

2. 工料分析表

工料分析表是施工预算的基本计算用表。将单位工程的全部用工及其主要材料消耗量，按分部分项工程汇总列表。其表格形式见表8-2。

表8-2 工料分析表

单位工程名称： 第 页

序号	定额编号	项 目 名 称	单 位	数 量	综合人工/工日	主材用量			
						水泥/t	砂/m^3	钢筋/t	……
		一. 土方工程 ……							
		小 计 ……							

制表： 审核：

3. 施工预算定额用工分析表

将各分部分项工程的定额用工量汇总列表。其表格形式见表8-3。

表8-3 施工预算定额用工分析表

单位工程名称：　　　　　　　　　　　　　　　　　　　　　　　　　第　页

定额编号	分项工程名称	工程量		综合用工				普工/工日	木工/工日	……
		单位	数量	定额等级	合计工日	折合一级工系数	折合一级工合计工日			
	土方工程 ……									

制表：　　　　　　　　　　　　　　　　　　　　　　　　审核：

4. 施工机械台班使用费表

施工机械台班使用费表是计算施工机械费的依据。将单位工程或分部分项工程的机械台班使用量及其相应的使用费汇总。其表格形式见表8-4。

表8-4 机械使用费表

单位工程名称：　　　　　　　　　　　　　　　　　　　　　　　　　第　页

序号	机械名称及其型号	机械台数	使用日期（日历天数）	台班单价/（元/台班）	合计金额/元	备注

制表：　　　　　　　　　　　　　　　　　　　　　　　　审核：

5. 施工预算表

将各分部分项工程的工程量和费用列表汇总。其表格形式见表8-5。

表8-5 施工预算表

单位工程名称：　　　　　　　　　　　　　　　　　　　　　　　　　第　页

序号	分项工程定额编号	分项工程名称	单位	数量	价值/元	
					单价	复价
		一．土方工程 ……				
		小计				
		合计				

制表：　　　　　　　　　　　　　　　　　　　　　　　　审核：

6. “两算”对比表

这是在施工预算编制完后，将其计算出的人工、材料、机械台班消耗量以及人工费、材料费、施工机械费、企业管理费等，按单位工程或分部工程与施工图预算进行对比，找出节约或超支的原因，作为单位工程开工前在计划阶段的预测分析用表。详见本章第三节。

7. 其他表格

如钢筋混凝土预制构件加工表、金属结构加工表、门窗加工表、钢筋加工表、铁件加工表、门窗五金明细表等，视各单位的业务分工和具体编制内容而定。

五、施工预算的编制要求

施工预算的编制要求与施工预算的作用紧密相关，一般应达到下列要求。

1. 编制深度合适

对于施工预算的编制深度，应满足下面两点要求：

1）能反映经济效果，以便为经济活动分析提供可靠的数据。

2）施工预算的项目，要能满足签发施工任务单和限额领料单的要求，尽量做到使工地不重复计算，以便为加强定额管理、贯彻按劳分配、实行队组经济核算创造条件。

2. 内容要紧密结合现场实际

按所承担的任务范围和采取的施工技术措施，挖掘企业内部潜力，实事求是地进行编制，反对多算和少算，以便使企业的计划成本，通过编制施工预算，建立在一个可靠的基础上，为施工企业在计划阶段进行成本预测分析、降低成本额度创造条件。

3. 要保证其及时性

编制施工预算是加强企业管理、实行经济核算的重要措施。施工企业内部编制各种计划，开展工程定包，贯彻按劳分配，进行经济活动分析和成本预测等，无一不依赖于施工预算所提供的资料。因此，必须使施工预算能在单位工程开工前编制完毕，以保证使用。

第二节　施工预算的编制方法和步骤

一、编制方法

施工预算的编制方法，可采用实物法、实物金额法和单位估价法。

1. 实物法

这是根据施工图、说明书和施工定额，结合施工组织设计或施工方案所确定的施工技术措施，计算工程量，套用施工定额，分析汇总人工、材料和机械台班数量，但不进行计价，通过实物消耗数量来反映其经济效果。目前编制施工预算，大多采用此种方法。

2. 实物金额法

这是通过实物数量来计算人工费、材料费、机械费和直接费的一种方法。它是根据实物法计算出的人工和各种材料及机械台班的消耗量，分别乘以所在地区的工资标准和材料单价及机械台班单价，求出人工费、材料费、机械费，进而汇总。

3. 单位估价法

这是根据施工图和施工定额的有关规定，结合施工技术措施，列出工程项目，计算工程量，套用相应施工定额单价，逐项计算和汇总，并分析汇总人工、主要材料和机械台班消耗量，同时列出构件、门窗、钢筋和五金配件的明细表，最后汇编成册。

三种编制方法的主要区别在于计价方式的不同：实物法只计算实物消耗量，运用这些实物消耗量可向施工班组签发任务单和限额领料单，还可以与施工图预算的人工、材料消耗量进行对比分析；实物金额法是先分析、汇总人工和材料及机械台班实物消耗量再进行计价；单位估价法则是按分项工程进行计价。

二、实物法编制步骤

目前，施工预算全国尚无统一的编制程序和方法。但施工预算的编制步骤与施工图预算的编制步骤基本相同，只是施工预算比施工图预算的项目划分得更细，以便结合施工方法而分层分段施工，这样有利于施工安排进度计划和编制统计报表。

施工预算的编制，一般可按如下程序进行：熟悉基础资料和现场情况→列工程项目→计算工程量→选套施工定额→工、料、机消耗量分析→分部工、料、机汇总→单位工程工、料、机汇总→进行“两算”对比→编写编制说明。

现按上述程序，将施工预算的编制步骤详述如下。

1. 熟悉基础资料，了解现场情况

编制施工预算之前，应将有关基础资料收集齐备，熟悉施工图和会审记录，熟悉施工组织设计或施工方案，了解所采取的施工方法和施工技术措施，熟悉施工定额和工程量计算规则，了解定额的项目划分、工作内容、计量单位、有关附注说明以及施工定额与预算定额的异同点。同时还要深入现场，了解施工现场的环境、地质、施工平面布置等有关情况。了解和掌握上述内容，是编好施工预算必备的前提条件，也是在编制前必须做好的基本准备工作。

2. 列出工程项目

施工预算的工程项目，应根据已会审的施工图、设计说明的要求、施工组织设计或施工方案规定的施工方法等，按施工定额项目划分，并按照施工定额手册的项目顺序排列。在划分工程项目时，不能出现重划、漏划和错划的现象。

3. 计算工程量

工程量应与已列出的工程项目相对应，按施工定额的有关工程量计算规则进行计算。工程量计算是编制施工预算的一项重要工作，也是一项繁琐、细致的工作，它的准确程度和计算速度，直接影响施工预算编制质量和速度。因此，要求做到及时、准确。凡是工程内容、计算规则和计量单位与施工图预算相同的工程项目，应直接选用施工图预算中的工程量，经检查无误，不必另行计算。

4. 选套施工定额

工程量计算完毕，按照分部、分层、分段划分的要求，经过整理汇总，将其逐项填入“施工预算工料机分析表”之后，即可查套定额，将查到的定额编号与工料机消耗指标，分别填入表中的相应栏目里。选套施工定额项目时，其定额工作内容必须与施工图的构造、做法相符合，所列分项工程的名称、内容和计量单位必须与所选施工定额项目的工作内容和计量单位一致，否则应重新计算工程量。如果工程内容与定额内容不完全一致，但定额规定允许换算或可用系数调整时，则应对定额进行换算后方可套用。对于施工定额中的缺项，可借套其他类似定额，或编制补充定额，但应报请上级批准。

5. 工料机分析

按上述要求，将“施工预算工料机分析表”中的分部分项工程名称、定额单位、工程数量、定额编号、工料机消耗量指标等项目填写完毕后，即可进行工料机分析。方法与施工图预算的工料机分析方法一样，即对于每一个工程项目，以其工程量乘以相应定额，逐项计算其人工、材料和机械台班的消耗量，并填写在表格中。

6. 工料机汇总

按分部工程分别将工料机分析的结果进行汇总，最后再按单位工程进行汇总，得出该单位工程工料机的总数量，据此编制单位工程工料机计划，计算直接费和进行“两算”对比。

7. 编写编制说明

将编制依据、考虑因素、暂估项目内容、存在问题和处理方法等加以说明。然后将编制说明和诸表格装订成册，即成施工预算文件。

三、编制注意事项

1. 编制范围

施工预算的主要作用是为基层施工单位实行计件、开展定包、进行经济核算提供依据，它是确定承包任务的基础。因此，施工预算的编制，应按所承担的施工范围进行。凡属在外单位加工或按商品购入的成品和半成品工程项目，如木材加工厂制作的木门窗，水泥制品厂制作的钢筋混凝土预制构件、按商品购入的钢门窗等，编制施工预算时均不应进行工料机分析。但在本单位附属企业加工的木门窗和混凝土预制构件及机械化施工处承担的构件运输和安装等施工项目，可另行分别编制施工预算，不要同现场施工项目混合编制，以便各基层施工单位进行施工管理和经济核算。

2. 填表要求

由于工料机分析表的纵横向格数有限，为使工料机分析栏目不超出横向格数，要求在同一页工料机分析表上不要列两个不同的分部工程，同一分部工程一张表列不完时，可另起一页。人工、材料、机械汇总表应按分部工程填列，最后按单位工程汇总，以便进行“两算”对比。

3. 工程量的计量单位

为了能直接套用施工定额的工料机消耗量指标，对编制施工预算进行工料机分析所用工程量的计量单位，要求采用定额单位。

4. 定额换算

施工定额中有一系列换算方法和换算系数的规定，必须认真学习，正确使用。对于按规定应该换算的定额项目，则必须对定额进行换算后方可套用。

5. 工料机分析和汇总

为了正确计算人工费、材料费和机械费，进行工料机分析和汇总时，人工部分应按不同工种和级别，材料部分应按不同品种和规格，机械部分应按不同种类和型号，分别进行分析和汇总。

第三节 “两算”对比

“两算”是指施工图预算和施工预算。前者是确定建筑企业工程收入的依据，反映预算成本的多少；后者是建筑企业控制各项成本支出的尺度，反映计划成本的高低。“两算”按要求都应在单位工程开工前进行编制，以便进行“两算”的对比分析。

一、“两算”的区别

1. 编制目的不同

施工预算是施工企业为挖掘潜力、降低成本而编制的一种预算，它是构成建筑产品计划成本的主要内容；施工图预算则是为确定建筑产品预算价格而编制的一种预算，它是构成建筑产品预算成本的主要内容。

2. 采用定额不同

施工预算的人工、材料、机械台班的消耗量是按施工定额的规定，并结合施工技术和组织措施确定的。它反映建筑产品活劳动和物化劳动消耗量的付出量，是企业控制资金运用的主要标准。

施工图预算的人工、材料、机械台班的消耗量，是按预算定额规定的标准进行计算确定的。它反映建筑产品活劳动和物化劳动消耗量的补偿量，是企业确定资金来源的主要依据。

3. 计算内容不同

施工预算是具体计算建筑工程施工中所需要消耗的人工、材料和机械台班的数量限额；而施工图预算则是用货币形式直接表示单位工程的人工费、材料费、施工机具使用费、企业管理费等的价值限额。

4. 计算规则不同

施工预算的工程量计算，既要按施工定额的要求，同时还要考虑生产计划和降低成本措施的要求；而施工图预算的工程量计算，只是按预算定额所规定的工程量计算规则进行计算。

5. 计算方法不同

施工预算和施工图预算，虽然两者编制都是以施工图为基础，但因两者采用定额的不同而采用两种形式表示。

编制施工预算是采用《建筑工程施工定额》，方法是先将各分项工程量分别乘以各自相应的各工种工日定额、材料和机械台班消耗定额，就得出各分项工程的人工、材料和机械台班数量。累计各分项工程的人工、材料和机械台班量，即可得出该单位工程所需要的人工、各工种的工日需要量，各种规格的材料需要量和机械台班需要量。

编制施工图预算是采用《建筑工程预算定额》，方法是先将各分项工程量分别乘以各自相应的预算定额中单价，进而得出各分项工程企业管理费、利润，再计算规费、税金等费用，最后汇总，得出该单位工程的预算价值。

6. 编制用途不同

施工预算是作为施工企业编制生产计划、确定工程承包任务的依据；而施工图预算是作为确定建筑产品价格、计算招标标底和投标报价的依据。

7. 编制深度不同

施工预算的项目，要按施工要求进行分层、分段列项，它比施工图预算的项目划分更细、更深，其计算工作量也更繁、更大。

二、“两算”对比的目的

施工图预算是确定建筑企业收入的依据（预算成本），施工预算是建筑企业控制各项成本支出的尺度（计划成本）。“两算”都是在单位工程开工前编制的，并应在开工前进行对比分析。其目的在于找出节约和超支的原因，以便研究提出解决的措施，防止人工、材料耗用量和施工机械费的超支，避免发生预算成本的亏损，为确定降低成本计划额度提供依据。通过“两算”对比，并在完工后加以总结，可以取得经验教训，积累资料，这对于改进和加强施工组织管理、提高劳动生产率、降低工程成本、提高经营管理水平、取得更大经济效益，都有实际意义。所以说，“两算”对比是建筑施工企业运用经济规律，加强企业管理的重要手段之一。

三、“两算”对比的方法

“两算”对比的方法主要有实物对比法和金额对比法两种。

1. 实物对比法

实物是指分项工程所消耗的人工、材料和机械台班的实物数量。

实物对比法即将施工预算所计算的工程量，套用施工定额的工料机消耗指标，算出分部工程并汇总为单位工程的人工、主要材料和机械台班耗用量，填入“两算”对比表，表格形式见表8-6和表8-7，再与施工图预算的工料机用量进行对比，算出节约或超支的数量差和百分率。

表8-6 （一）人工工日对比表

单位工程名称： 第 页

序号	项 目	施工预算/工日	施工图预算		对比结果			
			工日	占单位工程（%）	节约/工日	超支/工日	占本分部（%）	占单位工程（%）
①	②	③	④	⑤	⑥=④-③	⑦=④-③	⑧=（⑥或⑦）÷④	⑨=⑤×⑧
1	土、石方工程							
2	桩基础工程							
	……							
	小计							

制表： 审核：

表 8-7 （二）主要材料对比表

单位工程名称： 第 页

序号	材料名称及规格	单位	施工预算			施工图预算			对比结果					
									数量差			金额差		
			数量	单价	金额	数量	单价	金额	节约	超支	%	节约	超支	%
(1)	(2)	(3)	(4)	(5)	(6) = (4) × (5)	(7)	(8)	(9) = (7) × (8)	(10) = (7) − (4)	(11) = (7) − (4)	(12) = [(11)或(10)] ÷(7)	(13) = (9) − (6)	(14) = (9) − (6)	(15) = [(13)或(14)] ÷(9)
1	标准砖	千块												
2	32.5 水泥	t												
	……													
	小计													

制表： 审核：

2. 金额对比法

金额是指分项工程所消耗的人工、材料和机械台班所发生的金额费用。

金额对比法即将施工预算所算出的人工、材料和施工机械台班耗用量，按分部工程汇总后，分别乘以相应的工资标准、材料预算价格和机械台班单价，得出分部工程的人工费、材料费和机械费，将它们填入“两算”对比表，并按单位工程进行汇总，再与施工图预算相应的人工费、材料费、机械费分别进行对比分析，算出节约或超支的金额差和百分率。

四、“两算”对比注意事项

1. 人工消耗量及人工费的对比分析

施工预算的人工消耗量及人工费与施工图预算相比，一般要低 10% ~15%，这是由于两者使用定额的基础不一样。预算定额是综合性定额，其人工消耗是根据统一劳动定额的规定，再加上各种附加用工（超运距用工、辅助用工和人工幅度差）确定的。

2. 材料消耗量及材料费的对比分析

由于施工定额的材料损耗量一般都低于预算定额，同时，编制施工预算时还要考虑扣除技术措施的材料节约量，所以施工预算的材料消耗量及材料费一般都低于施工图预算。如果出现反常情况，则应进行分析研究，找出原因，从而采取措施加以解决。

3. 施工机械台班消耗量及机械费的对比分析

施工预算的机械费是根据施工定额的规定，按其种类、型号、台班数量和台班单价计算的，而施工图预算的机械费是根据预算定额的机械种类、型号和台班数，按施工生产的一般情况，考虑合理搭配，综合取定的。一般情况下，施工预算的机械台班消耗量也是低于施工图预算的台班消耗量的。在对比分析中，若发生施工预算的机械台班消耗量和机械费大量超支，而又无特殊情况时，则应考虑改变原施工组织设计中的机械施工方案，尽量做到不亏损而略有节余。一般机械台班进行“两算”对比时多采用金额对比法进行分析。

4. 周转性材料使用费的对比分析

周转性材料主要是指脚手架、模板等工具性材料。施工预算的脚手架工程量是根据施工组织设计或施工方案规定的搭设方法和具体内容进行计算的；施工图预算的脚手架工程量则是区别砌筑脚手架、装饰脚手架、烟囱脚手架等以平方米（m^2）或座进行计算的，如外墙砌筑脚手架的工程量按外墙外围长度乘以外墙高度以平方米（m^2）计算，室内装饰脚手架按室内净面积以平方米（m^2）计算，烟囱脚手架区别不同搭设高度、直径以座计算。施工预算的模板是按混凝土与模板的接触面积计算，施工图预算的模板则是按构件的混凝土体积计算。所以，周转性材料的消耗量，预算定额是按摊销量计算，施工定额是按一次使用量加损耗量计算。周转使用的脚手架和模板无法用实物量进行对比，只能按其费用进行对比。

第九章

安装工程施工图预算

以单位工程施工图为依据，按照安装工程预算定额的规定和要求以及有关造价费用标准和规定，结合工程现场施工条件，按一定的工程费用计算程序，计算出来的安装工程造价，称为安装工程施工图预算。

安装工程包括建筑物内部的给水排水工程、采暖工程、燃气工程、电气设备安装工程、消防设备安装工程、通风空调工程、建筑智能化系统设备安装工程等。本章主要介绍民用建筑中常见的给水排水工程、采暖工程、电气安装工程的施工图预算编制。

第一节　概　　述

一、安装工程施工图预算的编制步骤

编制安装工程施工图预算的主要步骤是：①熟悉安装工程施工图、各种工程做法，了解施工组织设计与现场情况；②全面掌握和正确使用预算定额及有关造价文件资料；③根据安装工程预算定额项目确定预算工程项目，依据工程量计算规则正确计算工程量并进行工程量汇总；④套用预算定额单价（基价）计算人工费、材料费、施工机具使用费；⑤套用费用定额和有关文件计算各项费用，并累计得出工程总造价；⑥编制施工图预算编制说明；⑦按顺序排列装订成册，形成预算书。

二、安装工程施工图预算特点

安装工程施工图预算的编制依据、文件组成与土建施工图预算相同，安装工程预算与土建预算的不同点主要在于工程量计算的规则、依据不同。

（1）安装工程工程量计算一般按工艺流程顺序进行　例如，给水排水工程一般按给水引入管、干管、支管、用水设备（卫生器具），再按器具排水管、横支管、立管、干管、排出管的顺序计算。再如，电气照明工程，一般按进户线、总配电箱、分配电箱直到照明灯具（用电器具）的顺序进行。

（2）安装工程施工图表达形式复杂，工程量计算应综合考虑　安装工程施工图中的平面图一般为不严格的正投影，且很多情况下管道位置并未标注尺寸，因此管道长度计算需根据管道平面相对位置和施工工艺要求综合确定。

安装工程施工图经常采用标准图，如卫生器具安装、管道支架、保温等，工程量计算应根据标准图确定。

水暖工程中的系统图，习惯画法经常与实际安装情况不同，如采暖管道的干管与立管连接，立管与回水管道连接等，工程量计算时应根据施工工艺确定。

（3）安装工程工程量计算常采用不同的单位　安装工程工程量计算除管道安装、保温防腐、管道支架等以物理计量单位外，其余均以自然单位计量，如台、套、组、个等，套用定额时工程量单位往往采取不同的标准，如管道安装一般按10m计算，刷油防腐一般按$10m^2$计算等。

（4）安装工程定额套用复杂　安装工程预算定额中，不同项目中包括的内容有一定的区别，有些含有主材费用，有些则不含，有些包括配件材料及安装工作量（人工），有些则不包括，进行预算时应充分了解预算定额包含内容，以保证项目计算准确。

安装工程中不同工程项目（如供暖、通风空调等）发生相同工程内容，套用同一定额时应采用不同的数据。例如，采暖管道刷油直接套用定额项目，通风管道刷油则需根据刷油要求（风道外单侧刷油、里外双侧刷油）乘以一定的系数来确定预算基价。再如，脚手架搭拆，对于采用不同定额册数的工程项目应采用不同数据。

第二节　建筑给水排水工程施工图预算的编制

一、建筑给水排水安装工程基础知识

（一）建筑给水排水工程组成部分

建筑给水排水工程由室内给水和室内排水两大系统组成。室内给水系统由引入管、水表节点、配水管网、给水附件、升压与储水设备、消防设备几个基本部分组成；室内排水系统主要由卫生器具、排水管系、通气管系、清通设备、污水抽升设备等部分组成。

给水排水管道种类繁多，有钢管、铜管、塑料管材等。钢管是建筑设备工程中应用最广泛的金属管材，它的连接方法有螺纹连接、焊接和法兰连接三种。近年来塑料管道使用越来越普遍。塑料管道管材品种较多，各种管材使用条件及连接方法均有所不同。给水排水管道管件主要有弯头、三通、四通、对丝、管箍、活接头、存水弯等。民用建筑常用管材见表9-1。

表9-1　民用建筑给水排水常用管材表

管道名称	规格表示	用　途	常用连接方式
硬聚氯乙烯塑料管UPVC给水	外径*De*（×壁厚*δ*）	冷水	粘接
交联聚乙烯管PEX	外径*De*（×壁厚*δ*）	冷水、热水	卡箍、卡套
聚丙烯管PP-R（C、Z）	外径*De*（×壁厚*δ*）	冷水、热水	热熔
铝塑复合管PAP	外径*De*（×壁厚*δ*）	冷水、热水	卡箍、卡套
工程塑料管ABS	外径*De*（×壁厚*δ*）	冷水	粘接

（续）

管道名称	规格表示	用途	常用连接方式
氯化聚乙烯 CPVC	外径 De（×壁厚 δ）	冷水、热水	粘接
无缝钢管（热轧、冷拔）	外径×壁厚（$D\times\delta$）	消防、蒸汽	焊接
水煤气管（黑铁）	公称直径 DN	消防、生产	螺纹、法兰、焊接
镀锌钢管（白铁）	公称直径 DN	消防、生产	螺纹、法兰
硬聚氯乙烯塑料管 UPVC 排水	外径×壁厚（$D\times\delta$）	排水	粘接

室内给水系统附件一般分为配水附件和控制附件两类。配水附件就是安装在卫生器具及用水点的各式水龙头，用以调节和分配水流。如球形阀式配水龙头、旋塞式配水龙头、混合龙头等。控制附件用来调节水量、水压，关断水流，改变水流方向，如球形阀、止回阀等。排水工程中阀门的种类、型号多种多样，各种阀门均有不同承压级别的产品。阀门安装方式主要有螺纹连接、法兰连接两种。阀门常用各种代号表示。阀门代号第一单元用汉语拼音字母表示阀门类型，第二单元用一位数字表示驱动方式（对于手轮、手柄或扳手等直接驱动的阀门和自动阀门，则取消本单元），第三单元用一位数字表示连接形式，第四单元用一位数字表示结构形式，第五单元用汉语拼音字母表示密封面或衬里材料，第六单元用数字表示公称压力，第五和第六单元之间用“-”连接，第七单元用汉语拼音字母表示阀体材料（对于公称压力小于或等于 1.6MPa 的灰铸铁阀体和公称压力大于或等于 2.5MPa 的碳素钢阀体，则省略本单元）。常用阀门及其表示意义见表 9-2。

表 9-2　常用阀门及其表示意义

阀门分类	型号表示举例	代表含义
截止阀	J11T-1.6 DN15	承压 1.6MPa，直径 15mm 内螺纹截止阀
闸阀	Z44T-1.0 DN80	承压 1.0MPa，直径 80mm 法兰闸阀
止回阀	XH44X-1.0 DN80	承压 1.0MPa，直径 80mm 法兰消声止回阀
蝶阀	D71X-1.0 DN65	承压 1.0MPa，直径 65mm 对夹式蝶阀
球阀	Q11F-2.5T DN20	承压 2.5MPa，直径 20mm 螺纹铜球阀
液位阀	SKF80-3 DN80	直径 80mm 液压水位控制阀
减压阀	Y43H-1.6 DN50	承压 1.6MPa，直径 50mm 活塞式减压阀
安全阀	A47H-2.5 DN50	承压 2.5MPa，直径 50mm 带扳手微启式安全阀
疏水阀	ST-1-0.8 DN50	承压 0.8MPa，直径 50mm 螺纹连接可调恒温疏水阀
排气阀	ZP-Ⅰ型 DN20	承压 0.7MPa，耐温 110℃，直径 20mm 自动排气阀

卫生器具主要包括各种脸盆（挂式、立柱式、台式）、浴盆、淋浴器、卫生盆、洗池、大便器（座式、蹲式）、小便器（斗式、立式）、污水盆（拖布池）及地漏。池型器具一般安装排水栓。卫生器具的配水龙头现在主要使用陶瓷芯水龙头。

室内给水管道的敷设，分为明装和暗装两类。室内排水管道的敷设，为了清通检修方便，常以明装为主。

（二）建筑给水排水施工图组成

室内给水排水施工图主要由设计及施工说明、给水排水平面图、系统图、剖面图、设备及材料表组成。

1. 设计及施工说明

设计说明主要反映系统方案等工程概要情况。施工说明主要介绍管材及其连接方式，采用标准图集情况，工程验收要求，管道及设备防腐和保温做法，以及其他施工注意事项。

2. 给水排水平面图

平面图主要反映给水排水管道、附件及设备的平面相对位置。施工图中的平面图可分底层、标准层、顶层单独绘制或采用一张综合平面统一绘制。通常是把各系统的管道绘制在同一张平面图上，表达不清时，也可分别绘制各类管道平面图布置。图中应标注各种管道、附件、卫生器具、用水设备和立管（立管应进行编号）的平面位置，以及管径和排水管道坡度等。

3. 给水排水系统图

系统图主要反映各种管道走向、空间相对位置，管道标高、管径、坡度、设备及附件的设置。一般施工图中各类管道应分别绘制系统图。

4. 剖面图

剖面图主要用于系统较为复杂、系统图不容易绘制或反映不清的工程。

5. 设备及材料表

主要表示各种设备、附件、管道配件和管材的型号、规格、材质、尺寸和数量，供概预算和材料统计使用。

（三）施工图识图注意事项

1）给水排水施工图中的管道、设备及附件均以图例符号表示。

2）读图应由设计说明、系统图、平面图综合补充进行，给水、排水工程均按水流方向进行查看。

3）平面图为不严格的正投影，管道在平面图中位置一般表示不准确，安装尺寸应结合安装工艺要求确定。

4）管道支架一般施工图中不作明确表示，计算工程量时应结合标准图集或施工验收规范进行确定。

5）各种管道、阀门、配水件、卫生器具、给水排水设备型号规格由平面图、系统图、设备材料表、设计说明综合确定。

6）管道变径位置根据施工图及施工规范安装工艺要求确定。

（四）影响施工图预算的给水排水主要工程做法

1. 管道之间及管道距墙距离

管道之间及管道距墙距离主要根据施工图标注、管道安装方式（明装与暗装、保温与非保温）、管道上是否带附件、管道施工工艺要求及建筑空间环境要求来确定。

给水管道明装时，水平管道沿墙敷设，管道用角钢支架或管卡固定在墙上，此时管外表距墙面净距离一般为 30 ~ 50mm。立管外表距墙距离，管径≤*DN*32 时，一般为 25 ~ 35mm，管径 > *DN*32 时，一般为 30 ~ 50mm。

给水干管暗装于地沟时管外表距墙距离一般不小于 150mm。

排水立管中心距墙距离：*DN*50，100mm；*DN*75，110mm；*DN*100，140mm；*DN*125 ~ *DN*150，180mm。

2. 管道变径位置

管道变径位置主要根据系统图确定。但应注意，钢管焊接连接时，变径位置不应设于三通处；粗管长度应较三通节点长一定长度，粗管≤*DN*50 时，管长增加 200mm，粗管 > *DN*50 时，管长增加 300mm。

3. 套管设置

给水管道穿墙设置镀锌薄钢板套管，套管两侧与墙皮平。管道穿过楼板、梁处设置钢制套管。穿梁套管与梁抹灰外边平齐，过楼板套管下端与抹灰平齐，上端高出装饰地面 20mm。安装在卫生间及厨房内的套管，其顶部应高出装饰地面 50mm。当钢制套管公称直径 *DN*≤32mm 时，其套管比给水管道管径大二号管径；当钢制套管公称直径 *DN* > 32mm 时，其套管比给水管道管径大一号管径。

4. 管道支架

钢管支架，层高不大于 5m 时，立管每层必须设支架一个；层高大于 5m 时，每层不得少于 2 个。水平钢管支架间距：小于或等于 *DN*20，1.0m；*DN*25 ~ *DN*40，1.5m；*DN*50 ~ *DN*80，2.5m；*DN*100，3.0m。

各种给水塑料管及复合管管道支架间距见表 9-3。

表 9-3　塑料管及复合管管道支架间距表　　（单位：m）

管径 *De*/mm			20	25	32	40	50	63
铝塑复合管 交联聚乙烯管	立管		0.80	0.90	1.00	1.30	1.60	1.80
	水平管	冷水管	0.60	0.70	0.80	1.00	1.20	1.40
		热水管	0.30	0.35	0.40	0.50	0.60	0.70
改性聚丙烯管	立管	冷水管	1.00	1.20	1.50	1.70	1.80	2.00
		热水管	0.90	1.00	1.20	1.40	1.60	1.70
	水平管	冷水管	0.65	0.80	0.95	1.10	1.25	1.40
		热水管	0.50	0.60	0.70	0.80	0.90	1.00
硬质聚氯乙烯管	水平管		0.50	0.55	0.65	0.80	0.95	1.10
	立管		0.90	1.00	1.20	1.40	1.60	1.80

二、给水排水工程定额项目

建筑给水排水工程施工图预算所套用的定额项目主要有：

1）室内管道安装。

2）阀门安装。

3）卫生器具安装。

4）排水栓、地漏安装。

5）水表、减压器、疏水器组成、安装。

6）伸缩器制作安装。

7）法兰安装。

8）管道镀锌薄钢板套管制作、钢套管制作安装。

9）管道支架制作安装。

10）给水管道消毒、冲洗。

11）金属管道、支架及设备的除锈刷油。

12）管道、设备的绝热。

以上项目除11）、12）项套用“刷油、防腐蚀、绝热工程”定额项目外，其余均套用“给水排水、采暖、燃气工程”定额项目。

三、给水排水工程工程量计算

（一）管道安装工程量计算

管道工程量计算是给水排水施工图预算的主要内容。给水排水管道安装工程量计算主要应注意以下几点。

1）管道安装室内外界限划分。给水管道：建筑物外墙皮1.5m为界；入口处设阀门者以阀门为界。排水管道：出户第一个排水检查井为界。

2）管道长度以管道中心线长度以延长米计算，不扣除阀门、管件（包括减压器、疏水器、水表、伸缩器等组成安装）所占长度。管道的水平长度按平面图中管道的实际安装位置，根据建筑物轴线尺寸计算或利用比例尺量截。管道的垂直长度不宜用比例尺量截，应按系统图所标注的高差计算。

3）排水塑料管、雨水管安装均已包括管卡及托吊支架、臭气帽、雨水漏斗制作安装。

4）各种套管制作、安装，均按主管直径分列项目，按设计图示数量以“个”为计量单位计算。

5）穿楼板的钢制套管制作、安装的工程量应按实际长度计算，并套用室外钢管（焊接）项目。

6）管道支架制作安装，按设计要求以“100kg”为计量单位计算。

7）各种伸缩器制作安装，均以“个”为计量单位。方形伸缩器的两臂，按臂长的两倍合并在管道长度内计算。

8）管道消毒、冲洗，均按设计图示管道中心线长度，以延长米计算，以“100m”为计量单位，不扣除阀门、管件所占的长度。如设计要求仅冲洗不消毒时，应扣除材料费中漂白粉的含量，其余不变。

9）各种法兰安装按设计图示数量以“副”为计量单位计算。

10）管道安装中不包括法兰、阀门及伸缩器的制作、安装，按相应项目另行计算。

11）连接卫生洁具的给水、排水管道，图样设计有明确要求的，按设计要求计算；没有明确要求的，给水管道计算至卫生洁具进水阀门处（角阀、自闭冲洗阀等），排水管道计算至出楼地面、墙面 10cm 处。

（二）阀门、卫生器具、水表工程量计算

阀门、卫生器具、水表工程量计算一般以自然量（个、组、套）计算。但注意螺纹水表安装已包括了配套阀门的安装人工及材料，计算阀门安装时工程量不应重复计算。卫生器具安装中已按标准图计算了与给水、排水管道连接的人工和材料。自动排气阀安装已包括了支架制作安装。浮球阀安装已包括联杆及浮球的安装。

（三）刷油、绝热工程量计算

管道除锈、刷油按面积（$10m^2$）计算，支架除锈、刷油按质量（100kg）计算。计算管道除锈、刷油工程量时已包括各种管件、阀门、法兰、上人孔、管口凹凸部分，不再另外计算。管道绝热工程中绝热层按体积（m^3）计算，防潮层、保护层以面积（m^2）计算。管道绝热工程除法兰、阀门外，其他管件均已考虑在内。

第三节　建筑采暖工程施工图预算的编制

一、建筑采暖工程基本知识

（一）建筑采暖工程组成部分

建筑采暖工程主要由供暖系统入口、室内供回水管路、散热设备、排气装置、各种控制阀门、管道伸缩器及各种压力、温度仪表组成。

采暖管道主要采用焊接钢管，新型地埋式管道采暖的管材主要采用 PEX、PP-R、PE-AL-PE 等。散热器的种类主要有铸铁散热器（定向导流、四柱、大小 60、圆翼、M132 等）、钢制散热器（闭式钢串片、板式、扁管式、钢制柱状等）、各种铝制散热器等。管道伸缩器常采用管道煨弯制成。采暖系统中的排气装置主要有自动排气阀、集气罐及散热器上设置的手动放风门等。采暖系统中主要有闸板阀、截止阀、三通调节阀等。

（二）建筑采暖施工图组成

采暖施工图主要由采暖设计及施工说明、平面图、系统图、设备及材料表组成。

1. 设计及施工说明

设计说明主要反映系统方案等工程概要情况。施工说明主要介绍管材及其连接方式，采用标准图集情况，工程验收要求，管道及设备防腐和保温做法，以及其他施工注意事项。

2. 采暖平面图

平面图主要反映采暖管道、散热设备及附件的平面相对位置。施工图中的平面图可分底层、标准层、顶层单独绘制或采用一张综合平面统一绘制。图中应标注系统入口位置及其编号，入口供、回水管道的标高、管径，散热器数量和立管编号等。

3. 采暖系统图

系统图主要反映系统环路设置，供暖供水、回水管道走向，空间相对位置，各管道标高、管径、坡度及附件设置情况。

4. 设备及材料表

主要表示各种设备、附件、管道配件和管材的型号、规格、材质、尺寸和数量。供概预算和材料订购使用。

（三）施工图识图注意事项

1）读图应由设计说明、系统图、平面图综合补充进行查看。

2）平面图为不严格的正投影，管道在平面图中位置一般表示不准确（包括管道变径位置），安装尺寸应结合安装工艺要求确定。

3）管道支架一般施工图中不作明确表示，计算工程量时应结合标准图集或施工验收规范进行确定。

4）各种阀门、散热器型号规格由平面图、系统图、设备材料表、设计说明综合确定。

（四）影响施工图预算的主要工程做法

1. 管道间距及管道距墙距离

采暖水平干管，管道沿墙敷设，管道用角钢支架固定在墙上，此时管外皮距墙面净距离一般为150mm（管径≥*DN*100时为180mm）。散热器立管外表面距墙距离一般为50mm（与散热器平行墙面）、65mm（与散热器垂直墙面）。双立管采暖系统两立管之间间距一般为80mm。

2. 管道变径位置

管道变径位置主要根据系统图确定。但应注意，钢管焊接连接时，变径位置不应设于三通处；粗管长度应较三通节点长一定长度，粗管≤*DN*50时，管长增加200mm，粗管>*DN*50时，管长增加300mm。

3. 管道坡度

供回水水平干管一般为0.3%顺水坡度或按图样要求，接散热器支管一般为1%坡度。

4. 管道支架

*DN*32以内钢管管卡及托钩工程量已包含在定额中，*DN*40及以上钢管管道支架间距见表9-4。

表9-4 钢管管道支架间距表（单位：m）

管径 *DN*/mm	40	50	65	80	100	125	150
不保温管道	4.5	5	6	6	6	6	6
保温管道	3	3	4	4	4	6	6

5. 套管设置

采暖管道穿墙设置镀锌薄钢板套管，套管两侧与墙表面平。管道穿过楼板、梁处设置钢制套管，穿梁套管与梁抹灰外边平齐，过楼板套管下端与抹灰平齐，上端高出装饰地面20mm，安装在卫生间及厨房内的套管，其顶部应高出装饰地面50mm。当钢制套管公称直径*DN*≤32mm时，其套管比给水管道管径大二号管径；当钢制套管公称直径*DN*>32mm时，其套管比给水管道管径大一号管径。

二、采暖工程定额项目

建筑采暖工程施工图预算所套用的定额项目主要有：

1）室内管道安装。

2）管道薄钢板套管制作、钢制套管制作安装。

3）管道支架制作安装。

4）法兰安装。

5）管道伸缩器。

6）减压器组成、安装。

7）疏水器组成、安装。

8）阀门安装。

9）散热器等供暖器具组成安装。

10）膨胀水箱等安装。

11）集气罐制作安装。

12）温度计、压力表等仪表安装。

13）管道、支架及散热器、水箱的除锈、刷油。

14）管道、设备的绝热。

以上项目除第11）项套用“工业管道工程”定额项目，第12）项套用“自动化控制仪表安装工程”定额项目，13）、14）项套用“刷油、防腐蚀、绝热工程”定额项目外，其余均套用“给水排水、采暖、燃气气工程”定额项目。

三、采暖工程工程量计算

（一）管道安装工程量计算

采暖管道工程量计算主要应注意以下几点。

1）管道安装室内外界限划分，以入口处阀门或建筑外墙表面1.5m为界；与工业管道界限以锅炉房或泵房站外墙表面1.5m为界；工厂车间内采暖管道以采暖系统与工业管道碰头点为界；设在高层建筑内的加压泵间管道以水泵间外墙表面为界。

2）管道长度以管道中心线长度延长米计算，计算中不扣除阀门、管件（包括减压阀、疏水器、伸缩器）所占长度。

3）采暖焊接钢管连接，管径≤*DN*32采用螺纹连接，管径≥*DN*40采用焊接，工程量计算时分列，采取不同定额。

4）干管长度一般按墙面之间净距减去干管距墙距离（管径＜*DN*100时150mm，管径≥*DN*100时为180mm）计算而得。（管道长度也可由平面图用比例尺直接度量。）

5）散热器立管长度，等于供回水标高差减去散热器上下孔中心距，再加上立管与干管连接转弯而增加的长度。立管煨乙字弯、括弯而增加直线长度粗略估算可按60mm计。常用散热器安装尺寸见表9-5。

表 9-5 常用散热器安装尺寸表 （单位：mm）

名　　称	高度 *H*		每片宽度	每片厚度	散热器中心与墙面（壁龛）距离	上下孔中心距
	带组片	中间片				
四柱 760	760	696	166	51	130	614
四柱 813	813	732	164	57	130	642
M132		583	132	82	115	500
大 60		600	115	280	115	505
小 60		600	115	140	115	505
闭式钢串片						100X

6）接散热器支管长度，等于立管到窗中距离减去散热器片数的一半乘以每片厚度，再加上管道煨弯而增加的长度。管道煨弯的尺寸主要根据散热器中心与墙面距离、立管与墙面距离按几何尺寸计算决定，立管乙字弯、括弯而增加直线长度粗略估算也可按 60mm 计算，支管煨乙字弯、括弯而增加直线长度粗略估算也可分别按 35mm、50mm 计算。立管与垂直于散热器支管方向的墙面距离一般为 65mm，双立管系统两立管之间间距一般为 80mm。

（二）阀门、散热器工程量计算

此类工程量计算一般以自然量（个、片、组）计算。工程量计算时注意，不带阀门的散热器安装时，每组增加两个活接头的材料费。光排管散热器制作安装按设计要求，以“10m”为计量单位计算。户用热量表安装按设计图示数量以“组”为计量单位计算。

（三）各类套管制作安装计算

管道穿墙镀锌薄钢板套管安装人工已包含在管道安装项目中，但镀锌薄钢板套管制作费（个）应另计。管道穿楼板、梁的钢制套管制作、安装的工程量应按实际长度（10m）计算，并套用室外钢管（焊接）项目。

（四）管道支架制作安装计算

公称直径 32mm 以内室内焊管和镀锌钢管螺纹连接，已包括了立管管卡及横管钩钉的制作、安装，其余管道支架根据标准图计算支架数量，折算为质量（t）计算。公称直径 40mm 以上管道，安装在墙上的单管支架主材规格及质量见表 9-6。

表 9-6 单管支架主材规格及质量表

公称直径	活动支架				固定支架			
	支架横梁规格		每个支架质量/kg		支架横梁规格		每个支架质量/kg	
	保温管	不保温管	保温管	不保温管	保温管	不保温管	保温管	不保温管
*DN*25	∠30×4	∠30×4	0.719	0.509	∠35×4	∠30×4	0.923	0.527
*DN*32	∠35×4	∠30×4	1.086	0.634	∠40×4	∠30×4	1.005	0.634
*DN*40	∠40×4	∠30×4	1.194	0.634	∠50×5	∠35×4	1.565	0.769
*DN*50	∠40×4	∠30×4	1.291	0.705	∠50×5	∠45×4	1.715	1.331
*DN*70	∠50×5	∠40×4	2.092	1.078	∠65×6	∠65×5	2.885	1.905
*DN*80	∠65×5	∠45×4	2.624	1.128	∠75×6	∠65×6	3.487	2.603
*DN*100	∠65×5	∠50×4	3.073	2.300	∠90×6	∠80×6	5.678	4.719

（五）刷油、防腐、绝热工程量计算

管道除锈、刷油按面积（$10m^2$）计算，支架除锈、刷油按质量（100kg）计算，铸铁散热器片除锈、刷油，可按散热器的散热面积计算。计算管道除锈、刷油工程量时已包括各种管件、阀门、法兰、上人孔、管口凹凸部分，不再另外计算。管道绝热工程中绝热层按体积（m^3）计算，防潮层、保护层以面积（m^2）计算。管道绝热工程，除法兰、阀门外，其他管件均已考虑在内。

第四节 电气照明工程施工图预算的编制

一、建筑电气工程基本知识

（一）室内电气照明工程的组成

室内电气照明工程一般由进户装置、配电箱、配管配线、照明灯具、开关插座等组成。

1. 进户装置

将室外供电线路引入到室内的方式有三相（380/220V）引入，单相220V引入，6kV、10kV高压引入。线路引入的形式有架空进线、埋地电缆两种方式。

架空进线为保证电源安全，线路引入时设置进户装置。进户装置由横担（铁制或木制）、引下线（从室外电杆引下至横担的线路）、进户线（从横担通过进户管至总配电箱的线路）和进户管（防水弯）组成。

2. 配电箱

配电箱的作用是控制和分配室内用电。配电箱由配电板、母线、接线端子、控制开关（包括保护设备）、各种电表及计量装置组成。配电箱按设置位置分总箱、分箱，按制作材料分铁箱、木箱，按安装方式分为暗装（嵌入式）、明装（悬挂式）。

配电箱施工图标注方式为A（编号）—B（型号）—C（容量kW）。

施工图预算配电箱分成套型和组装型两种。成套型按定额以台计算安装费，组装型还应增加配电箱制作和箱内开关等安装项目。

3. 配管配线

线路配管主要有电线管TC、水煤气管RC、焊管SC、硬聚氯乙烯PC、半硬聚氯乙烯FPC、波纹管KFC。配管敷设地点主要有地板暗设FC、顶棚暗设CC、墙暗设WC、梁暗设BC、柱暗设CLC、吊顶暗设ACC、吊顶（进人）ACE。

线路方式有树干型、放射型、混合型。常用导线主要有塑料铜线（BV）、塑料铝线（BLV）、橡胶铜线（BX）、橡胶铝线（BLX）等。常用电缆主要有VV_{22}、VV_{29}等。

4. 照明灯具

常用灯具分热辐射光源（如白炽灯、碘钨灯等）、气体放电光源（如荧光灯、高压水

银灯等）两类。灯具形式有吸顶灯、吊灯、壁灯、座灯等。

5. 开关插座

开关是控制照明灯具及其他用电设备开启关闭的器具，开关有跷板、拉线、按钮三种形式，根据功能要求不同可分为单控、双控，按每个开关面板上开关的数量可分为单联、双联、三联等。插座是方便用电器具接通电源的装置。插座可分为双孔（单向不带地线）、三孔（单向带地线）、三相等形式，按每个插座面板上插座的数量可分为单个和多个组合形式，按性能可分为普通型、安全型、防水型等多种形式。

（二）建筑电气施工图的组成

电气施工图是阐述电气工程的构成和功能，描述电气装置的工作原理，提供安装接线和维护使用的施工图。一项工程的电气施工图，通常由目录、图例、设备明细表、设计及施工说明、电气系统图、电气平面图、设备布置图、电路图、安装接线图、大样图等部分组成。

电气工程包括变配电工程、动力工程、电气照明工程、弱电工程、防雷接地工程等多项。本节主要介绍电气照明工程的施工图。

1. 设备明细表

列出主要设备及用电器具的名称、规格、型号及数量，供概预算和材料统计使用。电气设备表一般配有图例符号，以便帮助识图。

2. 设计及施工说明

设计说明主要阐述该电气工程设计的依据、基本指导思想与原则，补充图中未能表明的工程特点、安装方法、工艺要求，反映系统方案等工程概要情况，如供电引入方式防雷、接地要求等。施工说明主要介绍采用标准图集情况，工程验收要求，以及其他施工注意事项。

3. 电气照明系统图

电气照明系统图主要反映电气照明系统进线、室内配电装置、室内线路、用电设备及安全保护设施设置的逻辑关系。系统图应表明用电负荷及三相分配情况。

4. 电气平面图

电气平面图主要反映电气照明系统导线、配电装置、用电设备、安全保护设施的平面位置，各种导线及设备的型号、规格，导线及设备的编号、敷设方式和设置要求。

（三）施工图识读注意事项

1）电气施工图中图例符号种类繁多，看懂电气施工图必须首先熟悉各种图例符号。

2）电气施工图除平面图反映线路、设备平面投影位置外，系统图及原理图不反映线路、设备空间位置（仅表示各部分之间逻辑关系）。因此，看懂电气施工图必须了解各种工程做法和管线、设备设置位置。电气图中常用标注符号及其意义见表9-7和表9-8。

3）读图应由设计说明、系统图、平面图、设备表综合补充进行查看。

表 9-7 电气图中常用的标注符号及其意义

照明或动力配电设备	配电线路	配电线路敷设方式	配电线路敷设部位
$a\frac{b}{c}$ $a-b-c$ a——设备编号，一般用1、2、3…表示 b——设备型号 c——设备容量	$a\cdot b\ (c\times d)\ e-f$ a——线路编号 b——导线型号 c——导线根数 d——导线截面 e——导线敷设方式及穿管管径 f——导线敷设部位	K——瓷瓶或瓷柱敷设 PR——塑料线槽敷设 SR——钢线槽敷设 RC——穿水煤气管敷设 SC——穿焊接钢管敷设 TC——穿电线管敷设 PC——穿聚氯乙烯硬质管敷设 FPC——穿聚氯乙烯半硬质管敷设 KPC——穿聚氯乙烯波纹电线管敷设 CT——用电缆桥架敷设 PL——用瓷夹敷设 PCL——用塑料夹敷设 CP——穿金属软管敷设	CLC——暗敷设在柱内 BC——暗敷设在梁内 WC——暗敷设在墙内 FC——暗敷设在地面内 CC——暗敷设在顶板内 ACC——暗敷设在不能进入的吊顶内 BE——沿屋架或跨屋架敷设 CLE——沿柱或跨柱敷设 BE——沿梁敷设 WE——沿墙面敷设 CE——沿天棚顶板敷设 ACE——在能进入的吊顶内敷设
照明灯具	**灯具安装方式**	**计算用的代号**	**交流线路**
一般格式： $a-b\frac{c\times d\times L}{e}f$ 吸顶安装： $a-b\frac{c\times d\times L}{-}f$ a——同类型灯数量 b——灯型号 c——每盏灯光源数 d——每光源容量（W） L——光源种类 e——安装高度（m） f——安装方式	CP——线吊式 CP——自在器线吊式 CP_1——固定线吊式 CP_2——防水线吊式 CP_3——吊线器式 Ch——链吊式 P——管吊式 W——壁装式 S——吸顶式或直敷式 R——嵌入式 CR——顶棚内安装 WR——墙壁内安装 T——台上安装 SP——支架上安装 CL——柱上安装 HM——座装	P_e——设备容量（kW） P_{js}——计算负荷（kW） I_{js}——计算电流（A） I_z——整定电流（A） I_d——漏电保护器的动作电流（mA） K_x——需用系数 $\Delta U\%$——电压损失 $\cos\phi$——功率因数 S_{js}——视在功率 kVA Q_{js}——无功功率 kVA Q_k——电容器容量 kVA	L_1——交流系统电源第一相（黄色） L_2——交流系统电源第二相（绿色） L_3——交流系统电源第三相（红色） U——交流系统设备端第一相 V——交流系统设备端第二相 W——交流系统设备端第三相 N——中性线（黑色） PE——保护线 PEN——保护和中性共用线

表 9-8 常用灯具、电光源、电气设备的文字符号

灯具		灯具		电光源		电气设备	
名称	文字符号	名称	文字符号	名称	文字符号	名称	文字符号
普通吊灯	P	防水防尘灯	F	白炽灯	IN	动力配电箱	AP
壁灯	B	荧光灯灯具	Y	碘钨灯	I	照明配电箱	AL
花灯	H	卤钨探照灯	L	荧光灯	FL	多种电源配电箱	AM
吸顶灯	D	柱灯	Z	弧光灯	ARC	应急照明配电箱	ALE
搪瓷伞罩灯	S						

4）一般情况下，识读系统图的顺序是，电源经电缆线路或架空线路进入主配电箱或总配电箱，再从主配电箱经配电线路进入分配电箱，最后由配电支路管线到用电设备。读电气平面图时从电源进线开始，沿着线路读图，一条线路读完，再读另一条线路。看图时注意平面图、系统图中各线路、设备编号的对应。读图应按照线路编号的次序，依次了解各线路的工程情况。

5）施工图有时采用默认画法，部分内容不标注。除图中标注外，配电箱画在墙外时为明装，箱底距地面1.2m。配电箱部分画在墙内时为暗装，箱底距地面1.4m。但明装配电箱上表面距地面不高于2.0m。除图中标注外，明装插座面板底距地面1.8m，暗装插座面板底距地面0.3m，有儿童活动的场所除具有保护板的插座外，明暗装插座面板底距地面1.8m。除图中标注外，跷板开关面板底距地面1.4m；拉线开关室内净高低于3m时，面板底距顶0.3m，高于3m时，面板底距地面3m。

6）看懂平面施工图中导线根数是电气施工图识图的关键。要看懂并了解导线根数，必须了解线路控制方式。需要控制的供电线路，开关后火线必须单独设置，零线线路可共用。导线长度的确定必须依据施工工艺。线路的分支、连接必须在接线盒、灯头盒、开关盒、插座盒中进行。接线盒是否设置，应根据平面图中线路根数、穿管管路长度及管径和转弯数量等因素来确定。

二、电气照明工程定额项目

根据《全国统一安装工程预算定额河北省消耗量定额》（以下简称河北定额），电气照明工程施工图预算所套用的定额主要为第二册《电气设备安装工程》，具体项目主要有：

1）第四章　控制设备及低压电器。

2）第八章　电缆。

3）第九章　防雷及接地装置。

4）第十章　10kV以下架空配电线路。

5）第十一章　电气调整试验。

6）第十二章　配管、配线。

7）第十三章　照明器具。

三、电气工程工程量计算

电气工程量主要包括进户装置、室内变配电装置、穿管布线、用电器具安装、防雷接地装置安装等项目。为保证计算准确和便于查阅，电气工程量应按各项目、各楼层、各线路编号逐条计算。

（一）进户装置

1）架空进线的横担安装单位为根，定额已包括了金具及绝缘子安装人工，但金具及绝缘子的材料费应另行计算。

2）铁构件套用河北定额第二册《电气设备安装工程》第四章铁构件制作安装及箱、盘、盒制作，单位“100kg”。

3）电缆敷设按单根以“100m”为计量单位计算，一个沟内（或架上）敷设3根各长100m的电缆，应按300m计算，以此类推。电缆附加及预留的长度是电缆敷设长度的组成部分，应计入电缆长度工程量之内，即电缆工程量=施工图用量+附加及预留长度。增加附加长度按定额中相关规定执行，如电缆敷设弛度、波形弯度、交叉情况，预留长度按2.5%计；电力电缆终端头，预留长度按1.5m计。

4）直径100mm以下的电缆保护管敷设按河北定额第二册《电气设备安装工程》第十二章“配管、配线”有关项目执行。

5）电缆保护管长度，除按设计规定长度计算外，遇有下列情况，应按以下规定增加保护管长度：

① 横穿道路，按路基宽度两端各增加2m。

② 垂直敷设时，管口距地面增加2m。

③ 穿过建筑物外墙时，按外墙外缘以外增加1.5m。

④ 穿过排水沟时，按沟壁外缘以外增加1m。

电缆保护管埋地敷设，其土方量凡有施工图注明的，按施工图计算；无施工图的，一般按沟深0.9m、沟宽按最外边的保护管两侧边缘外各增加0.3m工作面计算。

（二）变配电装置

1）成套安装配电箱以台计，仅计算安装费。

2）组装配电箱除计算安装费外，还应计算箱内开关、电表、接线端子、盘内配线等安装项目。

（三）配管、配线

1）配管工程中未包括钢索架设及拉紧装置，接线箱、盒、支架的制作安装，其工程量应另行计算。插线式母线槽支架制作、槽架制作及配管支架，应执行铁构件制作安装项目。

2）各种配管应区别不同敷设方式、敷设位置、管材材质、规格，以“100 m”或“10m”为计量单位，不扣除管路中间的接线箱（盒）、灯头盒、开关盒所占长度。不论明配管还是暗配管，其工程量均以管子轴线为理论长度。计算时，水平长度可按平面图的线管走向和敷设部位为依据，借用平面图中所标注尺寸计算或用比例尺量取；垂直高度可按楼层高度与设备安装高度计算所得。配管计算应包括两端预留（如进户、出户管端）长度。在吊顶（顶棚）内配管时执行明配管的定额。

3）设有接线盒的管路，管道长度计算时应特别注意管路与接线盒的连接关系。如灯具接线管路设于顶棚，接线盒设于墙内，分支线路的管路应增加接线盒与楼板内水平管路的垂直长度。

4）管内穿线的工程量，应区别线路性质、导线材质、导线截面，以“100m单线”或“100束”为计量单位计算。线路分支接头线的长度已综合考虑在项目中，不得另行计算。照明线路中的导线截面大于或等于6mm^{2}以上时，应执行动力线路穿线相应项目。在空心板内穿线时，可按管内穿线定额执行。配线进入开关箱、柜、板的预留线，按表9-9所示的规定长度，分别计入相应的工程量。

管内穿线长度=（配管长度+导线预留长度）×同截面导线根数

表9-9 连接设备导线预留长度表 （单位：每一根导线）

序号	项 目	预留长度	说 明
1	各种开关箱、柜、板	（高+宽）	盘面尺寸
2	单独安装（无箱、盘）的铁壳开关、闸刀开关、启动器、母线槽进出线盒等	0.3m	以安装对象中心算起
3	由地平管子出口引至动力接线箱	1.0m	以管口算起
4	电源与管内导线连接（管内穿线与软、硬母线接头）	1.5m	以管口算起
5	出户线	1.5m	以管口算起

5）塑料护套线明敷工程量，应区别导线截面、导线芯数（二芯、三芯）、敷设位置（木结构、砖、混凝土结构、沿钢索），以“100m”为计量单位计算。

6）接线箱安装工程量，应区别安装形式（明装、暗装）、接线箱半周长，以“10个”为计量单位计算。

7）接线盒安装工程量，应区别安装形式（明装、暗装、钢索上）以及接线盒类型，以“10个”为计量单位计算。

8）灯具，明、暗开关，插座，按钮等的预留线，已分别综合在相应子目内，不再另行计算。

9）动力配管混凝土地面刨沟工程量，应区别管子直径，以“10m”为计量单位计算。

10）凿槽（刨沟）工程量应区分槽（沟）截面尺寸以“10m”为计量单位计算，打透眼工程量应区分透眼直径以“个”为计量单位计算。

（四）照明器具安装

1）普通灯具安装的工程量，应区别灯具的种类、型号、规格以“10套”为计量单位计算。普通灯具安装项目适用范围见表9-10。

2）照明器具安装定额内已包括利用摇表测量绝缘电阻及一般灯具的试亮工作，但不包括调试工作。

3）插座安装的工程量，应区别电源相数、额定电流、插座安装形式、插座插孔个数，以10套为计量单位。

4）开关、按钮安装的工程量，应区别安装形式，开关、按钮种类，开关极数以及单控与双控，以10套为计量单位。

表9-10 普通灯具安装项目适用范围

项目名称	灯具种类
圆球吸顶灯	材质为玻璃的螺口、卡口圆球独立吸顶灯
半圆球吸顶灯	材质为玻璃的独立的半圆球吸顶灯、扁圆罩吸顶灯、平圆形吸顶灯
方形吸顶灯	材质为玻璃的独立的矩形罩吸顶灯、方形罩吸顶灯、大口方罩吸顶灯
软线吊灯	利用软线为垂吊材料、独立的，材质为玻璃、塑料、搪瓷，形状如碗形、伞形、平盘灯罩组成的各式软线吊灯
吊链灯	利用吊链作辅助悬吊材料、独立的，材质为玻璃、塑料罩的各式吊链灯

（续）

项 目 名 称	灯 具 种 类
防水吊灯	一般防水吊灯
一般弯脖灯	圆球弯脖灯、风雨壁灯
一般墙壁灯	各种材质的一般壁灯、镜前灯
软线吊灯头	一般吊灯头
声光控座灯头	一般声控、光控座灯头
座灯头	一般塑胶、瓷质座灯头

（五）防雷接地装置安装

1）接地母线敷设分户内、户外以延长米分别计算。户外接地母线敷设定额按自然地坪考虑，包括地沟的挖填土和夯实工作，套用定额时不再计算土方量，遇有石方、矿渣、积水、障碍物等情况时应另行计算。

2）接地及制作安装以“根”为计量单位，其长度按设计长度计算，设计无规定时，每根长度按 2.5m 计算，若设计有管帽时，管帽量按加工件计算。

3）接地母线敷设，按设计长度以“10m”为计量单位计算工程。接地母线、避雷线敷设均按延长米计算，其长度按施工图设计水平和垂直规定长度量另加 3.9% 的附加长度（包括转弯、上下波动、避绕障碍物、搭接头所占长度）计算，计算主材费时应另增加规定的损耗率。

4）接地跨接线以“10 处”为计量单位，按规程规定凡需作接地跨接线的工程内容，每跨接一次按一处计算。户外配电装置构架均需接地，每副构架按“一处”计算。

5）避雷针的加工制作、安装，以“根”为计量单位，独立避雷针安装以“基”为计量单位。长度、高度、数量均按设计规定。独立避雷针的加工制作应执行“一般铁件”制作子目或按成品计算。

6）利用建筑物内主筋作接地引下线安装以“10m”为计量单位，每一柱子内按焊接两根主筋考虑。如果焊接主筋数超过两根时，可按比例调整。

7）断接卡子制作安装以“套”为计量单位，按设计规定装设的断接卡子数量计算，接地检查井内的断接卡子安装按每井一套计算。

8）高层建筑物屋顶的防雷接地装置应执行“避雷网安装”定额，电缆支架的接地线安装应执行“户内接地母线敷设”子目。

9）均压环敷设以“10m”为计量单位，主要考虑利用圈梁内主筋作均压环接地连线，焊接按两根主筋考虑，超过两根时，可按比例调整 。长度按设计需要作均压接地的圈梁中心线长度，以延长米计算。

10）柱子主筋与圈梁连接以“10 处”为计量单位，每处按两根主筋与两根圈梁钢筋分别焊接连接考虑。如果焊接主筋和圈梁钢筋超过两根时，可按比例调整。需要连接的柱子主筋和圈梁钢筋“处”数按规定设计计算。

11）利用基础钢筋做接地极，以面积（m^2）为计量单位，按基础尺寸计算工程量。

第十章

建筑工程概预算管理

第一节　建筑工程概预算的审查

一、审查概预算的意义

建筑工程概预算是控制和确定工程建设产品价格的文件，又是论证建设项目投资效益和制订计划的重要依据。建筑工程占工程建设投资额的很大一部分，因此概预算编制质量的好坏，关系到国家计划和业主投资效益的重大问题。

为了使建筑工程概预算准确而完整地反映建筑产品的实际造价，使国家对工程建设投资规模进行有效的控制和管理，加强经济核算，提高概预算编制的质量，提高投资效益，必须对概预算进行认真的审查。

加强对建筑工程概预算的审查具有以下意义。

1. 有利于落实工程建设计划，合理确定工程造价，提高经济效益

工程建设投资计划是根据工程建设概预算编制的。认真审查概预算，确定工程的合理造价，可以使国家对工程建设资金做到合理分配和合理投向，充分发挥投资效益，促进我国社会主义现代化建设的发展。

2. 有利于国家对工程建设进行科学的管理和监督

概预算编制的准确与否，直接关系到建筑材料和物资的市场平衡和合理分配。加强对建筑工程概预算的审查，可以为工程建设提供所需的人力、物力、财力等方面的可靠数据，国家依据这些正确的数据，加强市场宏观调控，从而提高对工程建设拨款、贷款、计划、统计和成本核算，制定合理的技术经济考核指标，从而提高对工程建设的科学管理和监督。

3. 有利于建立规范化的建筑市场，促进招标投标承包制的健康发展

经过审定的概预算，必然在建设项目的可行性方面，在工程质量的管理方面，在设计和施工的合理性方面，都有所提高。经过审定的概预算，确定了工程的合理造价和主要材料设备的数量，这就为建设项目的招标投标奠定了基础，招标投标据此提出合理的标底、标价，以及工程质量和其他方面的要求，促进建设项目大包干和建筑市场公平竞争与发展，促使施工企业向自身管理要效益、要发展，有利于建立规范化的建筑市场。

4. 有利于搞好工程建设财务拨款，合理分配投资

工程建设拨款和结算，必须以所编制的概预算为依据。如果没有正确的概预算，就不能正确实现对工程建设财务拨款的监督，也不能正确组织工程建设的经济活动。对概预算进行审查，是建设银行核实工程造价、合理分配投资的重要手段。

5. 有利于建设单位对固定资产投资的管理和核算

建设单位审定的概预算，可以合理地对固定资产投资进行管理，科学地安排本单位的生产任务和工程建设任务，合理组织材料、设备的进场，对工程进行定期检查与监督，实现对固定资产投资的管理和对投资进行效益的核算。

6. 有利于提高概预算的编制质量

通过对工程概预算的审查，能促进设计单位、施工单位认真执行国家有关设计和概预算方面的方针政策，实事求是地对工程所在地的建设条件，包括自然条件、施工条件等可能影响造价的各种因素作认真的调查研究，在此基础上正确地选用定额、费用和价格等各项编制依据和资料。同时，要根据有关部门发布的价格调整指数，考虑建设期间价格变动等因素，做到概预算能够完整准确地反映设计内容和要求，合理地反映施工条件，提高概预算的编制质量。

二、建筑工程概预算审查的形式

建筑工程概预算的审查是一项细致、技术性强的工作。应组织有关单位共同参加，协商进行。根据工程性质、投资规模、工期长短和技术要求等实际情况，一般可采用三种形式进行审查。

1. 联合会审

对于重点工程或技术复杂项目的设计概算和施工图预算，多采用联合会审的形式进行审查。由建设单位、设计单位、施工单位、工程建设咨询单位、监理单位等共同组成会审小组，有时也扩大到与工程有关的规划、国土、环保、地质、交通、公安和消防的人员，共同来审定。这种审定的好处是审查的问题比较全面，协商定案比较方便，审查的速度也比较快。但往往只审查大的问题，对于较重要并且细致的数据审查深度不够。

2. 单独审查

由建设单位、设计部门、施工单位以及监理单位和工程建设咨询单位分别进行审查，充分协商，实事求是定案，然后修正概预算文件。这种方法比较灵活，不受时间限制，是目前各地区在一般建设项目上广泛使用的一种审查概预算的形式。

3. 分头审查、集中定案

根据各有关单位的力量与条件适当分工，各自审查一部分内容，发现问题集中协商定案。采取这种形式，有利于调动各方面的积极性，扩大审查的深度和广度。

三、建筑工程概预算审查的原则

1. 坚持实事求是的态度，公正地核实工程造价

在审查概预算的文件时，首先要执行国家的工程建设方针和政策，明确审查的目的是为了合理地核实工程造价。因而，在审查中无论是发现高估冒算的现象，还是发现漏项算低的问题，都应如实地进行纠正，不得有偏见。

2. 坚持充分协商、共同讨论定案的原则

审查工程概预算是一项专业知识较综合、政策性较强的工作。由于许多工程项目计价因素复杂，经常会发生对某些项目内容理解不同甚至发生争议的情况，对此，各方应本着互相协商的精神，充分讨论，协商定案。对于协商、讨论仍不能取得统一意见的，应报请当地有关部门进行仲裁。

四、设计概算审查的内容和步骤

(一) 审查的内容

审查建筑工程概算的主要内容有如下几项。

1. 审查建设项目的可行性

1）建设项目的必要性和规模大小的合理性，重点审查建设项目是否符合地区、行业以及国民经济长远规划的要求，防止盲目重复建设。

2）建设条件的可靠性与技术的先进性。复核建设项目中的主要材料设备的落实情况，工程水文地质资料的完整性和地点选择的合理性；复核生产工艺是否符合国家有关技术政策，是否先进、适用和经济合理。

3）投资的经济效益与社会效益。复核建设项目建成后所产生的经济效益指标，是否符合该项目对整个国民经济产生的宏观效益情况，也要复核建设项目在产生经济效益的同时所产生的社会效益情况。

2. 审查概算的编制依据

1）审查编制依据的合法性。审查设计概算是否执行了国家和地区有关设计概算编制的规定，这些规定是编制设计概算的基本依据。

2）审查编制依据的适用范围。设计概算所采用的各种依据都有其适用范围，计算时必须根据工程的具体特点和所在地具体选用。重点审查设计概算编制采用的“概算定额”或“概算指标”的结构特征和工作量，是否与初步设计相符；材料、设备的价格和各项取费标准是否遵守国家或地区的规定。

3）审查编制依据的时效性。编制设计概算时所采用的定额、指标、价格、取费标准等都应按国家和地区有关部门的现行规定执行，同时应注意有无新的规定和调整。因为有的编制依据因颁发时间过长，不能全部适用，因此须按当时的具体情况进行调整。

3. 审查概算文件

审查设计文件所包括的设计内容是否完整，是否与批准的设计任务书以及国家有关的方针政策相一致；审查设计概算是否完整地反映了设计内容。设计项目有无遗漏或多列，工程项目是否按照设计要求确定；审查总图布置是否紧凑合理，是否满足生产和工艺的要求；审查总图占地面积是否与规划指标相符等。

4. 审查概算单位造价和技术经济指标

审查概算定额中的单位造价或概算指标计价的单位造价，将其与已建类似工程预算的单位造价或国家颁发的控制指标进行比较，检查是否符合。同时审查概算技术经济指标有无错误，是否合理或超出国家控制数据。通常可按同类工程的技术经济指标作对比，查找、分析高或低的原因。

5. 审查概算的工程量、单价和取费

对建筑工程的一般土建、电气照明工程、给水排水工程、各种构筑物工程等进行审查，审查上述工程量计算方法和计算结果是否正确，采用的定额单价是否正确，以及取费标准是否合理等。审查概算所列项目费用是否准确齐全，总概算和综合概算表中的费用分类和费用计算是否正确，费用项目是否符合本地区、本建设项目的实际内容，有无增列和漏列有关费用项目。

6. 审查工程项目的填写内容

审查有关建设单位、工程名称、建筑面积、概算造价以及编制日期等项目，是否填写完全和清楚。同时，设计项目必须安排"三废"（废水、废气、废渣）的治理方案和投资。对于未作安排或漏列的项目，应按国家规定的要求列入项目内容和投资。

（二）审查步骤

审查建筑工程概算，必须依靠基层做好调查研究工作，掌握第一手资料，实事求是地进行审查。通常采用以下步骤：

1. 收集资料、掌握数据

收集资料掌握基本数据，是开展审查工作的前提。根据项目可行性研究报告、设计任务书，了解建设项目的建设规模、设计能力、工艺流程、自身建设条件；掌握概算所列的工程项目费用构成和有关技术经济指标，明确概算各表和设计文字说明相互之间的关系；还要收集概算定额、概算指标，现行费用标准和其他有关文件、资料等。

2. 调查研究

熟悉上述资料和数据后，深入基层、深入实际开展调查研究，解决其中疑问，同时充分了解将要审查项目的建设规模、工艺流程及有关情况，掌握第一手资料，为下一步审查打好基础。

3. 分析经济指标

在调查研究基础上，利用概算定额、概算指标和有关技术经济指标，与已建同类型工程概算，从占地面积、建设条件、投资比例、设计能力、造价指标、费用构成等方面进行对比分析，从而找出差距，为审查提供线索。

4. 进行审查

根据工程项目投资规模的大小，由建委或建设单位主管部门，组织建设单位、施工单位、开户银行以及其他有关单位进行审查。

5. 整理资料

对审查过程中所积累的数据、指标等，都要整理存档，为今后修订概算定额、指标和审查同类工程项目提供有效的参考数据。

五、施工图预算审查的内容和方法

（一）审查的内容

对施工图预算的审查，主要是对列项、工程量、预算单价选用和各种费用计算的审查。对施工图预算的审查，是落实工程造价的一个有力措施，是施工单位与建设单位进行工程拨款和工程结算的准备工作，对合理使用人力、物力和资金都起到重要作用。因此，要严格执行国家和地方的有关文件规定，认真细致地做好审查工作，核实工程造价，落实计划投资。

1. 审查列项

工程预算准确与否，首要一点就是预算列项要准确，既不能多列项、重列项，也不能漏项，否则即使其他步骤都正确，预算也不会正确。因此，审查预算时一定要依据设计图和要求及定额规定重点审查预算的列项。

2. 审查工程量

为了审查工程量，要求审查人员必须事先熟悉设计图、预算定额和工程量计算规则。对于建筑工程施工图预算中的工程量，可根据设计或施工单位编制的预算书，对照施工图进行审查。主要审查工程量是否有漏算、重算和错算。审查时要抓住重点部分和容易出错的分项工程进行详细计算和校对，对于其他分项工程可做一般审查，并应注意计算工程量的尺寸数据来源和计算方法等是否正确，以确保工程量计算准确、合理。

工程量审查可以采用抽查法：一种是对主要分部分项工程进行审查，而一般的分项工程可免审；另一种是参照技术经济指标，对各分项工程量进行核对。发现超指标幅度较多时，应进行重点审查；当出现与指标幅度相近时，可免于审查。

3. 审查定额单价

定额单价的审查主要是对使用方法的审查。所谓使用方法，主要包括套用、换算和补充单价三种。审查在预算单价的套用上，是否有套高、套低、套错、套漏、套重的现象。

（1）直接套用定额单价的审查　审查预算书中单价是否正确，审查各分项工程的名称、计量单位、工作内容、规格是否与所套用的预算定额表中的相应单价内容一致，如果一致时方可套用，否则套错单价，就会影响计算的精度。

（2）换算定额单价的审查　审查换算的单价在等级换算、乘系数换算和其他换算方面的换算是否正确。选用换算定额是否与分项工程吻合。“预算定额”中规定允许换算的分项工程单价，应根据“预算定额”的分部分项说明、附注和有关规定进行换算；“预算定额”中规定不允许换算部分的分项工程单价，则不得强调工程特殊或其他原因而任意加以换算，以保持定额的权威性与统一性。

（3）补充定额单价的审查　审查补充的预算定额表单价在工程量计算、人工工日单价、材料预算价格和机械台班费用的计算是否正确，是否与相应分项工程内容相符。但对于某些采用新结构、新技术、新材料的工程，在定额确实缺少这些项目，尚需编制补充单位估价时，就应进行审查，审查其分项项目和工程量是否属实，套用单价是否合理；审查其补充单价的工料分析是否根据工程测算数据得来。

4. 审查各种应计取费用

1）审查人工、材料、施工机具使用费，也就是审查各部分的预算表。根据已审查过的分项工程量和预算定额单价，审查单价套用和计算是否准确，有无套错和应换算的单价是否已换算，以及换算是否正确等。

2）审查企业管理费、利润，包括计费标准、计费项目是否正确；计算基础是否符合规定；费率与工程类别、企业等级等规定是否相符，是否按地区的有关规定计算；费用计算程序是否正确。

3）审查材料价差，是否按定额表中的材料预算价格与工程所在地现行的材料预算价格进行调差；材料价差调整的方法是否正确。

4）审查规费和税金。规费、税金是否按国家规定标准计取；取费基础和计算方法是否正确等。

5. 审查技术经济指标

各项技术经济指标反映了工程在设计、概（预）算编制、施工等方面的合理与不合理性。因此，必须对建筑面积、单项造价指标、每平方米造价指标和每平方米用工用料指标等进行审查。

（二）审查的方法

建筑工程施工图预算的审查，要根据工程的建设规模大小、结构复杂程度、施工企业情况及所编工程预算的繁简和质量水平等因素，来确定审查深度和方法。对工程规模较小，结构简单，施工工艺不复杂和采用标准设计较多的建设项目，可以采取全面审查的方法；对大、中型的建设项目，要区分不同情况，采用重点审查和一般审查相结合的方法。审查施工图预算的方法常用的有以下几种。

1. 全面审查法

全面审查方法就是按照施工图、预算定额、施工组织设计、工程合同、各种计费规定、对照已经完成的预算书，进行逐项审查工程量、定额单价以及费用计算等。这种方法的优点是全面、细致、差错少、质量高；缺点是工作量大，并且耗费人力和时间较多。通常只对那些工程量较少、项目较小的工程作全面审查。

2. 重点审查法

这种方法主要是针对已经编制好的预算中的重点部分、费用较高的项目进行审查。特点是速度快，省时省力。但不如全面审查法的审查质量高。

通常的做法是选择工程量大或造价比较高的项目及设备安装工程进行重点审查。按照建筑工程设计图是属于何种结构，就重点审查以这种结构内容为主的有关分部工程的各分项工程量和单价。对于一般土建工程，重点审查砖砌体、混凝土和钢筋混凝土工程量和基础工程量；对于单层工业厂房，重点审查钢筋混凝土构件，如钢筋混凝土基础、柱子、吊车梁、屋架、天窗架、屋面板、围护结构、预埋件及门窗的工程量；对于以钢筋混凝土为主要结构材料的高层建筑，重点审查基础工程、主体结构工程、内外装饰工程的工程量。

另外，对补充定额单价进行重点审查，主要审查补充单价的编制依据和方法是否符合有关规定，材料用量和材料预算价格是否正确，人工工资标准、机械台班单价的确定是否合理，换算单价中材料或其他内容是否合乎规定。

3. 分解对比法

指单位建筑工程，如果其用途、结构和标准都一样，在一个地区或一个城市内，其预算造价也应该基本相同，特别是采用标准设计更是如此。虽然其建筑地点和运输条件可能不同，但总可以利用对比方法，计算出它们之间的预算价值差别，来进一步对比审查整个单位工程施工图预算。即把一个单位工程中的人工费、材料费、施工机具使用费、企业管理费、利润以及主要建筑材料消耗量等进行分解（有时也按分部分解），然后分别与该地区的同类标准工程预算或地区综合技术经济指标进行对比分析，审查所编预算是否正确合理。这种方法叫做分解对比审查法。

（1）分解对比审查法的主要内容

1）综合技术经济指标。主要包括每平方米建筑面积造价指标；单位工程人工费、材料费、施工机具使用费、企业管理费及利润占工程总造价比例指标等。

2）单位工程工程量综合指标。

3）单位工程材料消耗量综合指标。

（2）分解对比审查法的步骤

1）收集国家或地区综合技术经济指标，作为对比审查的标准资料，然后计算出被审预算的各项技术经济指标，与标准资料对比。

2）首先用单位工程造价相比较，如出入较大，再用分部工程比例指标进行对比。

3）用费用指标对比，审查取费标准是否正确。

4）当发现某一部分有较大出入时，便直接审查该部分的工程量和单价。

5）计算出被审材料消耗量综合指标，与标准的单位工程材料消耗综合指标进行对比审查，当发现某种材料出入较大时，就重点审查这部分的工程项目。

（3）分解对比法的特点

1）一般不需翻阅图样和重新计算工程量。

2）审查时可选用一两种指标即可，既快又准确。

4. 经验审查法

根据以往审查的类似工程的经验，审查容易发生差错的那部分工程项目的方法。例如在民用建筑中的土方、基础、砖石结构工程等分部中的某些项目计算中，对易发生多算、少算、漏算、错算、套用指标不当的项目进行审查。

第二节 建筑工程价款结算

一、工程价款结算的概念

工程价款结算是指承包商在工程施工过程中，依据承包合同中关于付款的规定和已经完成的工程量，以预付备料款和工程进度款的形式，按照规定的程序向发包人收取工程价款的一项经济活动。

工程价款结算包括工程预付款的支付和抵扣、工程计量和工程进度款的支付、工程竣工结算、工程质量保证金结算。

二、工程价款结算依据

工程价款结算应按合同约定办理，合同未作约定或约定不明确的，发、承包双方应依照下列规定与文件协商办理：

1）国家有关法律、法规和规章制度。

2）国务院建设行政主管部门，省、自治区、直辖市发布的工程造价计价标准、办法等相关规定。

3）建设合同、补充协议、现场签证，依据经承、发包人认可的其他有效文件。

4）其他可依据的资料。

三、工程预付款的结算

（一）工程预付款的支付

工程预付款是指用于承包人为工程施工而购置材料和施工设备、修建临时设施等所需费用。《建设工程工程量清单计价规范》规定“发包人应按合同约定支付工程预付款”。当合同对工程预付款的支付时间和比例（或金额）没有约定时，按照财政部、原建设部印发的《建设工程价款结算暂行办法》（财建［2004］369号）（以下简称《暂行办法》）的规定办理：

1）工程预付款的额度。包工包料的工程原则上预付比例不得低于合同金额（扣除暂列金额）的10%，不宜高于合同金额（扣除暂列金额）的30%。

2）工程预付款的支付时间。承包人应在签订合同或向发包人提供与预付款等额的预付款保函后向发包人提交预付款支付申请。发包人应在收到支付申请的7天内进行核实，向承包人发出预付款支付证书，并在签发支付证书后的7天内向承包人支付预付款。发包人没有按合同约定按时支付预付款的，承包人可催告发包人支付；发包人在预付款期满后的7天内仍未支付的，承包人可在付款期满后的第8天起暂停施工。发包人应承担由此增加的费用和延误的工期，并应向承包人支付合理利润。

3）凡是没有签订合同或不具备施工条件的工程，发包人不得预付工程款，不得以预付款为名转移资金。

（二）工程预付款的抵扣

发包人支付给承包人的工程预付款属于预支的性质，工程开始实施后，应在承包人的工程进度款中陆续扣回。预付款应从每一个支付期应支付给承包人的工程进度款中扣回，直到扣回的金额达到合同约定的预付款金额为止。

四、工程计量与进度款支付

（一）工程计量和进度款支付方式

发包人支付工程进度款，应按照合同约定计量和支付，支付周期同计量周期。计量和支付周期按照《暂行办法》规定，可采用按月结算或分段结算方式，具体计量周期应在合同中约定。

1）按月结算与支付。即实行按月支付进度款，竣工后清算的办法。合同工期在两个年度以上的工程，在年终进行工程盘点，办理年度结算。

2）分段结算与支付。即当年开工、当年不能竣工的工程按照工程形象进度，划分不同阶段，支付工程进度款。当采用分段结算方式时，应在合同中约定具体的工程分段划分，付款周期应与计量周期一致。

(二) 工程计量

1. 工程计量的基本原则

工程量的正确计量是发包人向承包人支付工程进度款的前提和依据。工程计量时，若发现工程量清单中出现漏项、工程量计算偏差，以及工程变更引起工程量的增减，应按承包人在履行合同义务过程中实际完成的工程量计算，即据实调整，正确计量。因承包人原因造成的超出合同工程范围施工或返工的工程量，发包人不予计量。

已标价工程量清单中的单价项目，承包人应按工程计量确认的工程量与综合单价计算；综合单价发生调整的，以发承包双方确认调整的综合单价计算进度款。

2. 工程计量的程序

1）承包人应当按照合同约定的计量周期和时间向发包人提交当期已完工程量报告。

2）发包人应在收到报告后7天内核实，并将核实计量结果通知承包人。发包人未在约定时间内进行核实的，承包人提交的计量报告中所列的工程量应视为承包人实际完成的工程量。

3）发包人认为需要进行现场计量核实时，应在计量前24小时通知承包人，承包人应为计量提供便利条件并派人参加。当双方均同意核实结果时，双方应在上述记录上签字确认。承包人收到通知后不派人参加计量，视为认可发包人的计量核实结果。发包人不按照约定时间通知承包人，致使承包人未能派人参加计量，计量核实结果无效。

4）当承包人认为发包人核实后的计量结果有误时，应在收到计量结果通知后的7天内向发包人提出书面意见，并应附上其认为正确的计量结果和详细的计算资料。发包人收到书面意见后，应在7天内对承包人的计量结果进行复核后通知承包人。承包人对复核计量结果仍有异议的，按照合同约定的争议解决办法处理。

5）承包人完成已标价工程量清单中每个项目的工程量并经发包人核实无误后，发承包双方应对每个项目的历次计量报表进行汇总，以核实最终结算工程量，并应在汇总表上签字确认。

(三) 工程进度款支付

1. 承包人递交进度款支付申请

承包人应在每个计量周期到期后的7天内向发包人提交已完工程进度款支付申请一式四份，详细说明此周期认为有权得到的款额，包括分包人已完工程的价款。支付申请应包括下列内容：

1）累计已完成的合同价款。

2）累计已实际支付的合同价款。

3）本周期合计完成的合同价款：①本周期已完成单价项目的金额；②本周期应支付

的总价项目的金额；③本周期已完成的计日工价款；④本周期应支付的安全文明施工费；⑤本周期应增加的金额。

4）本周期合计应扣减的金额：①本周期应扣回的预付款；②本周期应扣减的金额。

5）本周期实际应支付的合同价款。

2. 发包人支付工程进度款

发包人应在收到承包人进度款支付申请后的14天内，根据计量结果和合同约定对申请内容予以核实，确认后向承包人出具进度款支付证书。若发承包双方对部分清单项目的计量结果出现争议，发包人应对无争议部分的工程计量结果向承包人出具进度款支付证书。发包人应在签发进度款支付证书后的14天内，按照支付证书列明的金额向承包人支付进度款。

3. 发包人未按合同约定支付工程进度款的处理和责任

发包人未按照规定支付进度款的，承包人可催告发包人支付，并有权获得延迟支付的利息；发包人在付款期满后的7天内仍未支付的，承包人可在付款期满后的第8天起暂停施工。发包人应承担由此增加的费用和延误的工期，向承包人支付合理利润，并应承担违约责任。

五、竣工结算

（一）竣工结算的概念、办理原则与依据

1. 竣工结算的概念

竣工结算是指建设项目完工并经验收合格后，对所完成的建设项目进行的全面工程结算。工程竣工结算包括单位工程竣工结算、单项工程竣工结算和建设项目竣工总结算。

2. 竣工结算的办理原则

（1）工程完工后，发、承包双方应在合同约定时间内办理工程竣工结算。

（2）工程竣工结算由承包人或受其委托具有相应资质的工程造价咨询人编制，由发包人或受其委托具有相应资质的工程造价咨询人核对。

3. 办理工程竣工结算的依据

工程竣工结算的依据主要包括：①《建设工程工程量清单计价规范》；②工程合同；③工程竣工图及资料；④双方确认的工程量；⑤双方确认追加（减）的工程价款；⑥双方确认的索赔、现场签证事项及价款；⑦投标文件；⑧招标文件；⑨其他依据。

（二）工程竣工结算编制方法

分部分项工程和措施项目中的单价项目应依据发承包双方确认的工程量与已标价工程量清单的综合单价计算；发生调整的，应以发承包双方确认调整的综合单价计算。

措施项目中的总价项目应依据已标价工程量清单的项目和金额计算；发生调整的，应以发承包双方确认调整的金额计算。

其他项目应按下列规定计价：

1）计日工应按发包人实际签证确认的事项计算。

2）暂估价应按发承包双方以招标方式确定的价格计算。

3）总承包服务费应依据已标价工程量清单金额计算；发生调整的，应以发承包双方确认调整的金额计算。

4）索赔费用应依据发承包双方确认的索赔事项和金额计算。

5）现场签证费用应依据发承包双方签证资料确认的金额计算。

6）暂列金额应减去合同价款调整（包括索赔、现场签证）金额计算，如有余额归发包人。

发承包双方在合同工程实施过程中已经确认的工程计量结果和合同价款，在竣工结算办理中应直接进入结算。

（三）工程竣工结算编制内容

1. 采用定额计价

套用定额的分部分项工程量、措施项目工程量和其他项目，以及为完成所有工程量和其他项目并按规定计算的人工费、材料费、施工机具使用费、企业管理费、利润、规费和税金。另外，还包括设计变更和工程变更费用；索赔费用；合同约定的其他费用。

2. 采用工程量清单计价

1）工程项目的所有分部分项工程量，以及实施工程项目采用的措施项目工程量；为完成所有工程量并按规定计算的人工费、材料费、施工机具使用费、企业管理费、利润、规费和税金。

2）分部分项工程和措施项目以外的其他项目所需计算的各项费用。

3）设计变更和工程变更费用；索赔费用；合同约定的其他费用。

（四）清单计价模式下竣工结算价款计算

工程项目竣工结算价 = $\sum$单项工程竣工结算价；单项工程竣工结算价 = $\sum$单位工程竣工结算价；单位工程竣工结算价 = 分部分项工程费 + 措施项目费 + 其他项目费 + 规费 + 税金。

1. 分部分项工程费的计价

分部分项工程费应依据发、承包双方确认的工程量、合同约定的综合单价计算；如发生调整的，以发、承包双方确认调整的综合单价计算。

2. 措施项目费的计价

措施项目费应依据合同约定的项目和金额计算。如发生调整的，以发、承包双方确认调整的金额计算。

1）明确采用综合单价计价的措施项目，应依据发、承包双方确认的工程量和综合单价计算。

2）明确采用“项”计价的措施项目，应依据合同约定的措施项目和金额或发、承包双方确认调整后的措施项目费金额计算。

3）措施项目费中的安全文明施工费应按照国家或省级、行业建设主管部门的规定计算。施工过程中，国家或省级、行业建设主管部门对安全文明施工费进行了调整的，措施项目费中的安全文明施工费应作相应调整。

（五）竣工结算程序

1）合同工程完工后，承包人应在经发承包双方确认的合同工程期中价款结算的基础上汇总编制完成竣工结算文件，应在提交竣工验收申请的同时向发包人提交竣工结算文件。

2）发包人应在收到承包人提交的竣工结算文件后的28天内核对。

3）承包人在收到发包人提出的核实意见后的28天内，不确认也未提出异议的，应视为发包人提出的核实意见已被承包人认可，竣工结算办理完毕。

六、质量保证金结算

1. 质量保证金

按照《建设工程质量保证金管理暂行办法》（建质［2005］7号）的规定，建设工程质量保证金（以下简称保证金）是指发包人与承包人在建设工程承包合同中约定，从应付的工程款中预留，用以保证承包人在缺陷责任期内对建设工程出现的缺陷进行维修的资金。发包人应当在招标文件中明确保证金预留、返还等内容，并与承包人在合同条款中对涉及保证金的事项进行约定，包括保证金预留、返还方式；保证金预留比例、期限；保证金是否计付利息，如计付利息，利息的计算方式；缺陷责任期的期限及计算方式；保证金预留、返还及工程维修质量、费用等争议的处理程序等内容。

2. 缺陷与缺陷责任期

缺陷是指建设工程质量不符合工程建设强制性标准、设计文件，以及承包合同的约定。缺陷责任期是指承包人对工程可能存在的缺陷承担责任的期限，从工程竣工验收之日起计算。由于承包人原因导致工程无法按规定期限进行竣（交）工验收的，缺陷责任期从实际通过竣（交）工验收之日起计算。由于发包人原因导致工程无法按规定期限进行竣（交）工验收的，在承包人提交竣（交）工验收报告90天后，工程自动进入缺陷责任期。

缺陷责任期一般为6个月、12个月或24个月，具体可由发、承包双方在合同中约定。

3. 保证金的扣留

建设工程竣工结算后，发包人应按照合同约定及时向承包人支付工程结算价款并预留保证金。全部或者部分使用政府投资的建设项目，按工程价款结算总额5%左右的比例预留保证金。保证金扣留应按照合同约定执行，通常有两种方法。

1）当工程进度款拨付累计额达到该建筑安装工程造价的一定比例时，停止支付，扣留一定比例的剩余尾款作为保证金。

2）保证金的扣留从发包人向承包人第一次支付的工程进度款开始，在每付款周期承包人应得到的工程款中扣留合同约定比例的金额作为保证金，直至保证金总额达到合同规定的限额为止。

【例10-1】 某工程项目由A、B、C三个分项工程组成，采用工程量清单招标确定中标人，合同工期5个月。各月计划完成工程量价款及综合单价见表10-1。承包合同规定：

1）开工前发包方向承包方支付分部分项工程费的15%作为材料预付款，预付款从工程开工后的第2个月开始分3个月均摊抵扣。

2）工程进度款按月结算，发包方每月支付承包方应得工程工程款的90%。

3）措施项目工程款在开工前和开工后第一个月末分两次平均支付。

4）分项工程累计实际完成工程量超过计划完成工程量的10%时，该分项工程超出部分的工程量的综合单价调整系数为0.95。

5）措施项目费以分部分项工程费的5%计取，其他项目费20万元，规费综合费率3.5%（以分部分项工程费、措施项目费、其他项目费之和为基数），税金率3.41%。

表10-1 各月计划完成工程量及综合单价表

分项＼工程量 m^3＼月份	第1月	第2月	第3月	第4月	第5月	综合单价/（元/m^3）
A	500	600				160
B		750	800			450
C			950	1100	1000	380

问题：

1）工程合同价为多少万元？

2）列式计算材料预付款、开工前承包商应得措施项目工程款。

3）根据表10-2所示计算第1、2月造价工程师应确认的工程进度款为多少万元（此问题不考虑其他项目费结算）？

表10-2 第1、2、3月实际完成的工程量表

分项＼工程量 m^3＼月份	第1月	第2月	第3月
A	630	600	
B		750	1000
C			950

解：1）工程合同价 =（分部分项工程费 + 措施项目费 + 其他项目费）×（1 + 规费费率）×（1 + 税金率）

$$=[(1100\times160+1550\times450+3050\times380)\times(1+5\%)+200000]\times(1+3.5\%)\times(1+3.41\%)\text{元}$$

$$=[(176000+697500+1159000)\times(1+5\%)+200000]\times1.0703\text{元}$$

$$=(2032500+101625+200000)\times1.0703\text{元}=2498199\text{元}=249.82\text{万元}$$

2）材料预付款 = 2032500元 × 15% = 304875.00元 = 30.49万元

开工前承包商应得措施项目工程款 =（101625 × 1.0703 × 50% × 90%）元 = 48946.15元

3）1、2月工程进度款计算如下。

第 1 月：确认工程进度款 $=[(630\times160+101625\times50\%)\times1.0703\times90\%]$ 元

$=146043.76$ 元 $=14.60$ 万元

[或 $(630\times160\times1.0703\times90\%+48946.15)$ 元 $=(97097.62+48946.15)$ 元 $=146043.76$ 元 $=14.60$ 万元]

第 2 月：

A 分项累计完成工程量 $=(630+600)m^3=1230m^3>(500+600)\times(1+10\%)m^3=1210m^3$，超过清单工程量 10% 的工程量 $(1230-1210)m^3=20m^3$

A 分项工程量价款 $=(580\times160+20\times160\times0.95)\times1.0703$ 元

$=(92800+3040)\times1.0703$ 元 $=102577.55$ 元 $=10.26$ 万元

B 分项工程量价款 $=750\times450\times1.0703$ 元 $=361226.25$ 元 $=36.12$ 万元

A 分项与 B 分项工程量价款小计：$(102577.55+361226.25)$ 元 $=463803.80$ 元

确认工程进度款 $=(463803.80\times90\%-304875.00/3)$ 元 $=315798.42$ 元 $=31.58$ 万元

第三节 建筑工程竣工决算

一、工程竣工决算及其作用

工程竣工决算又称竣工成本决算，是反映建设项目的建设成本、资金来源和资金运用情况，核定交付使用财产和新增固定资产价值的文件，是竣工验收报告的重要组成部分。它是在整个建设项目或单项工程完工后，以竣工结算等资料为基础进行编制的，反映整个建设项目或单项工程从筹建到工程全部竣工的建设费用文件。工程竣工决算又可分为施工单位工程竣工决算和建设单位项目竣工决算两种。

工程竣工决算的作用：

1）工程竣工决算可以作为新增固定资产价值核定与交付使用的依据，也可作为分析和考核固定资产投资效果的根据。

2）工程竣工决算可以使建设单位正确计算已经投入使用的固定资产的折旧费，缩短建设周期，节约基建投资，有利于工厂企业合理计算生产成本和企业利润，进行经济核算。

3）工程竣工决算是考核竣工项目概预算与基建计划执行情况，以及分析投资效果的重要依据。因为竣工决算反映了竣工项目的实际建设成本、主要原材料消耗、实际建设工期、新增生产能力、占地面积和完工的主要工程量。

4）工程竣工决算对施工企业来说又可称为工程竣工成本决算，它可作为施工企业内部进行实际成本分析，反映经营成果的重要依据，以便使施工企业总结经验教训，提高企业经营管理水平。

5）工程竣工决算是修订概（预）算定额和制定降低建设成本的重要依据。因为竣工决算反映了竣工项目实际物化劳动消耗和活劳动消耗的数量，为总结工程建设经验、积累各项技术经济资料、提高基建管理水平提供了基础资料。

6）正确编制竣工决算，有利于正确地进行设计概算、施工图预算、竣工决算之间的“三算”对比。

二、工程竣工决算的主要内容

工程竣工决算的内容包括竣工决算报告说明书、竣工决算报表、竣工工程平面示意图、工程造价比较分析四部分。

竣工决算报告说明书部分包括建设工程概况；对工程总的评价，从工程的进度、质量、安全和造价四个方面的分析说明；建设工程概算和基本建设计划的执行情况；对各项财务和技术经济指标的分析；工程建设的经验教训及存在的问题和解决的建议。

竣工决算报表分大中型项目和小型项目两种。大中型项目决算报表包括竣工工程概况表、竣工财务决算表、建设项目交付使用财产总表及明细表、建设项目建成交付使用后的投资收益表等。小型项目竣工决算报表则由竣工决算总表和交付使用财产明细表等组成。

工程造价比较分析是对工程造价所采取的措施、效果及其动态的变化进行认真的比较分析，总结经验教训。批准的概算是考核建设工程造价的依据，在分析时，可将决算报表中所提供的实际数据和相关资料与批准的概算、预算指标进行对比，以确定竣工项目总造价是节约还是超支，在对比的基础上，总结先进经验，找出落后原因，提出改进措施。

三、工程竣工决算的编制步骤

1）搜集、整理、分析有关依据资料。

2）清理各项财务、债务和结余物资。

3）对照、核实工程及变更情况，核实各单位工程、单项工程造价。

4）编制建设工程竣工财务决算说明书。

5）认真填报竣工财务决算报表。

6）做好工程造价对比分析。

7）清理、装订好竣工图。

8）按国家规定上报审查、存档。

第十一章

计算机在工程造价管理中的应用

随着建筑业的发展和深化改革的进程，企业在生产和经营活动方面对信息的采集、更新不但需求量大，而且质量要求高，特别是当前实行的招标投标承包制和各种形式的承包，对概预算工作的可靠性、准确性、相关性和时间性等方面要求更高，它必须及时地为企业领导和有关部门提供可靠的决策依据和信息。而人工手算不仅速度慢、功效低，而且容易出差错，满足不了现代建筑业管理和发展的需要，尤其是在建筑业实行了招标、投标的方法后，更需要及时、准确地编制出投标报价、合同预算、施工图预算及施工预算。应用电子计算机编制建筑工程概预算，是促进建筑企业加强管理和经济核算的重要措施，也是建筑企业实施现代化管理的重要标志之一。

第一节　概　　述

一、计算机用于工程造价工作的必要性

应用计算机编制工程造价主要有以下优点：

（1）编制速度快、工作效率高　众所周知，概预算编制是一项十分烦琐的工作，它需要花费大量的人力和时间。即使一个中等规模的民用建筑，也需要几名预算员花费几天时间才可能编制出全套施工图预算。对于较大的工程项目，如果施工预算在施工前不能如期编制好，就会影响施工准备。特别是随着招标投标工作的推广，对企业来讲，时间要求十分紧张，一旦失去时机，企业就失去了竞争能力。使用计算机编制概预算已是迫在眉睫的事情了。

（2）确保概预算的正确性　在计算机运行正常的情况下，只要输入的原始数据正确无误，则计算机可以确保数据处理过程中绝不会发生运算上的错误。而手工编制概预算，由于大量的四则运算要进行，即使最能干的预算人员，出错率也很难降到千分之一以下。这对于建筑企业来说，造价报得过低或过高，就有可能失去机会或造成企业亏损。因此，计算机编制概预算的优势明显大于手工编制。

（3）使用方便、灵活　在设计过程中，设计人员要不断地修正设计方案，针对每一种方案，都应给出它所对应的概算书。即使在工程开工以后，也需要反复进行这种烦琐的计算工作，不论对设计单位、施工单位显然都是极大的负担。至于材料市场价格的变化就更

加频繁，预算人员必须随时根据最新的市场价格信息对概预算作出及时的反应。上述工作如果由计算机来完成，可以方便、灵活地随时进行调整和修改，就会很好地满足设计单位、施工单位和审计单位的要求。

（4）数据齐全、成果完整 这些对于评价设计方案、安排招标投标和指导具体的施工，都有极其重要的意义。如果用人工处理这些信息，往往需要较多的人力和时间，而对计算机来讲，要得到这些附加信息并不需要再增加输入数据量，便可以通过检索、分类自动生成各种有用的附加信息。

（5）便于积累资料和科学管理 工程项目概预算是制订成本计划，进行成本核算，直至工程竣工决算等的重要依据，在这一系列的工作中，它一直是用来监督和控制造价的基础数据。工程竣工后，一些重要的基础数据，如工程名称、结构类型、工程数量、工程造价、各种取费、主材汇总指标和各类技术经济指标等技术资料都需要归档保存。如果企业在一年里做了若干个工程项目，这些重要的数据就会越来越多，年终时常常需要将若干个工程项目中的某些有关的数据进行汇总，对此预算人员就会花很多时间去整理，而且时间一长，还会发生数据的重复和丢失等问题。由于计算机能快速地存取、传递信息，故对数据进行检索查询是人工所不及的。特别是目前数据库技术的广泛应用，就更容易实现工程技术资料的完整和统一。而且同一种数据可以多次重复使用，对数据可以进行重新组织、修改和更新。这样，既可以减少数据的重复收集，又同时保证数据管理的科学性。

综上所述，用计算机编制概预算，对于提高编制的速度和准确性，减轻预算人员的劳动，降低成本，控制工程造价，对工程技术资料的科学管理等，都是十分重要的。无论是建设单位、设计单位、施工单位，还是审计单位，都应积极地从事概预算软件的研制与普及推广工作。

二、计算机概预算软件的研制特点

概预算软件的研制是一项综合性的技术开发，它具有如下特点：

（1）复杂性 概预算系统研制涉及计算机硬件设备、系统工程、软件工程、数据结构、数据库理论、计算方法、建筑工程技术、企业管理等学科的综合技术。而且，决定概预算系统的非确定性因素很多，因此具有较高的系统设计难度。由计算机来完成这些复杂的任务，就必须事先进行系统分析、系统设计、编程序、调试等，然后才能投入正常运行。随着市场经济的发展，企业的经营活动更加活跃，要求概预算系统的功能越来越强，这也增加了系统研制的复杂性。

（2）不断更新性 一个较为完善的概预算系统，不仅涉及设计图和国家有关价格、定额等的政策规定，而且还要针对不同的环境条件（如不同地区的定额编制和更新、市场价格的变动，工料机费用的调整和取费标准等政策的改变，以及套定额过程中对定额进行各种换算和处理等）采取措施满足各种不同的随机变化，研制时间可能长达好几年之久。因此，建立一个概预算系统，不可能一蹴而就，需要经过从不完善到逐步完善的发展过程。随着企业经营管理工作对信息新的要求，已经完成的系统也会不断地需要扩充和发展。设想搞出一个十分完美、永远不需要改动、一劳永逸的系统是不可能的。

(3) 概预算软件的无形性　软件生产不像其他产品生产那样，其加工过程可以观察、度量、控制。软件产品本身也不像其他产品一样是实体。概预算软件产品是存储在计算机系统内的程序和数据，它是无形的。由于软件产品具有无形的特点，使一般人很难看出它的价值大小。特别是像概预算系统软件，它给企业所带来的经济效益有些比较直接，但大多数却间接地表现出来，难以用金钱来衡量。

(4) 概预算软件的智能化　要想实现概预算编制的计算机自动化，就要实现软件的智能化。目前计算机仅仅是一个重要的工具，它只是区别于其他的生产工具。例如，土石方工程可以实现全盘机械化，对计算工程量而言，由于各种建筑项目的外形和内部结构各不相同，而且各种构件，如梁、板、柱、墙、门、窗等工程量的计算过程中又有一套复杂的扣减计算，目前还不能完全代替人工视图、摘取工程量；计算机目前也不可能做到代替人“提出问题”“决策”“执行”；当输入的数据或算法有逻辑上的错误时，计算机也很难查出，甚至还可能导致大量输出结果的错误等。所以计算机目前还不能代替人们来完成编制概预算的所有工作，它只能作为一个重要的辅助工具，要做到智能化是极其困难的。但无论如何，计算机的使用为人们减轻了大量烦琐的计算工作和重复性劳动，当输入的数据和算法无误时，它将提高计算结果的准确性和及时性，加强对各种文档资料的管理，提高工作效率达到几倍、几十倍甚至几百倍，同时也提高了人们处理各种复杂问题的能力。

在当今时代，在各学科、各专业、各部门已普遍采用计算机作为自己的工具的情况下，编制工程概预算也迫切需要计算机来协助完成。但这需要可靠的、先进的概预算软件来实现。

第二节　应用计算机编制概预算的方法

为了应用计算机来编制概预算，必须详细了解概预算的编制过程。概预算数据处理过程及设施由四个加工处理环节组成，其流程反映了概预算工作的最一般规律。不论是人工系统还是计算机系统，都应符合这一规律。对不同专业、不同地区也都是一致的。而各加工环节对数据处理能力和处理范围差异则较大。如果是人工系统，这由概预算人员的学习能力、业务水平、经验积累等因素来决定。衡量软件设计水平的标准是该软件对数据处理设施的通用、灵活、适应能力。下面就概预算数据处理过程及设施的四个环节进行分析。

(1) 列项和工程量计算过程　按照定额中项目的分类，对工程项目进行列项，然后对照工程量计算规则计算工程量。工程量计算工作很复杂，它包含一系列高等智力活动，需要熟悉工程图及其他有关技术资料，确定计算对象及其对应的定额子目，采集工程数据等。这些工作目前仍然无法完全由计算机取代。因此，在计算机处理系统中，工程量的计算是由人和计算机共同承担。人机界面设在何处，如何设计人机界面的环境，就成为一个十分重要的问题。目前在我国概预算程序系统的研制领域中，熟悉工程图及技术资料、工程对象的选定、工程数据的采集、定额子目的确定以及工程量计算规则的了解等工作均由人工完成，仅工程量的计算部分由计算机完成。故从本质上讲，工程量计算过程仅起到计算器的作用。由于软件设计者对人机界面的设计方案不一样，所以人工输入工程数据的方式、范围及功能等差别也甚大。但这些差别不存在影响数据处理设施通用性、灵活性问题。

（2）套用定额和取费标准过程　套定额工作是通过工程量计算过程，用已经算出来的工程量乘以定额资料文档中相应定额子目单价、工料机耗量的过程。通常在套定额过程中会出现定额子目的换算，或子目的加减运算，或对某些工程图要求的新工艺、新材料要制作补充定额等，但由于各地区定额文本的结构、内容、注释以及子目编号体系等不尽相同，所以要处理这些随机的变化，人工系统是最理想、最适应的。

在计算机处理系统中，要设计这种通用的、适应性强的套定额过程十分困难。通常的办法是，哪种需要一定智力活动来处理数据仍由人工处理（如制作补充定额），计算机数据处理设施尽可能反映套定额过程中最一般规律。对如何设计和提高套定额过程中数据处理设施的通用、灵活、适应性问题，是近几年来人们研究的中心课题。目前比较流行的有两种方案：一是设计一种交互式语言，比如处理定额子目换算时，由人工输入换算规则，再由套定额过程加工处理，完成定额子目的换算，其加工处理机制相当于一个解释执行机构。第二种方案是在原定额库的基础上设计一个注释说明库，使用人员像使用定额编号一样使用注释说明，其定额换算加工处理机制仍然是一种解释执行机构。

（3）数据再加工过程　目标数据加工是指按照目标数据算法文档定义的计算目标、计算对象、计算步骤和算法，对工程量套定额后产生的中间数据进行再加工、再处理，最后生成用户需要的目标数据。

套定额后的数据不是最终的目标数据，而是一种有结构的中间数据，即是一张按定额结构组织起来的二维表。一切最终的目标数据均是由这张二维表中的数据进行再加工、再处理产生。目标数据通常是在对这张二维表进行纵横向的各种统计汇总基础上，再按照一定的计算步骤和算法获得。所以对中间数据（二维表）首先应进行统计汇总处理。统计汇总的对象及范围由目标数据算法文档中的要求决定，它与定额资料文档中的定额编号体系有紧密的联系。例如，目标数据要求获得土石方部分的人工费、材料费、机械费，那么就应该在上述二维表中对属于土石方定额编号中的人工费、材料费、机械费进行统计汇总。

此外，在目标数据加工过程中，常常涉及定额资料文档的引用，例如二次套定额情况。有些地区的定额文本中半成品如混凝土、砂浆等，需作半成品的二次分析。因此，需要首先统计汇总半成品材料的用量，并把这些用量作为工程量再次进行套用定额，将获得的数据并入第一次套定额后的有关统计汇总量中。由此可见，目标数据加工过程既与定额资料文档有关联，其目标数据的生成又直接由目标数据算法文档决定。它的功能类似一个解释执行机构，它翻译解释目标数据算法文档中的内容，然后转化为加工处理的动作，生成需要的目标数据。

在计算机概预算软件研制领域中，对目标数据的加工过程是目前研究最少，也是软件设计中最困难的一个加工环节。当前许多概预算程序设计中，对目标数据加工过程的作用和功能仅仅是将某些预先确定的计算对象、计算步骤和算法以及最终的目标数据都固化在程序设计之中。显然，设计这种目标数据加工过程是极不灵活的，不通用的，如果需要更改计算对象，或修改计算步骤和算法，或增减目标数据，它都将导致修改程序。要设计一种独立于任何特定目标数据加工过程的处理机构，是解决概预算软件通用、灵活、适应性的关键问题，也是概预算软件达到工具化、商品化的核心问题。

（4）报表制作过程　报表制作的任务是，按照各管理层次上用户的需求，以报表的不同形式输出目标数据。不同地区、不同专业的用户对报表的形式和报表的种类有不同的要求。例如，有的用户需要将“预算分析表”（仅反映定额子目基价、人工费、材料费、机械费）和“工料分析表”（反映定额子目中各种材料用量）分别制作为两种报表，而有的用户则希望将这两种报表合为一种报表。在人工系统情况下，这些要求是由人来适应的。而在计算机处理系统中，目前多数概预算系统几乎都是在程序设计中固化一些固定形式的表格，供用户使用，如果用户有新的要求，则只能用修改程序的办法来适应。这显然是既不灵活又不方便的办法。要彻底解决报表形式和种类的灵活与适应问题，则有待于设计一种供用户自定义报表格式、种类、内容的报表制作机构。

第三节　工程造价管理常用软件简介

近几年，在信息技术飞速发展的推动下，全国工程造价信息技术有了很大的进步。在软件开发应用方面，大约有二三百家从事工程造价软件开发的企业，应用在工程建设中的工程造价应用软件已有上百种。现在市场上比较成熟的软件主要有广联达、中国建筑科学研究院开发的 STAT、神机妙算、英特预算和奔腾等一系列预算软件。在目前广泛实施的工程量清单计价方式下，无论哪种软件，基本上都包含了图形算量、钢筋算量、工程量计价这三个模块。下面以广联达造价软件为例，介绍其功能。

广联达软件的工程量清单整体解决方案是目前国内工程造价软件中具有代表性的一类。主要包括以下模块：清单算量软件——GCL 8.0，钢筋抽样软件——GGJ 10.0，清单计价软件——GBQ V3.0，广联达材料价格信息网——http://www.gldjc.com，企业定额生成系统——GBK V2.0。

从软件应用的角度来说，广联达工程量清单整体解决方案中的“算量软件、清单计价软件、数字建筑网站、企业定额生成系统”，是根据工程量清单计价规范的专业需求和工程量清单，给我国整个造价环境所带来的应用需求进行统一设计和规划的，整个解决方案的界面、操作风格一致，用户易学易用。

一、清单算量软件 GCL 8.0

1. 图形算量软件介绍

在清单计价规范及新的招标投标体制下，对工程量的计算有了更深层次的要求。无论是招标方还是投标方，计算工程量都是必不可少的一道工序。招标方要承担“量”的风险，必须自行或委托咨询部门在施工之前的有限时间内把所有涉及的工程量全部无误地计算完毕，以这些项目作为支付的依据。投标方当然更需要计算工程量，其目的一是要审核招标方提供的工程量，以便研究投标报价策略和技巧；二是由于投标方要考虑施工方案，计算出的工程量和招标方提供的工程量是不同的，企业在报价时必须把工程量增量分摊进去，或者根据变化量调整自己的策略。投标方既要考虑施工方案增量，又要根据量的变化调整报价策略，无疑也加大了工作量。最关键一点，时间要求会非常紧张，所有的算量工作都要在极短的时间内完成，要求造价人员计算工程量快速、精确，以便有充裕的时间运用技巧报价。单靠过去的手工算量基本上是无法按时保量地完成的。

图形算量软件 GCL 8.0 就是应这些需求而产生的。它融合绘图和 CAD 识图功能为一体，内置由专家解释的计算规则，只需要按照图样提供的信息定义好构件的属性，就能由软件按照设置好的计算规则，自动扣减构件，计算出精确的工程量结果，使枯燥复杂的手工劳动变得轻松并富有趣味。

图形算量软件 GCL 8.0 是专为在目前传统定额模式向清单环境过渡的时期量身定做的先进实用的算量武器，适用于定额模式和清单模式下不同的算量需求。只需按照图样提供的信息定义好各种构件的材质、尺寸等属性，同时定义好构件立面的楼层信息，然后将构件沿着定义好的轴线画入或布置到软件中相应的位置，最后在汇总过程中软件将会自动按照相应的规则进行扣减计算，并得到相应的报表。由于软件内置了清单工程量计算规则及当地计算规则，所以能够同时满足清单环境下招标人、投标人的不同需求。对于招标方，可以选套清单项，选配相应的工程项目明细特征，并直接打印工程量清单报表，帮助招标方形成招标文件中规范的工程量清单，也可参考套用相应定额，形成标底。对于投标方，可以通过画图，在复核招标方提供的清单工程量的同时，根据招标方提供的工程量清单计算相应的施工方案工程量，并套取相应的定额子目。

2. 图形算量软件的特点

在清单这个新的计价模式下，算量发生了许多变化，对软件的要求也越来越高。针对手工算量的难点，图形算量软件的特点体现在以下几个方面。

1）各种计算规则全部内置，不用记忆规则，软件自动按规则扣减。

难点分析：多年以来，算量都以各地方造价管理部门制定的一套规则作为依据，必须按规则扣减。有经验的造价人员往往是将规则背得滚瓜烂熟。但是在工程量清单模式下，招标方要按全新的清单规则算量，按照定额规则计算标底。投标方则要按照清单规则核对工程量，按定额规则计算施工方案量。双方需要运用两套计算规则，非常麻烦，且不容易记忆。

软件解决方法：在建立工程项目的最开始处就设置了三种模式（定额、清单招标、清单投标），每种模式都满足了不同的算量需求，如图 11-1 所示。

软件直接将清单计算规则和各种地方定额规则内置，不用考虑清单计算规则和定额有哪些不同，也不用考虑各种构件间复杂的扣减关系，只要按照相应的位置把构件从图样搬到屏幕上即可。比如把门窗放在相应的墙段上，自动扣减所占墙体积。梁柱板也如此，放上后自动压墙。相互关联的构件放在一起，就会按照内置的规则自动扣减，从而保证招标方算量快速准确。只要选择相应的计算模式（清单或定额）和计算规则，该按照何种方式计算就由软件考虑了。

2）一图两算，清单规则和定额规则平行扣减，画一次图同时得出两种结果。

难点分析：招标人如果想控制造价，防止串标，一定要有一个标准的评标依据，这就

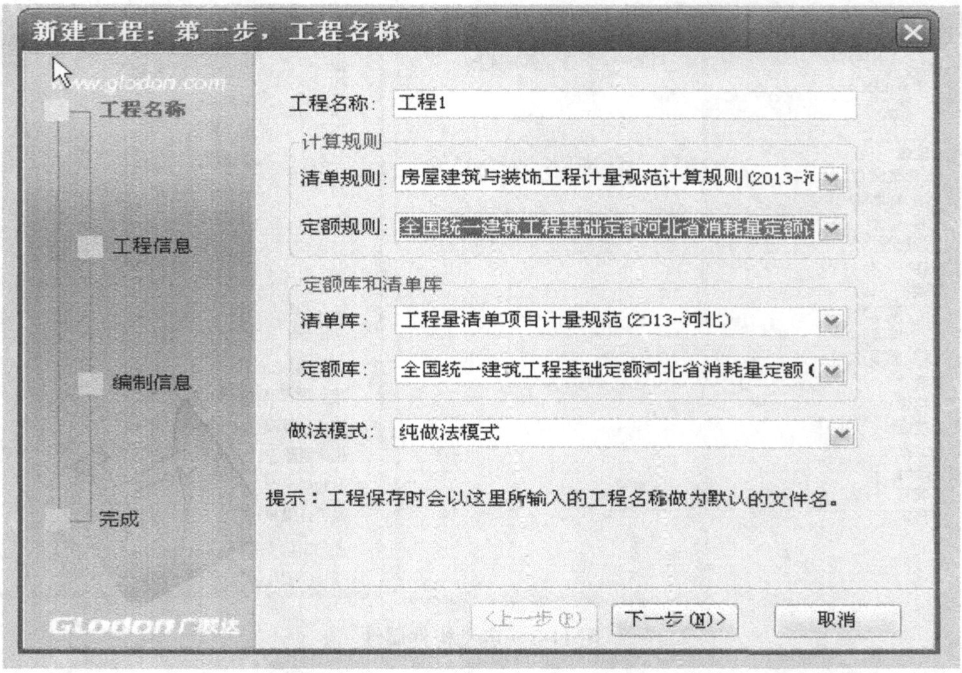

图 11-1　新建工程的标书模式选择

要考虑正常情况下的施工方案。按定额规则自己做一份代表实际市场水平的标底，加上清单需要的实体工程量，招标方需要按两种规则分别计算清单工程量和标底工程量。

投标方要想中标，获得理想利润，除了算好实物量，最好再审核一下清单项的量，针对工程量的误差作出相应的投标策略。也就是说，它也需要同时算出清单量和定额量。

软件解决方法：在新建工程时，只要同时选择了清单和定额模式，软件就会将所有构件按照两种规则平行扣减（互不干扰），最终得出两种不同的量——实体的清单量和工作内容的量。满足清单模式下招标人算量准确，描述项目名称清楚，同时计算清单量和标底的要求，也满足了清单模式下投标人审核招标方清单工程量的同时计算施工方案量的要求，达到一图两算的目的，大大提高了算量的效率。

3）按图读取构件属性，软件按构件完整信息计算代码工程量。

难点分析：因为构件的尺寸、材质等各种信息都是原始数据，除了自身计算还要参与其他构件的扣减。读图时最怕漏读或遗忘，不得不做很多的标志，并且很容易混淆，影响最后的计算结果。

软件处理方式：按自己熟悉的顺序建立每个构件，按照软件内置的构件属性填入图示参数即可完成，如图 11-2 所示。建完属性后，就相当于把图样上所有的构件信息都读到软件中了，也就不会产生疏漏和遗忘。

4）内置清单规范，智能形成完善的清单报表。

招标方的关键是算准量，并且能够准确描述所包含的项目特征和主要工作内容，这对招标方清单项目的严谨性有很重要的意义。软件与清单紧密结合，完全按照清单规范设计，对每一实体即时选定对应的清单项目，并自动生成 12 位工程量清单编码的报表，而

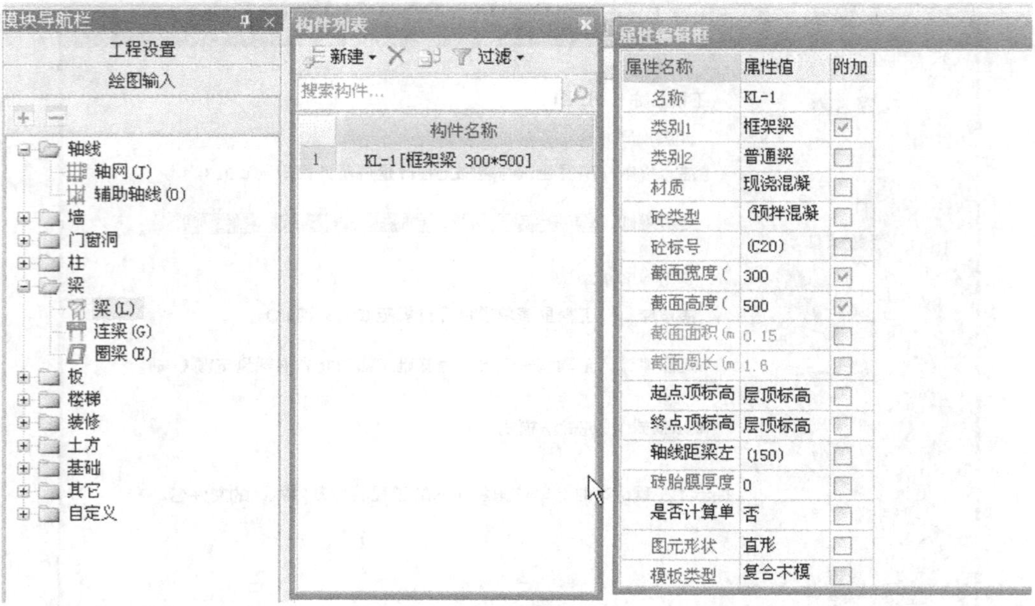

图 11-2 定义构件属性

且可以包含相关所有项目特征和工作内容。

软件处理方式：在定义构件属性的时候直接选取该构件的清单项，软件自动列出此清单项规范上的所有特征，只需从“项目特征”备选框中选择相应的名称明细，即可详细描述项目特征，并可根据实际情况进行增减补充，如图 11-3 所示。

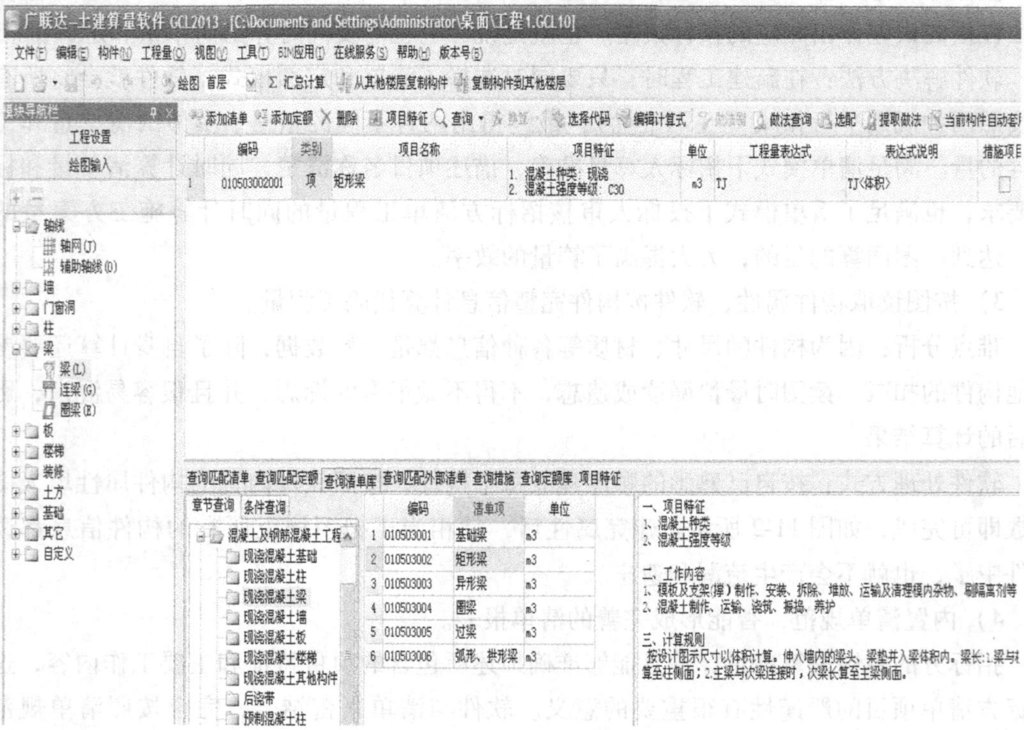

图 11-3 套用清单项目

这样可将工程量与清单项联系起来，汇总得到标准的、符合规范要求的清单工程量汇总表，见图 11-4，它是招标方招标文件中不可缺少的部分，也是投标方组价的基础。

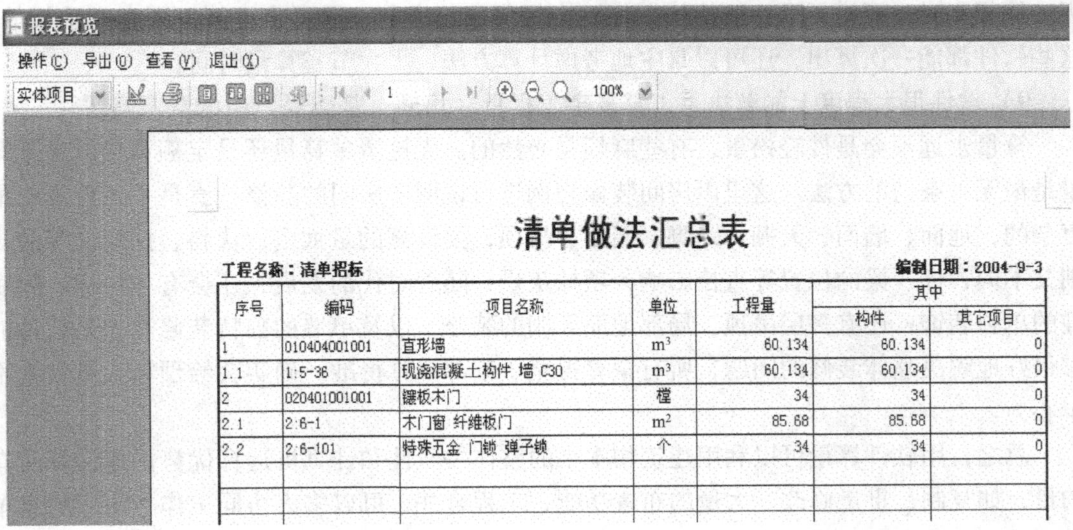

清单做法汇总表

工程名称：清单招标　　　　编制日期：2004-9-3

序号	编码	项目名称	单位	工程量	其中	
					构件	其它项目
1	010404001001	直形墙	m^3	60.134	60.134	0
1.1	1:5-36	现浇混凝土构件 墙 C30	m^3	60.134	60.134	0
2	020401001001	镶板木门	樘	34	34	0
2.1	2:6-1	木门窗 纤维板门	m^2	85.68	85.68	0
2.2	2:6-101	特殊五金 门锁 弹子锁	个	34	34	0

图 11-4　清单工程量汇总表

5）属性定义可做到不同施工方案下的工程量对比。

难点分析：投标方的工程量计算需要考虑到实际的施工方案和技术水平。在投标过程中，投标方需要从不同的施工方案中选择适用报价的一种施工方案，这就需要对不同的施工方案所产生的工程量进行比较，每计算一次都需要耗费很多时间。

软件处理方式：算量软件中提供了方案对比的功能，在属性定义中就可以设定同一项目不同的施工方案，如一个基坑是否采用放坡或留工作面，这对实际报价的影响是不同的。

6）导图——完全导入设计院图样，不用画图，直接出量，让算量更轻松。

难点分析：图形算量软件顾名思义是靠图形来算量的，所以必须将图形绘制到软件中，才能算出量。可是画图也需要时间，如果对软件操作不熟练，则耗时较长。

软件处理方式：软件可以实现导入 CAD（.DWG 格式）设计文件。如果能得到设计院的 CAD 文件，只需将文件导入，软件即可快速识别出文件中的图形，将图样文件中的数据转换成算量的模型，构件属性和图形位置一并读入，快速完成墙、门窗、柱、梁等最多、最难画的几类构件的绘制，大大地提高了工作效率。

7）软件直接导入清单工程量，同时提供多种方案量代码，在复核招标方提供的清单量同时计算投标方自己的施工方案量。

投标方可将清单导入，在定义构件属性的同时复核招标方提供的清单工程量，并对每一条清单项按实际的施工方案匹配相应的消耗量定额，按照两种规则同时计算定额施工方案量和清单量，一图两算，让投标方同时审核清单量和计算组价方案量。

8）软件具有极大的灵活性，同时提供多种方案量代码，计算出所需的任意工程量。

如今计算工程量需要高效率，软件对每种构件提供多种代码，提供造价人员需要的所有量，由于使用计算机计算，每种构件都能计算出需要的各种量，如体积、面积、长度等，供造价人员选择。比如，对混凝土构件来说，最烦琐的莫过于模板了，尤其是当梁、板、柱相交时，而模板量一般招标方都不会提供给乙方的，需要自己算，还有脚手架等。这些软件都能一次算出，还可以自主地考虑计算方法，大大节省算量时间。

9）软件很大程度上能解决手工算复杂工程量（房间、基础等）中的众多问题。

算量永远不会是件轻松事，有些麻烦是必然的。无论清单算量还是定额算量，手工算量是最无可奈何的方法。这里以房间装修为例进行说明。房间的装修一直是手工计算中最复杂的，地面、墙面、天棚、踢脚、墙裙、吊顶，要计算的量太多；块料、抹灰计算的规则又不同；柱、梁的位置等直接影响各项抹灰量；随着时代的发展，还会有独立柱、附墙柱的单独装饰；还有多层吊顶、局部地面天棚的装修，以及单墙的独特装修。如果软件能够很好地解决整体装修的问题，所有量算得全、细部量算得准，确实会给预算人员省去不少心力。

总之，用软件算量可以利用建筑物本来的整体关联性和计算机运算优势快速计算所有的量，如复制、批量修改、大量的布置功能、工程合并，可以多人协同工作。深入的清单专业知识、明确的清单形成流程将清单和算量紧密地联合起来，在画图同时形成清单格式。导入组价软件后，清单定额一次导入完毕，直接进入到套价、取费工作，省去大量的重复劳动，方便地出具清单和标底。算量软件的报表可将量从构件、楼层、位置逐步细分，方便核对查找。计价软件将辅助生成系统文件、其他项目和整个报价的表格，将报表进行完善。一个工程一个文件，所有工程数据可全部标注在软件中，算到哪，打开工程，一目了然。工程转移、另存、管理方便安全。综上所述，用软件算量使复杂算量的工作变得更加准确、清晰、高效，最大限度地解决招标方短时间算量的难题。

二、钢筋抽样软件 GGJ 9.0

1. 新环境、新规范下钢筋工程量的计算

在工程造价的确定和控制过程中，钢筋工程量计算是最繁复的部分，不仅需要熟练识图，还要对相关规范、标准图集进行深入理解，更需要对工程结构、力学知识以及钢筋工程施工过程有很深的了解。钢筋工程量的计算在工程造价确定的分工协作中常常是一个独立的分支，也是体现造价工作者的核心能力之一。而在建筑业信息化发展和造价改革的新时期，不仅要求钢筋工程量的计算更加快速和准确，更要求造价工作者具有迅速构建全面工程造价管理体系的能力，并要掌握先进的工具使用技能。

2. 钢筋抽样软件的原理

对于手工抽钢筋来说，一般程序为：识图→查规范、图集→按照结构设计要求计算每根钢筋的长度→利用钢筋长度乘以密度算出钢筋质量→汇总统计，制作各类报表。针对手工抽钢筋的特点，广联达公司开发研制了钢筋抽样软件→GGJ 9.0。图 11-5 所示便是手算与软件计算钢筋工程量相对应的工作流程。

以下从钢筋的特点入手，更好地了解这个软件。

（1）整体建模，自动算量　钢筋软件和图形软件一脉相承，共有平台和建模数据，

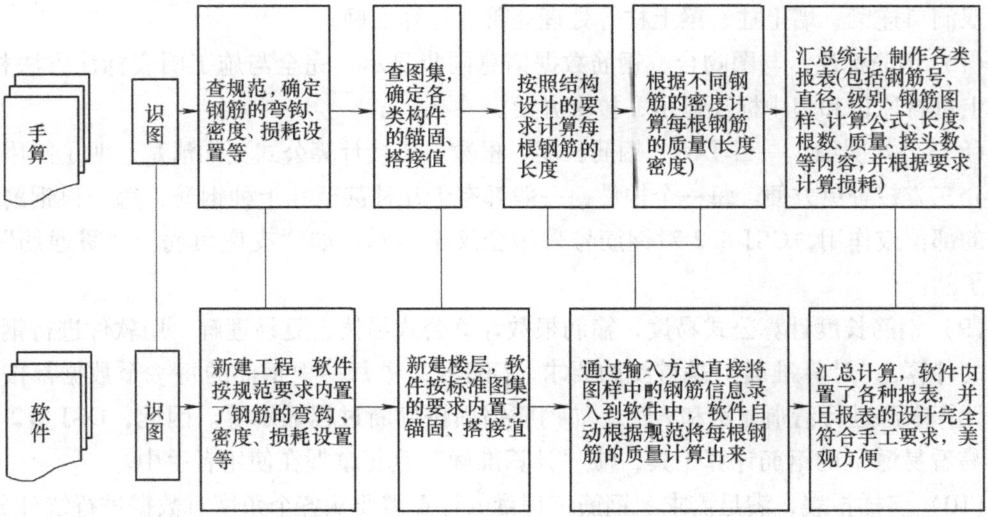

图 11-5　手算和软件计算钢筋工程量流程对比

墙、梁、板、柱、基础等构件可采用建模（绘图）方法整体处理，大大提高工作效率。也就是说，只要图形和钢筋软件计算学会任何一个，就可以不用再学习另外一个而直接投入工作。

（2）数据共享，效率提高　可与图形软件互导工程数据，利用图形软件的建模数据，直接输入钢筋信息后快速计算所有钢筋工程量。

（3）能满足实际工程的不同需要　根据设计要求，选择计算规则，根据地区报表，能够满足实际工程的不同需要。

（4）楼层控制，设置灵活　抗震等级、混凝土强度等级及搭接锚固等信息可按楼层、构件类型统一设置、修改，严谨不失灵活，梁、柱箍筋组合简单、灵活，见图 11-6。

（5）复杂箍筋，软件内置　用户只需输入箍筋肢数即可，所有箍筋长度及根数，软件自动计算。

（6）异形截面，智能处理　自动判断、处理剪力墙变截面，智能识别顶层柱、顶层墙及钢筋计算；变截面柱钢筋处理更加全面、灵活、准确，软件可以自动处理。斜墙、跨层连梁、转角墙

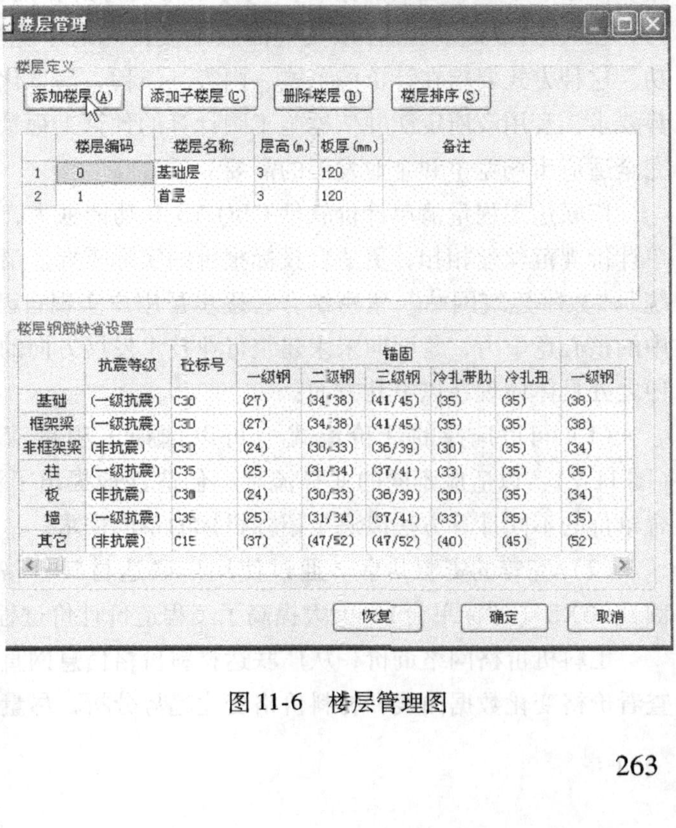

图 11-6　楼层管理图

洞、双洞口连梁、墙上柱、梁上柱等处理完善、计算准确。

（7）钢筋标注，与图吻合　钢筋数据信息同步显示，完全与施工图表标注方法相同，在图上进行原位和集中标注显示，核查方便。

（8）公式明细，一目了然　钢筋长度、根数、搭接计算公式更加清楚、明了。甲、乙及中介三方核查更方便。每一个构件，一般都有十几种甚至几十种钢筋，每一根钢筋代表不同的部位或作用，GGJ 8.2 对钢筋号采用全汉字显示，如“支座负筋”“贯通筋”等，一目了然。

（9）钢筋长度计算公式易读，箍筋根数计算公式易读，更易理解　用软件进行钢筋工程量的计算，“计算准确”是首要的要求。GGJ 8.2 中每一根钢筋的每一个数据都按该数据的计算来源进行清晰显示和表达，如钢筋锚固按判断过程显示等。因此，GGJ 8.2 真正是“易看易懂”的钢筋计算工具，使“计算准确”真正掌握在使用者手中。

（10）多样报表，满足需求　钢筋工程量的计算需要从各个角度对数据进行统计分析，如分楼层统计，按不同构件、不同钢筋直径类型统计等。

三、清单计价软件 GBQ V3.0

随着工程量清单规范的深入执行与实际应用，计价模式从单一的定额组价模式向复杂多变的清单计价模式转变，招标方编制工程量清单到市场上去选择合适的交易价格，投标方在市场中以竞争为导向计算成本后再加相应利润报出建筑产品的生产价格。招投标模式由接近标底价中标到合理低价中标，留给投标方的利润空间越来越小，投标时间越来越短，要在夹缝中求生存，必须运用合适的投标策略。策略是建筑企业完成投标工作的思路、方法、手段和工具的集合。投标策略制订的目的就是要使企业更好地运用自己的实力，在决定投标成功的各项关键因素上发挥相对于竞争对手的优势，从而取得投标的成功。这种方式要求在计价的形式、内容、流程、信息化工具上作出相应改变以符合市场形势要求，套用政府定额并依据施工图计算的预算工程量计算工程造价的计价模式已经不再完全适应市场竞争和企业发展的需要。

广联达工程量清单计价软件 GBQ V3.0 功能强大，操作简便，应用灵活。它与传统清单计价规范丝丝相扣，更适合投标报价的实际需要。清单计价软件与“广联达企业定额系统”“数字建筑网站”紧密结合，逐步帮用户实现自己的“企业定额”，提高在未来竞争中的核心竞争力，是面向未来建筑行业技术发展方向的新一代工程造价管理工具。它的方便之处具体体现在以下几方面：

（1）可以选择的计价模式　可以选择工程量清单模式、定额模式两种计价模式（图 11-7），以适应不同的业务流程，创造性地提出了清单取费的各种模式，通过清单综合单价的不同计算方法以满足招标投标的不同需求。

（2）完善的资源共享　通过使用广联达材料价格信息网、GCL 8.0、GBK（企业定额）、GXB（评标平台），大大提高了工程造价计价过程中的效率与协作。

工料机价格网络询价，从广联达材料价格信息网直接得到材料的详细价格，并可同时查看价格变化数据曲线和材料价格变化趋势分析，尽量规避价格风险。同时提供网上软件

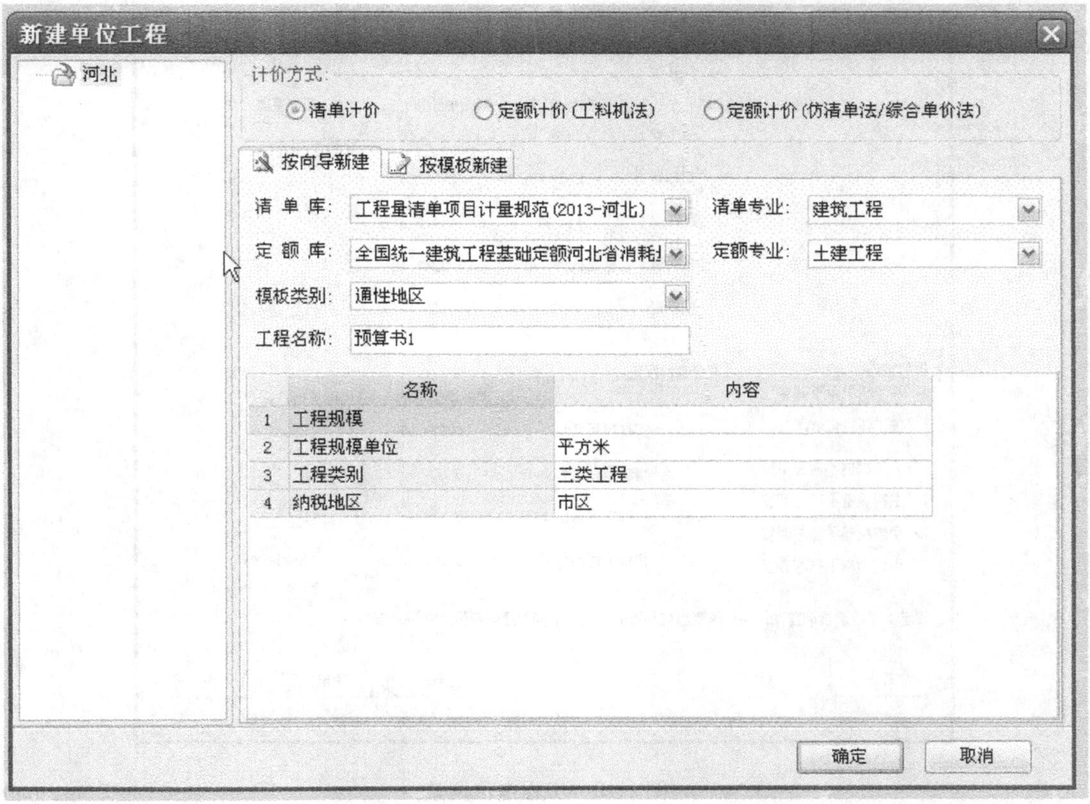

图 11-7　新建工程计价

升级、问题咨询和清单知识等各项服务，通过网络将大量信息与同行共享。

图形软件计算出工程量后，可将数据导入工程量计价软件，直接进行组价，全面提高计价过程的计算效率。

通过 GBK（企业定额）可以创建反映企业实际业务水平、具备市场竞争实力的企业定额数据，并通过与 GBK（企业定额）的数据安装集成应用，实现在 GBK（企业定额）中由体现竞争的企业定额数据直接计价的工作过程。

（3）快捷的报价调整　支持多种方式的调价，所想即所得，快速得出符合投标企业意愿的报价结果。

可对项目工程、分部工程的人工、材料、机械费按工料单价调整或工料含量调整两种方法进行费用调整，并可立即查看调价结果值，如图 11-8 所示。

还可直接修改综合单价，系统自动计算调整后的人、材、机含量，保证清单项目综合单价分析的准确。

（4）实用的报表输出　可使用报表方案对不同专业、不同格式的系列报表分类管理，便于查找调用和快速打印输出。

（5）直接导入图形文件　在图形软件中做好的工程量可以直接导入到计价软件中，方便用户直接开始组价工作。并且当用户调整了算量软件中的工程量或者作了任何的改动，

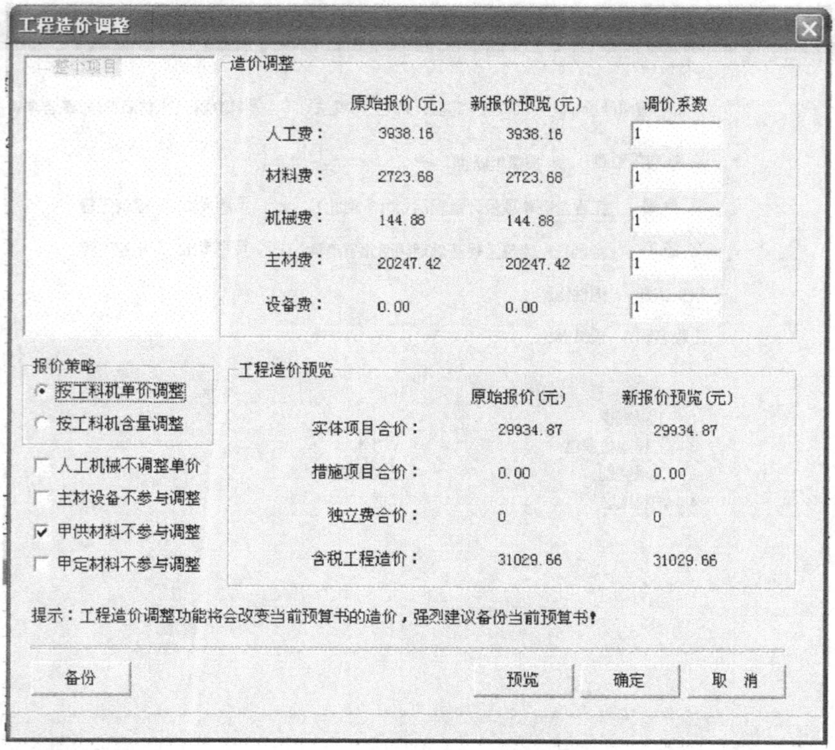

图 11-8　工程造价调整

再次导入时可将变化内容显示，方便核查，见图 11-9。

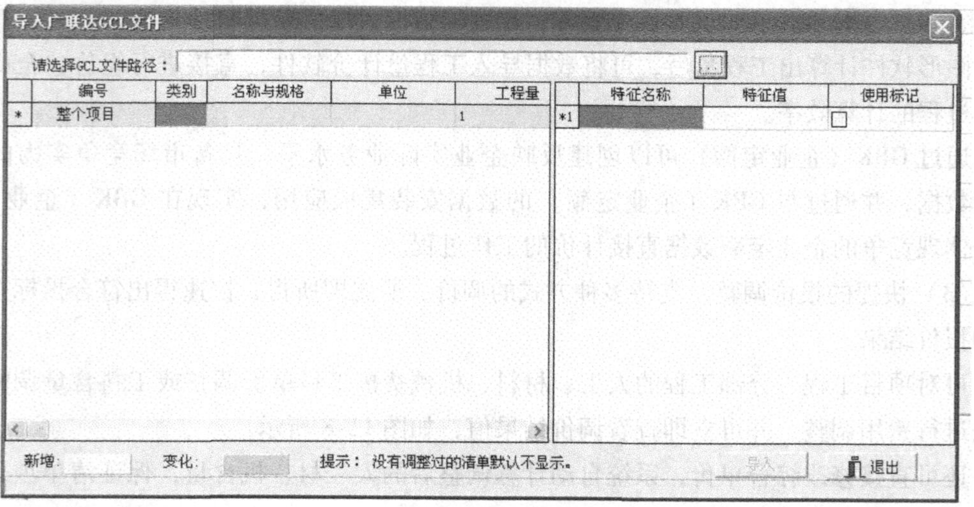

图 11-9　导入图形文件

（6）对材料按照不同的需要批量换算，节省时间　在做预算的过程中，除了要用到定额子目的标准换算外，材料换算和人材机的系数换算也是经常要做的工作，针对此种情况，GBQ V3.0 中提供了材料换算和系数换算，对清单或子目的人材机进行批量换算。

(7) 甲方评标材料表　招标方快速生成评标材料表，投标方根据评标材料表查找相关联评标材料，应用便利，一目了然。

(8) 科学的数据积累　使用 GBQ V3.0 可更科学地进行数据积累，通过工程计价过程中对可利用数据的持续积累，提高数据的重复利用率和快速报价效率。

计价过程中对可重复利用的等额项目数据、工料资源数据、综合单价组成进行修改、调整、保存至数据库，在未来的类似工程中通过数据调用实现工作效率的提高与数据利用。

工程量清单下的工程造价管理是一门精深的实践科学，信息化应用不但是企业本身的保障良方，更重要的是各参与者充分发挥优势完成工程造价管理的整个过程，令几十年来落后的老行业得到现代化的管理，让参与者在更高的知识水平上得到应有的最大回报。

四、广联达材料价格信息网（www.gldjc.com）

广联达材料价格信息网是广联达软件股份有限公司的旗下网站，旨在为建筑企业和建材供应商提供及时、全面、真实的信息服务，并推动建材信息在双方各环节实际工作中的高效应用。建筑企业可以通过该网及时获取全面、真实的建筑材料和设备品牌、规格、价格等信息，并便捷的将建材信息应用于建设过程的设计、招标投标、采购、施工等阶段。对于建材供应商则可以面向建筑企业发布所经营的建材产品信息及企业信息，并及时获取来自于建筑企业的工程项目信息、材料需求信息。

五、企业定额生成系统——GBK V2.0

在实行工程量清单计价模式后，施工企业应逐步根据本企业技术、管理水平及机械设备状况，制定并供本企业使用的分项工程计量单位的人工、材料和机械台班消耗量标准，即为企业定额。使用企业定额生成软件，可以生成和维护企业定额。企业定额生成方法有以下几种：

1）以现有政府定额为基础，利用复制、拖动等功能快速生成为企业定额库。在以后投标报价时，可以选择任何消耗量定额库或企业定额，作为投标报价的依据。

2）按分包价测定定额水平，用水平系数进行维护企业定额，并能做到分包判比，对分包价按一定的规则测定定额水平，并能分摊到认为确定的定额含量上。

3）企业可以自行测算进行调整企业定额水平，这项工作在企业应用清单组价软件的过程中由计算机自动积累生成。

4）企业定额生成系统中可以把材料厂家的供应价、广联达材料价格信息网的材料信息价、材料管理软件中的企业制造成本的材料采购价、入库价及出库价等综合计算，得到企业用于投标报价的综合材料预算价格库，并能自动对该库进行增、删、改、替等的维护。

5）在使用清单组价软件的过程中，不但能多方案地组价，还可以不断积累每个清单项组价过程中的定额消耗量数据及组价数据，并能对每次的数据进行分析判比，形成按不同工艺的工艺包。对判比结果计算机自动可以对企业定额维护。当用户再次对该清单项目进行组价时，只需要调用企业定额内的工艺包，就可以把过去输入的组价数据及定额含量全部读入，可以极大地提高用户组价的工作效率，也是实行工程量清单计价规范以后企业快速准确组价的主要手段。

企业定额生成系统采用的量价分离原则，便于企业维护，在维护定额含量时，不影响价格，在编制材料价时不影响定额含量。企业定额作为企业的造价资源，为了资源的保密性，做到了按权限管理的功能，每个使用者按自己的权限进行工作。从定额的构架按树状目录进行分类，把所有的专业融为一个定额库，结构体系层次清楚、关系明晰，操作简便快捷，并能对确定最优方案的结果自动进行人工、材料、机械含量的分摊。

综上所述，随着工程量清单报价方式和合理低价中标的逐步推广，如何在激烈的市场竞争中体现企业的竞争力，是一个很大的问题。企业定额生成系统为企业自动生成企业定额，可以让企业快速地投标报价，帮助企业通过多种方法在投标报价的工作过程中逐步形成自己的企业定额，帮助企业在未来的竞争中显露优势。

参考文献

[1] 河北省工程建设造价管理总站．河北省消耗量定额工程量计算规则汇编 [M]．北京：中国计划出版社，2008.

[2] 河北省工程建设造价管理总站．河北省建设工程施工机械台班单价 [M]．北京：中国计划出版社，2008.

[3] 河北省工程建设造价管理总站．全国统一建筑工程基础定额河北省消耗量定额 [M]．北京：中国计划出版社，2008.

[4] 河北省工程建设造价管理总站．全国统一建筑装饰装修工程消耗量定额河北省消耗量定额 [M]．北京：中国计划出版社，2008.

[5] 河北省工程建设造价管理总站．河北省建筑、安装、市政、装饰装修工程费用标准 [M]：北京：中国计划出版社，2008.

[6] 章泽民．建筑安装工程定额与造价 [M]．石家庄：河北人民出版社，2001.

[7] 李前进．工程估价原理与清单计价实务 [M]．北京：人民交通出版社，2009.

[8] 全国造价工程师执业资格考试培训教材编委会．工程造价管理基础理论与相关法规 [M]．北京：中国计划出版社，2013.

[9] 全国造价工程师执业资格考试培训教材编委会．建设工程技术与计量（土建部分）[M]．北京：中国计划出版社，2013.

[10] 全国造价工程师执业资格考试培训教材编委会．工程造价计价与控制 [M]．北京：中国计划出版社，2013.

[11] 全国建设工程造价人员培训系列教材编委会．建设工程计价基础知识 [M]．北京：中国建筑工业出版社，2004.

[12] 严玲，尹贻林．工程估价学 [M]．北京：人民交通出版社，2007.

[13] 住房和城乡建设部标准定额研究所，四川省建设工程造价管理总站．GB 50500—2013　建设工程工程量清单计价规范 [S]．北京：中国计划出版社，2013.

[14] 四川省建设工程造价管理总站，住房和城乡建设部标准定额研究所．GB 50854—2013　房屋建筑与装饰工程工程量计算规范 [S]．北京：中国计划出版社，2013.

[15] 住房和城乡建设部标准定额研究所．GB/T 50353—2013　建筑工程建筑面积计算规范 [S]．北京：中国计划出版社，2013.

[16] 谢洪学，文代安．《建设工程工程量清单计价规范》宣贯辅导教材 [M]．北京：中国计划出版社，2008.

[17] 中国建设工程造价管理协会．建设工程结算编审规程（CECA/GC3—2007）[M]．北京：中国计划出版社，2007.

[18] 全国造价工程师执业资格考试培训教材编委会．工程造价案例分析 [M]．北京：中国城市出版社，2007.

[19] 刘钟莹．建筑工程工程量清单计价 [M]．2 版．南京：东南大学出版社，2010.

信息反馈表

尊敬的老师：

您好！感谢您多年来对机械工业出版社的支持和厚爱！为了进一步提高我社教材的出版质量，更好地为我国高等教育发展服务，欢迎您对我社的教材多提宝贵意见和建议。另外，如果您在教学中选用了**《土木工程概预算》第2版（张岩俊　曹立辉　主编）**，欢迎您提出修改建议和意见。索取课件的授课教师，请填写下面的信息，发送邮件即可。

一、基本信息

姓名：__________　性别：__________　职称：__________　职务：__________

邮编：__________　地址：____________________

学校：____________________　院系：__________　任课专业：__________

任教课程：__________　手机：__________　电话：__________

电子邮件：__________　Q Q：__________

二、您对本书的意见和建议

（欢迎您指出本书的疏误之处）

三、您对我们的其他意见和建议

请与我们联系：

100037　机械工业出版社·高等教育分社

Tel：010-8837 9542（O）　刘编辑

E-mail：ltao929@163.com

http：//www.cmpedu.com（机械工业出版社·教育服务网）

http：//www.cmpbook.com（机械工业出版社·门户网）